本书受贵州省科技厅软科学计划项目（黔科合支撑〔2019〕20016号）、贵州省人力资源和社会保障厅、贵州省大数据发展管理局、贵州文化和旅游厅、贵州省卫生健康委员会、贵州财经大学国家级和省级专业技术人员继续教育基地专项资助

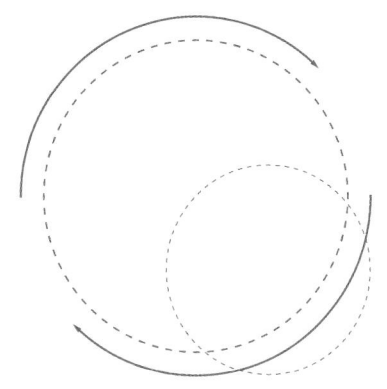

贵州省专业技术人才发展研究

Study on the Development of Professional and Technical Talents in Guizhou

王见敏　王大权　罗靖之　著

中国社会科学出版社

图书在版编目（CIP）数据

贵州省专业技术人才发展研究 / 王见敏等著. —北京：中国社会科学出版社，2021.8
ISBN 978-7-5203-8943-3

Ⅰ.①贵⋯　Ⅱ.①王⋯　Ⅲ.①技术人才—发展—研究—贵州　Ⅳ.①G316

中国版本图书馆 CIP 数据核字（2021）第 166309 号

出 版 人	赵剑英
责任编辑	刘晓红
责任校对	周晓东
责任印制	戴　宽
出　　版	中国社会科学出版社
社　　址	北京鼓楼西大街甲 158 号
邮　　编	100720
网　　址	http://www.csspw.cn
发 行 部	010-84083685
门 市 部	010-84029450
经　　销	新华书店及其他书店
印　　刷	北京君升印刷有限公司
装　　订	廊坊市广阳区广增装订厂
版　　次	2021 年 8 月第 1 版
印　　次	2021 年 8 月第 1 次印刷
开　　本	710×1000　1/16
印　　张	17.25
插　　页	2
字　　数	275 千字
定　　价	99.00 元

凡购买中国社会科学出版社图书，如有质量问题请与本社营销中心联系调换
电话：010-84083683
版权所有　侵权必究

前　言

　　党的十九大报告明确提出,"人才是实现民族振兴,赢得国际竞争主动的战略资源"。人才资源从国家第一资源上升到国际战略资源。人才作为经济社会发展的战略资源,关乎一地区乃至整个国家的经济社会稳定、发展战略。人才是一种特殊资源,除拥有其他资源特性外,还具有主动性和权利诉求,而且还会根据人才发展环境资源的优劣、多少选择去留,这给人才资源配置带来了更独特的挑战。专业技术人才是指受过专门教育和职业培训,掌握某一领域的专业知识和技术能力,具有自主创新能力,在企事业单位从事各种专业性工作以及科学技术研发、社科理论研究和组织管理工作并取得专业技术任职资格的人员。专业技术人才是人才队伍中规模最大的一支队伍,是推动科技进步和经济社会发展的主要力量之一。目前正处于经济社会转型时期,各省市都大力推进供给侧改革、促进产业转型升级、实现乡村振兴。深入贯彻党的十八大、十九大关于人才工作的相关精神,认真落实国家关于加强人才队伍建设的有关战略部署要求,进一步加强专业技术人才队伍建设,切实提升专业技术人才业务素质和技术水平,是提升贵州省自主创新能力、加快经济发展方式转变、实现经济社会更好更快发展的基本要求和必然选择。

　　"十三五"时期以来,贵州省委、省政府按照中央关于人才工作的一系列战略部署要求,紧紧围绕经济社会发展目标,以扩大人才总量、优化人才结构、提高人才素质和创新能力为出发点和着力点,通过大力实施科教兴黔、人才强省战略,切实加强人才工作和人才队伍建设,科学人才观得以深入贯彻,人才工作体制机制不断创新,专业技术人才队伍建设成效显著。然而，与经济发达省区相比，贵州省专业技术人才仍有较大差距，仍然不能满足贵州省经济社会迅速发展的需要。主要表现为：总量不足、高层次专业技术人才缺乏；人才产业分布与产业结构调整不相适应；专业技术人才地区分布、专业学科分布不尽合理；自主创新能力不强。专业技术人才发展问题，已经成为贵州省经济发展的一个重要"瓶颈"。

本书在整体把握贵州省专业技术人才开发状况的基础上，着眼于对贵州省专业技术人才发展环境的分析和把握，以及对乡村振兴人才、数字经济人才、文化和旅游人才、卫生健康人才进行重点分析。通过分析贵州省各类专业技术人才的总量分析、需求分析、供给分析以及存在的问题，提出壮大专业技术人才队伍的优化路径，为提高贵州省专业技术人才整体素质，优化人才结构分布，发挥人才效能，促进贵州经济、社会、文化事业的快速发展提供了行动指南。

本书分为十章，第一章为贵州省专业技术人才发展总体状况，分析了贵州省专业技术人才规模与结构、发展体制机制、人才投入状况以及需求和供给状况。

第二章为贵州省专业技术人才发展障碍与困境，着重从发展定位、体制机制和规模与结构三个方面进行阐述。

第三章为贵州省专业技术人才发展困境的成因，主要针对政府、高校、科研院所和企业四方的用人单位以及人才供给的主体单位，重点剖析专业技术人才发展障碍的成因。

第四章为贵州省专业技术人才发展环境评价，通过建立人才市场环境、经济发展环境和人才服务与生活环境三大维度对贵州省专业技术人才发展环境进行综合评价，构建省际专业技术人才竞争力评价指标体系，力图寻找差距，清楚地认识贵州省人才发展的总体水平与全国平均水平相比还有较大差距的现实困境。

第五章至第八章围绕贵州省三大战略，对四类领域专业技术人才发展状况进行研究，主要针对乡村振兴领域、数字经济领域、文化和旅游领域以及卫生健康领域的人才发展现状、人才需求、人才供给现状、存在的问题进行详细说明。

第九章为贵州省专业技术人才创新发展研判，从十个方面对贵州省未来人才发展环境进行总体判断。

第十章为贵州省专业技术人才发展对策，主要从政府、高校、科研院所、企业和重点领域提出针对性的发展路径。

目 录

第一章 贵州省专业技术人才发展总体状况 …………………… 1

    第一节 专业技术人才规模与结构状况 ………………………… 2

    第二节 专业技术人才发展体制机制 …………………………… 3

    第三节 专业技术人才投入状况 ………………………………… 6

    第四节 贵州省专业技术人才需求与供给分析 ………………… 7

第二章 贵州省专业技术人才发展障碍与困境 ………………… 13

    第一节 发展定位分析 …………………………………………… 13

    第二节 体制机制支撑不足 ……………………………………… 16

    第三节 专业技术人才规模与结构分析 ………………………… 19

第三章 贵州省专业技术人才发展困境的成因 ………………… 24

    第一节 政府主体行为方面 ……………………………………… 24

    第二节 高校主体行为方面 ……………………………………… 30

    第三节 科研院所主体行为方面 ………………………………… 33

    第四节 企业主体行为方面 ……………………………………… 36

第四章 贵州省专业技术人才发展环境评价 …………………… 40

    第一节 综合环境评价背景与依据 ……………………………… 40

    第二节 指标选取与权重设置 …………………………………… 43

    第三节 贵州省专业技术人才综合发展环境评价 ……………… 48

第四节　省际竞争力评价 ·················· 53

第五章　贵州省乡村振兴领域专业技术人才发展研究 ·········· 61
　　第一节　研究背景与发展形势 ················ 61
　　第二节　乡村振兴人才研究综述 ··············· 63
　　第三节　贵州省乡村振兴人才的发展现状 ·········· 66
　　第四节　贵州省乡村振兴人才需求 ·············· 72
　　第五节　贵州省乡村振兴人才供给现状 ············ 91
　　第六节　贵州省乡村振兴人才存在的问题 ·········· 93

第六章　贵州省数字经济领域专业技术人才发展研究 ·········· 95
　　第一节　研究背景 ····················· 95
　　第二节　研究综述 ····················· 98
　　第三节　贵州省数字经济人才发展现状 ············ 101
　　第四节　贵州省数字经济人才需求分析 ············ 106
　　第五节　贵州省数字经济人才供给现状 ············ 112
　　第六节　贵州省数字经济专业技术人才发展问题 ······· 118

第七章　贵州省文化和旅游领域专业技术人才发展研究 ········ 122
　　第一节　研究背景 ····················· 123
　　第二节　研究综述 ····················· 126
　　第三节　贵州省文化和旅游人才发展现状 ·········· 130
　　第四节　贵州省文化和旅游人才需求分析 ·········· 139
　　第五节　贵州省文化和旅游人才供给现状 ·········· 144
　　第六节　贵州省文化和旅游人才发展困境 ·········· 148

第八章　贵州省卫生健康领域专业技术人才发展研究 ········· 152
　　第一节　研究背景 ····················· 152
　　第二节　研究综述 ····················· 155
　　第三节　贵州省卫生健康人才发展现状 ············ 159
　　第四节　贵州省卫生健康人才需求分析 ············ 169

第五节　贵州省卫生健康人才供给分析……………………… 172
　　第六节　贵州省卫生健康人才发展问题……………………… 176

第九章　贵州省专业技术人才创新发展研判……………………… 183
　　第一节　贵州省未来人才发展环境的总体判断……………… 183
　　第二节　贵州省专业技术人才发展方向……………………… 187

第十章　贵州省专业技术人才发展对策…………………………… 194
　　第一节　强化政府引领作用…………………………………… 194
　　第二节　充分发挥评价对人才发展的"指挥棒"作用 ……… 203
　　第三节　提升高校人才引进和供给能力……………………… 223
　　第四节　激发科研院所人才发展活力………………………… 225
　　第五节　充分发挥企业的主体性作用………………………… 227
　　第六节　促进专业技术人才创新创业………………………… 229
　　第七节　实现重点领域人才突破发展………………………… 234

结语与展望…………………………………………………………… 258

参考文献……………………………………………………………… 260

后　记………………………………………………………………… 265

第一章

贵州省专业技术人才发展总体状况

随着贵州省人才队伍的不断壮大，人才资源总量比重不断提升，专业技术人才资源储备得到显著提高。截至2018年底，全省人才资源总量495万人，人才资源占人力资源总量的比重提高到24.26%，其中，专业技术人才资源总量达到145万人，占人才资源总量的29.29%，对比2013年的规模增长了约55%。

人才作为经济社会发展的第一资源，关乎一个地区乃至整个国家的经济社会稳定和长远发展。而专业技术人才是人才资源中重要的组成部分，是推动科技进步和经济社会发展的重要力量。本书所指专业技术人才是指受过专业教育和职业培训，掌握某一领域的专业知识和技术能力，具有自主创新能力，在企事业单位专门从事各种专业性工作以及科学技术研发、社会科学理论研究和组织管理工作并取得专业技术任职资格的人员。目前，贵州省专业技术人才总体呈现出以下六个特征：一是省际人才差距缩小，人均专利拥有量增长迅速，研发人员数量提升明显；二是省内人才分布格局有所优化，人才均衡增长、人才数量稳步上升；三是基层人才规模迅速扩大，基层人才质量明显提升；四是专业技术人才产业与行业分布趋向均衡；五是互联网、大数据、大医药、大健康等信息产业人才聚集，新兴产业人才初具规模；六是民营经济专业技术人才规模增长显著。

第一节 专业技术人才规模与结构状况

专业技术人才规模是衡量一个地区经济社会创新能力强弱的重要指标，专业技术人才结构是衡量一个地区人才竞争力与人才效能的重要指标。

一 人才规模总量

截至2017年，专业技术人才规模达到134.73万人，比"十二五"期末增长17.02%，比"十一五"期末增长104.02%。截至2017年，贵州省高层次人才总量由原来的7.77万人增加到17.6万人。高层次人才队伍建设取得长足进步，全省共有"两院""长江学者""万人计划"专家、"百千万人才工程"国家级人选、国家有突出贡献中青年专家、中宣部"四个一批"等国家级人才103人，享受国务院特殊津贴专家1195人；遴选培养省内核心专家66人，省管专家749人，优秀青年科技人才266人，享受省政府特殊津贴专家948人，拥有高级职称人才7.16万人，博士人才由2398人增加到近8000人，高层次人才占人才总量的比重由原来的2.7%上升到3.8%，高层次人才规模不断扩大。

二 人才结构层次

贵州省党政人才、企业经营管理人才和专业技术人才中，具有研究生学历和大学本科学历的人才占这三类人才总量的比例分别由2012年的1.9%和36.4%提升至2016年的2.3%和37.6%。全省具有高级专业技术职称的人才占专业技术人才总量的比例达到7.7%，高层次人才结构持续优化。中高级专业技术人才规模占比由"十二五"期末的40.78%提升到43.00%，本科及以上学历专业技术人才比例由"十二五"期末的46.12%下降至44.91%。具有研究生学历或副高以上专业技术职称的各类高层次人才占全省人才总量的6.53%，其中自2014年非公经济专业技术人才正式纳入全口径统计以来，民营经济专业技术人才总量高达59.29万人，占专业技术人才总量的44.01%。

三 人才分布状况

省内人才区域分布有所优化，贵阳、毕节、铜仁等地区人才均衡增长，安顺、六盘水、黔西南等地区人才数量快速增长；基层人才数量规模迅速扩大，县、镇（乡）、村属人才数量快速增长，基层人才质量明显改善；专业技术人才产业与行业分布趋向均衡，传统行业人才稳定增长，新能源、新材料经济建设重点领域核心技术人才、突破关键技术或实现成果转化的高层次工程应用领域人才、基层理论研究人才、高级管理人才等总量增长明显；互联网、大数据等新兴产业人才数量初具规模；民营经济专业技术人才规模增长显著，在专业技术人才总量中的占比快速提升，全省专业技术人才分布趋向均衡。

四 经济社会贡献

2017 年，贵州省专利授权 14230 件，比 2013 年的 7915 件提升了 79.79%，截至 2017 年，全省拥有院士 5 名，科技活动人员数 7.52 万人，比 2010 年增加了 1.89 万人；科技活动人员为 52746 人，比 2013 年的 36113 人增加了 46.06%；[①] 科技进步指数由"十一五"期末的 37.37%提升至 38.56%，人才贡献率提高到 20.1%。近五年来，全省人均专利拥有量增长迅速，科技活动人员数量提升明显，专业技术人才对全省的经济社会发展贡献不断增强。

第二节 专业技术人才发展体制机制

一 专业技术人才管理体制

近五年来，贵州省在专业技术人才管理体制机制的变化体现在以下四个方面：一是启动全省现行 26 个系列职称评定标准的修订工作，优化和完善职称评价指标，出台《关于加强基层专业技术人才队伍建设的实施意见》，完善了基层专业技术人才的引进、培养、、评价、使用和激励保障机制，对业绩突出、勇于创新人员和基层一线人员进行倾斜，加速基层专业技术人才队伍建设进程；二是出台《贵州省专业技术人员继续教育学时授予与管理办法》，规范了专业技术人才继续教育管理过程；三是出台《贵州省民营经济组织专业技术职务申报评审工作实施办法（试行）》等配套文件，首次在全省范围内开展民营经济职称评审，实现"五大创新"和"四个大突破"，使民营经济专业技术人

[①] 参见《中国统计年鉴（2014）》《中国统计年鉴（2018）》。

才评价逐步走向规范化；四是下发了《贵州省高级评审委员会职称评审管理办法》，逐步授权相关行业主管部门与用人单位承担职称评审工作，推动职称评审主体多元化，专业技术人才管理体制机制不断完善。

二 专业技术人才政策机制

贵州省始终高度重视人才工作，大力实施人才强省战略。自贵州省第十一次党代会以来，相继出台了《贵州省中长期人才发展规划纲要（2010—2020年）》《中共贵州省委关于进一步实施科教兴黔战略大力加强人才队伍建设的决定》《中共贵州省委贵州省人民政府关于加强人才培养引进加快科技创新的指导意见》，形成了一个规划、两个指导性文件（"1+2"）的人才顶层政策及50多个配套措施与方案，形成了"1+3+N"的人才政策体系；同时还为专业技术人才提供了科研创新、投资创业、生活保障、激励评价等"1+10"的服务项目，实现人才"进得来""留得住""过得好"，人才引进的政策体系不断完善。

三 专业技术人才引进

在引才方式创新方面，近几年呈现以下五个方面变化：一是引才工作常态化、规范化。自2012年以来，深入实施"百千万人才引进计划""黔归人才计划""黔灵学者计划"三大引才计划，推进专业技术人才引才工作常态化、规范化与体系化；二是引才呈现规模化与精准化。近六年，全省通过"人才博览会""省外知名高校人才专项招聘""百千万人才引进计划"三大引才活动，以"人才+项目+基金"互动引才新模式，推动规模化与精准化引才；三是柔性引才方式更加丰富。五年来，贵州省通过在境外、省外人才集中地设立窗口，与国内外知名高校签订战略合作协议等方式柔性引进国内外高层次人才2.8万余人，第五届人博会中，现场引进高层次人才和急需紧缺人才8319人，通过推进兼职、科研合作、技术入股等柔性引才方式，推动省内外人才价值充分发挥；四是引才效能逐步提升。通过招商引才、项目引才和技术引才等"项目+人才"的引才方式，服务"5个100"工程的成效明显。此外，在全省首次举办"海内外百名博士后贵州行"活动中，引进清华大学、北京大学、中国科学院等博士后138人，为在黔100多个项目提供智力服务，助推科技成果转化，促进产业转型升级；五是引才方式更加理性。通过一系列人才引进活动、不定期组团招聘、各市（州）

分别与高校或对口帮扶城市签订战略合作协议等方式，推进按需引才，引才活动更加理性。

四　专业技术人才培养

2018年贵州主要经济数据显示，2018年全省地区生产总值14806.45亿元，同比增长9.1%，增速高于全国2.5个百分点，连续八年位居全国前列。各级财政用于科技攻关与创新、专业技术人才继续教育基地建设、高层次专业人才引进等专项经费的投入逐年增加，企业、中介机构和其他组织在人才投入力度上明显加强，专业技术人才的工作与生活条件不断改善。以推进"四个一体化""五个100工程""六大重点领域"和打造"五张名片"为重点，以重点实验室、工程技术中心、企业技术中心、院士工作站、博士后科研工作站、人才基地及重大建设项目为载体，形成多个高层次专业技术人才小高地，汇集了大批高层次专业技术人才。同时，依托"百千万计划""特支计划""高层次创新型人才遴选与培养办法""省核心专家、省管专家评选管理办法"、优青计划、创新人才团队、科技人才进修等科技兴黔计划的推进，加强引导教育、卫生、建筑、宣传等行业主管单位制订专业技术人才培养建设专项计划和组织开展"博士西部行""百名教授博士进企业""万名专家服务基层""科技特派员进园区"等活动，抽调博士、专家、科技特派员到基层和园区开展技术帮扶、技术合作和技术咨询等服务工作，为高层次人才搭建了多层次事业成长平台，专业技术人才培养成效逐步显现。

五　专业技术人才服务

近五年，贵州省专业技术人才服务体制机制不断创新，主要体现在以下四个方面：一是设立了人才服务局，人才服务职能的剥离与强化，使制度保障有所增强；二是开展了引进高层次专业技术人才和急需紧缺人才"绿色通道"职称评审工作，为引进各类人才提供便捷服务；三是设立了省人力资源服务产业园，第三方人才服务机构与人才服务产业发展迅速；四是以大数据产业发展为契机，大力推进现代信息技术广泛运用于人才服务，推动专业技术人才的人事代理、信息发布等服务领域不断拓宽。贵州省以人为本的服务理念逐步增强，主动、优质、高效的服务意识不断得到强化，人才服务能力不断提升。

第三节 专业技术人才投入状况

一 人才发展平台

人才发展平台建设体现在以下几个方面：一是战略新兴产业人才平台逐步建立。通过建立大数据产业研究院、产业技术研究院等新平台，为战略新兴产业引才聚才，推进其快速发展；二是创新创业人才平台不断完善。通过各地各部门大力建设重点开放平台、工业园区、农业园区、留学生创业园、大学生创业孵化园、创客空间等创新创业平台，为全省聚才用人搭建平台载体；三是专业技术人才平台规模快速扩大。截至 2017 年，建成国家级、省级重点科研创新平台 411 个，建成国家级国际科技合作基地 5 个，建成国家级、省级生产力促进中心 112 个，企业技术中心 178 个，高层次专业技术人才平台规模快速扩大；四是高层次人才载体不断丰富。全省共设立院士工作站 80 个、高技能人才培养基地 57 个、技能大师工作室 62 个、博士后科研流动（工作）站 43 个，贵阳高新区人才特区、国家级留学人员创业园 1 个，高层次人才载体不断健全与完善；五是人才基地聚才能力不断提升。全省建成涵盖农业、装备制造业、能源原材料产业、制药业、酿酒业和社科、管理等多个领域或行业的 100 多个人才基地，人才发展平台对高层次人才的聚集、培养与使用能力不断提升。

二 人才开发投入

在人才开发的财政投入方面，主要体现在以下四个方面：一是经费投入获得制度保障。按照有关文件精神，各级政府确保每年财政收入的 3% 以上投入人才队伍建设，人才投入经费获得制度保障；二是多元投入格局基本形成。贵州省委组织部、人社厅、科技厅、教育厅等部门大力实施各类引才项目，推动各类人才平台载体建设，带动各方面投入资金近 30 亿元，其中省级财政共投入 13.85 亿元；三是引才服务投入稳定。为改善高层次人才生活服务环境，落实生活服务政策，贵州省每年省级财政投入 7500 万元，通过奖励投入 6150 万元；四是 R&D 经费投入持续加大，据《2018 年全国科技经费投入统计公报》显示，2018 年贵州省研究与试验发展（以下简称 R&D）经费投入达 121.6 亿元，比去年增长26.8%,增速为全国第二,首次突破百亿元关口;R&D经费投入强度(R&D经费占GDP比重)达0.82%,自2006年以来首次突破0.8%,排名升至全国第24名,比2017年上升3个名次,取得历史最好成绩。

三 人才服务环境

在逐步改善人才服务环境方面,贵州省主要有以下变化:一是高层次人才服务呈现项目化与制度化。为推进高层次人才快速聚集,贵州省先后出台了《贵州省高层人才引进绿色通道实施办法(试行)》《贵州省引进高层次人才住房保障实施办法(试行)》等一系列文件,为高层次人才提供"1+10"服务项目,帮助解决职称评定、子女入学、配偶安置、医疗保障、科研服务、出入境和居留服务等困难和难题;二是人才服务环境持续优化。截至2017年12月,全省建成8200多套人才公寓、面向人才提供公租房15000套,每年省级财政兑现落实高层次人才住房补贴和生活津贴7500余万元,对引进的领军人才和人才团队,给予奖励并提供工作场所、科研启动资金,人才服务环境持续优化。2017年在全国大学毕业生流入地排名中,贵州省位居第七位,全省人才服务环境不断优化。

第四节 贵州省专业技术人才需求与供给分析

当前我国正处于经济社会转型时期,伴随着经济的快速增长,各省市都在大力推进供给侧改革、促进产业转型升级、力争同步实现全面小康。深入贯彻党的十八大、十九大关于人才工作的相关精神,认真落实国家关于加强人才队伍建设的有关战略部署要求,进一步加强专业技术人才队伍建设,切实提升专业技术人才业务素质和技术水平,是提升贵州省自主创新能力、加快经济发展方式转变、实现经济社会更好更快发展的基本要求和必然选择。

一 贵州省专业技术人才需求分析

"十三五"以来,贵州省采取了一系列人才发展战略部署,紧紧围绕全省经济社会发展目标,以扩大人才总量、提高人才素质和创新能力为出发点和着力点,大力实施科教兴黔、人才强省战略,切实加强人才工作和人才队伍建设。通过实施一系列人才培养计划项目，连续举办优秀专家创新创业能力培训班，高层次人才队伍从规模到质量均得到大幅提升。深入实施专项引才计划活动，全省共引进海内外各类人才7.58万人，其中引进各类高层次人才2.3万人。同时，采取多种方式"柔性"引才引智，聘请一批国内外知名专家学者，引进高层次外国专家1976人次。如图1-1所示的贵州省专业技术人才学历结构占比中，大学本科和大学专科学历是贵州省专业技术人才学历结构的主要构成部分。从整体上看，贵州省专业技术人才整体素质在不断改善，但贵州省专业技术人才中拥有研究生学历的数量依然偏少，尤其是研究生学历的高层次专业技术人才。

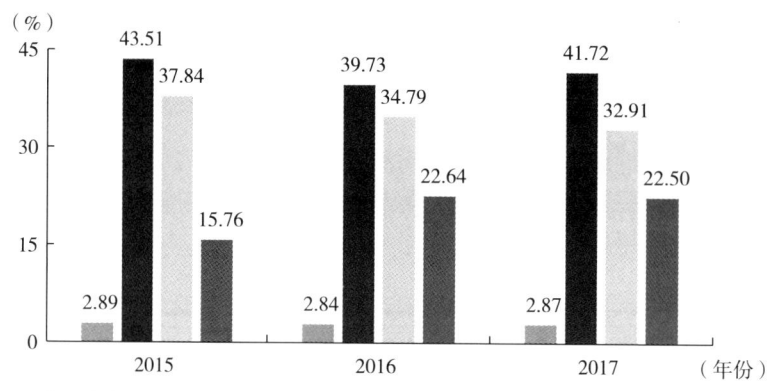

图1-1　贵州省2015—2017年专业技术人才学历结构

全省专业技术人才职称结构还需从根本上予以改善，切实提升副高以上职称人才的总占比。如图1-2所示，贵州省的专业技术人才职称结构以初级和中级为主，其中初级职称所占比例最大，中级次之，高级职称的人数所占比例较少。虽然拥有各类职称的人才总量呈持续上涨趋势，但是专业技术人才的职称构成状况没有得到根本改善，仍然是初级和中级两类职称人才占比高，副高级以上职称人才量偏少。由此各市（州）为满足经济社会发展的现实需要，将进一步加大人才引进和培育力度，特别是加大对具有研究生学历和副高级以上职称的专业技术人才引进培育力度。

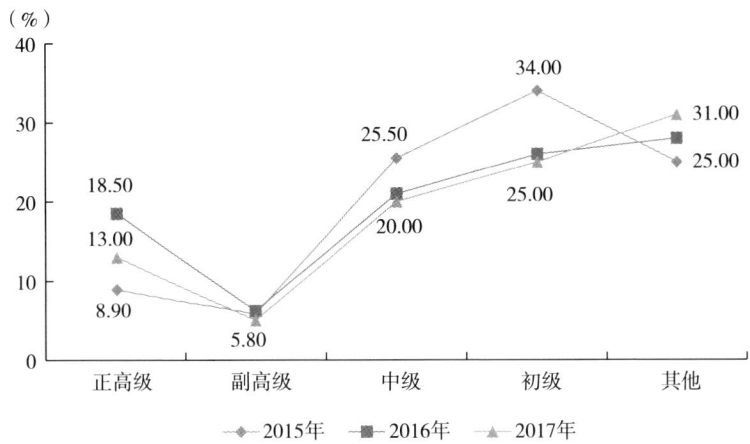

图1-2　贵州省2015—2017年专业技术人才职称结构

二　贵州省高层次人才供给分析

(一) 高层次人才供给现状

王传毅等（2015）认为，各地区每十万人中在校研究生人数差异大，高校数量少，师资力量薄弱，研究生教育落后，与国家西部大开发战略对高层次人才的强烈需求不符[①]。此外，西部地区还存在研究生人才培养规模小，发展慢，学科门类单一，与区域经济建设、社会发展结合度不够，毕业研究生留在西部的比例逐年降低等问题。贵州省作为西部地区中研究生人才培养规模的主体之一，其高层次人才供给现状如下：

1. 贵州省研究生自主供给能力

研究生是一个地区高层次人才供给的主要来源。数据显示，贵州省研究生招生人数由2012年的0.48万人增加到2017年的0.71万人，招生规模增长约为47.92%。2018年，教育部公布的新增博士、硕士学位授予单位与授权点显示：贵州财经大学新增为博士学位授予单位，贵州省博士学位授予单位由上一轮的3家增加到2017年的4家；贵阳学院新增为硕士学位授予单位，贵州省硕士学位授予单位增加到8家；贵州省博士学位授权点由上一轮的14个增加到2017年的28个，新增

---

① 王传毅等：《中国研究生教育研究三十年回顾（1984—2014）——基于〈学位与研究生教育〉的论文分析》，《学位与研究生教育》2015年第12期。

100%；硕士学位授权点由上一轮的106个增加到2017年的148个，硕士学位授权点约增加40%。贵州省研究生人才培养规模不断扩大，高层次人才自主供给能力明显增强。

2. 贵州省研究生培养单位数量

2018年，全国研究生培养机构815所，其中普通高校580所，科研机构235所，每百万人平均对应0.586所研究生培养单位，贵州则仅为0.251所，低于西部地区平均水平。贵州省2018年研究生培养机构为9所，其中具有博士学位授予权单位高校为4所，具有硕士学位授予权的高校为8所，在校研究生规模为20946人，其中，博士生913人，硕士生20033人[①]，可以看出，贵州省研究生培养单位有限。

3. 研究生教育资源配置

在教育财政投入方面，贵州省2018年GDP为14806.45亿元，同比增长9.1%，而2018年全省教育经费总投入为1275.16亿元，仅比上年增长1.98%。教育经费总投入不足。而在师资队伍方面，导师队伍壮大，不是制约研究生规模的主要因素。截至2017年，贵州省副教授以上人数为14507人。一般情况下，人文社科类1位导师同时带7—8位研究生，自科类导师可带5—6位研究生，按每位导师同时带6位研究生的相对较低标准核算可得，贵州省当前的师资队伍对应的可培养在校研究生规模上限为87042人，是当前在校研究生规模的4倍左右；如果按全国副高级以上师资对应的在校研究生人数为2.9人计，则贵州省的在校研究生规模为42070.3人（见表1-1），是当前贵州研究生规模的1.9倍，所以当前在贵州省，师资不是贵州省研究生招生规模的主要制约因素。

表1-1　　2017年贵州省导师规模对应的在校研究生规模测算

类别	在校研究生数（人）	副高级以上专任教师数（人）	在校研究生对应的副高级以上专任教师比
全国	2639561	910193	2.9
贵州省	42070.30（=2.9×14507）	14507	按2.9计

① 参见《贵州年鉴（2018）》。

（二）高层次人才供给的影响因素分析

贵州省高校的研究生人才培养是贵州省高层次专业技术人才自主培养供给的主要来源。2013年教育部、国家发展改革委和财政部共同发布的《关于深化研究生教育改革的意见》中提出，到2020年，基本建成规模结构要适应需求、培养模式各具特色、整体质量不断提升、拔尖创新人才不断涌现的研究生教育体系。随着我国经济发展从要素驱动向创新驱动转变，对高层次专业技术人才的需求规模和质量要求也日益提高，如何才能合理地确定研究生培养规模，避免人才供给过剩或不足已经成为当前研究生教育的研究热点。

1. 经济发展水平

在我国经济发展水平和居民实际消费水平不断提升的背景下，教育水平也随之逐步提升，使更多的人拥有了接受高等教育的机会。经济发展水平对研究生教育规模的促进作用主要表现在以下两个方面：第一，经济快速发展必然导致对高层次人才需求的增加，而教育是培养人才的主要途径，作为培养各类高层次人才主要途径的研究生教育，同样得到了快速发展；第二，经济发展带来的科技竞争力和综合经济实力的提升，为研究生教育的进一步发展提供了坚实的经济基础和发展平台。因此，经济水平的发展和经济实力的提升是研究生教育规模扩张的根本动因。长期以来，我国的经济高速增长和人民实际生活水平的不断提高，在很大程度上促进和带动了研究生教育规模的持续增长。

2. 高等教育规模

在我国高等教育由精英教育向大众化教育快速发展的过程中，研究生在校规模随着本科毕业生规模一同急剧扩张，我国普通高校本科毕业生数和研究生在校人数均呈高速增长。普及大众化教育政策，可以让更多的人进入和完成高等教育，使他们拥有追求高等教育水平的条件和基础，随着研究生院教育生源基数的扩大，研究生教育迅速扩大规模已成为必然的要求。由此可见，我国高等教育的大众化，为更多的人群提供了接受研究生高等教育的条件和机遇，国家层面对研究生高等教育规模方面的调整，以及对高等教育师资力量的调整，都会对研究生数量的快速增长起到重要的推动作用。

3. 科技教育投入

全国教育经费投入和普通高校生教育支出与我国研究生在校人数都具有十分明显的增长幅度。科技教育经费的增加与接受研究生高等教育人数的增加具有同向性，同时，政策的导向作用和研究生导师的师资力量也是至关重要的影响因素。任何层次的教育形式都需要高额的资金投入，而作为最高层次教育形式的研究生教育对科技教育条件有更高的要求，意味着研究生教育规模的增长需要科技教育经费投入的强有力支持。

第二章

贵州省专业技术人才发展障碍与困境

第一节 发展定位分析

2013—2017年,全省专业技术人才规模快速扩大,人才素质提升明显,人才结构分布得到改善,管理体制机制不断完善,专业技术人才队伍建设成效明显。但是,全省专业技术人才总体发展与国内大部分省市相比仍有差距,与科学发展、经济发展方式转变、社会事业协调发展的要求相比仍有诸多不适应。主要表现在:一是高层次专业技术人才总量偏少,高端人才匮乏,重大产业、重要领域、重点企业的高层次、创新型人才比例偏低。二是人才结构规模分布不均,政府部门与事业单位人才规模大、企业人才规模偏小,县级以下基层专业技术人才队伍匮乏;人才行业分布不均衡,党政机关、事业单位与传统行业相对较多,其他产业对专业技术人才的吸纳能力有限,人才分布不均状况有待持续调整。三是人才开发市场化程度不高,人才引进困难,自主培养能力偏弱,人才需求与供给存在较大差距,人才流动机制不畅,专业人才兼职与提供社会服务的机制与平台建设不健全,人才使用与专业价值发挥受限,部分高层次人才工作效能偏弱。四是人才管理体制机制有待优化,行业协会、科技学会主体等在人才引进、培养与评价过程参与不积极,人才的社会评价主体与方式相对单一,党政机关、事业单位编制动态化管理偏弱,聘评机制有待调整,专业技术人才引进、选拔、培养、使用、评价、激励与保障政策有待加强落实与持续优化。五是创新创造环境仍待优化改善，民营经济专业技术人才的竞争机制和成长发展环境还需要进一步改善。

一 人才发展定位模糊

（一）政府职能定位不清

在人才开发政策创新过程中，各级政府过度扮演人才管理的"划桨者"，导致"管得过多、管得具体"的情况。各级政府行政干预方式不科学，职能定位不清晰。通过市场机制引导各类优秀人才的作用发挥明显不足，严重阻碍了人才试验区的市场机制发育和可持续发展。

（二）人才发展机制不健全

由于人才培养周期长、见效慢等原因，我国的人才管理改革试验区出现了"重引进、轻培养，重高端人才、轻中低端人才"的现象，同样的现象在贵州省也普遍存在。归根结底，这些问题的诱因都是市场发育不健全。因此，加快人才发展体制机制改革，坚定市场化改革的取向，已经成为人才发展的当务之急，也是贵州省人才管理改革试验区建设面临的重大挑战。

（三）人才发展周期意识不足

首先，一些地区与部门对"人才是第一资源""人才投资是效益最大的投资"等理念还未引起充分的重视；其次，人才发展存在一个"缓冲期"，具有一定的阶段性特征，人才在引进之后，面临"再次成长"或"多次成长"的历程，人才效用的发挥需要一定的时限，一些地区与部门对于人才引进与培养的意识不强，忽略了人才发展的周期性成长，人才成长因此而受挫。

（四）绩效评估体系不完善

《国家中长期人才发展规划纲要（2010—2020）》与《贵州省中长期人才发展规划纲要（2010—2020）》均提出鼓励各地和各行业建设与国际接轨的人才管理改革试验区，但是关于人才管理改革试验区的建设方法、建设标准、评价体系并没有体现。目前，对这些关键环节和问题仍缺乏共识，同时缺少科学合理的指标体系来对各地人才管理改革试验区进行绩效评估。

（五）人才评价标准单一

大部分地区对人才的绩效评价标准过于单一，论文、专利往往成为评价的主要指标，较少考量人才对于当地经济社会发展的服务与贡献。这种人才评价标准限制了贵州省人才改革试验区的发展，没有结合贵州省的具体经济社会环境，对人才进行评价，没有体现价值导向、业绩导向与用人单位导向[①]。

二 专业技术人才发展平台不足

（一）高端产品价值链不足

我国台湾企业家施振荣描绘的微笑曲线形象地说明了处于世界产品价值链不同部位的价值收益，其中研发设计者处于曲线高企的左端，销售处于曲线高企的右端，制造者处于曲线的最低端。然而，目前贵州省的人才管理改革试验区与相关产业正处于积极探索阶段，多数从事的是高科技产品的制造工作，产品价值大部分都属于专利所有者或销售端，省内试验区普遍处于微笑曲线的低端，没有形成贵州特色。

（二）人才与产业黏合度不够

人才管理改革试验区是专业技术人才的重要载体与平台，当前政府主导下的人才管理改革试验区，普遍存在重人才任务指标，忽视引进的人才与地方产业的匹配性，造成地区之间对人才的无序竞争，一定程度地增加了地方引才成本。目前，贵州省引进的专业技术人才缺少高新技术产业支撑，专业技术人才与产业的适配性不足，同时地方层面难以提供专业化服务，创办的企业没有形成快速发展之势，从而直接影响到人才效能的发挥，对地方产业发展的引领和推动作用有限，甚至出现引进的人才再次流失的现象。

（三）人才开发国际化步伐缓慢

当前，各发达国家的科技园注重吸引各国优秀人才，以形成海外高层次人才集聚效应。而贵州省由于经济发展水平处于劣势，对海外高层次人才吸引力不强。2014 年，中国人才管理改革试验区龙头之一的中关村，外籍工程师仅 560 人，占 3.1%，近年呈逐渐下降的趋势，这与

---

① 张燕：《论我国人才管理改革试验区的经验及启示》，中国企业运筹学第十届学术年会论文集，2015 年。

美国硅谷尚存较大差距。与中关村相去甚远的贵州省的情况更不容乐观,各试验园区人才开发体系有待规范,引进外籍人才特别是外籍高层次人才的有效措施不足,配套的相关产业与基础设施建设有待完善,人才发展国际化步伐缓慢。

第二节 体制机制支撑不足

一 体制机制改革受阻

(一)人才流动机制不畅

虽然人才体制机制改革有所进展,但在体制内,按计划配置人才的惯性仍然很大,阻碍人才流动等障碍仍未解决,主要体现在户籍、编制、档案、子女上学、出入境管理五方面,极大地制约着人才跨区流动,这些问题也成为深化贵州省人才体制机制改革的阻力。所以,着手优化人才集聚环境,成为改革人才流动体制的重中之重。

(二)体制机制改革创新不足

由于各级政府对"人才是第一资源"的认识越来越深入,各地纷纷出台人才政策以吸引人才,贵州省在经济处于劣势的情况下,现行的人才政策在新形势下已经不具备超前意识,与很多园区高层次人才发展的实际需求存在脱节之处。人才开发管理创新应持续加大人才发展体制机制改革创新的力度,紧密结合自身的发展定位和发展实际,突破制约人才发展的障碍,大力引进海外高层次人才,争取形成更多可复制、可推广的改革经验和模式,构建人才特区,体现试验区特色,引领地域经济、社会与人才协调发展。

二 专业技术人才发展机制亟待创新

(一)专业技术人才优先投入机制保障不足

由于地区经济相对落后,针对专业技术人才的财政性资金投入力度不足,每年不低于3%各级财政资金用于人才发展未得到保障。同时省内人才政策大多仅限于体制内人才享受,对于产业人才发展不够重视。以政府投入为引导,用人单位投入为主体、社会和个人投入为补充的多元化人才投入机制未健全,专业技术人才优先投入机制待建立完善。

（二）专业技术人才的培养使用机制待完善

当前各部门对于人才的培养与使用意识不足，导致专业技术人才的效用发挥不明显；以重大人才工程为引领、区域行业人才工程为支撑、社会力量广泛参与的人才培养体系未构建完成，专业技术人才发展平台需要制度、政策、工程、项目等多方参与协作，但是目前贵州省财政投入不足，工程项目等引才、育才的平台建设不足；同时贵州省尚未构建符合经济社会领域、产业发展目标等相适应的人才知识能力与岗位任职要求相协调的人才培养、使用机制。

（三）专业技术人才评价与选拔机制不健全

现有人才评价体系与机制大多着眼于"理论研究与学术成果"，而较少关注产业人才所带来的经济效能与产业效益；针对专业技术人才资格准入制定与职业能力水平认定制定不完善，职称制定、职称量化积分评价机制等急需深化改革；同时以岗位绩效考核为基础的专业技术人才考核评价制定仍有待健全。

（四）法制化与制度化建设不健全

截至 2019 年底，贵州省还没有出台人才开发工作条例，专业技术人才管理目标清晰度不够，专业技术人才开发工作主要还是依靠政府领导和用人单位的推动，没有形成法制化、制度化、常态化的运行机制；在人才引进上重数量、轻质量，没有形成稳定的制度化建设预期；人才引进后持续性的激励、评价、服务制度体系供给不足，"人才保鲜"的制度化保障方面存在缺失。

三 政策体系不健全

（一）人才开发生态环境有待优化

人才开发环境生态化有以下特征，比如多元构成、相互联系、优胜劣汰、合作共赢等。目前，人才开发环境首先要关注的是多元性。针对专业技术人才的开发与引进，不仅要引进高科技企业作为引才载体，还需要引进中介机构、社会组织、政府办公机构、文化娱乐与休闲养生场所等，在环境多元融合的过程中，处理协调这些组织之间的关系也成为营造专业技术人才生态环境的关键。生态化的本质与功能是多元合作增强，这要求倡导协同互助、共赢发展，形成合作创新的社会力量。由于人才政策覆盖面不足，对部分产业与人员规模较小的中小企业人才缺乏关注，人才生态化效应较弱，高层次人才的效用发挥受到影响。

（二）人才管理主体单一

目前，贵州省围绕重点新兴战略性产业领域的人才管理取得了许多重大成就，但人才管理依然存在一些突出的矛盾，主要体现为对人才培养、引进的"政府热、用人单位冷""省、市热，县、区冷""组织部门热，其他部门冷""人才增量热、人才存量冷"等。在资源配置上，政府花费了大量的时间、资金以及政策成本，但这些资源却并没有被合理地分配到用人企业中。一些企业凭借自身的发展优势笼络了大量资源，却没有得到相适应的效益，科技成果产量及成果转化率低，国际竞争力明显不足，创新成本高、成绩差等问题依旧突出。人才效应没有转化为经济效益的问题，归根结底还是在人才管理的过程中管理主体单一，传统政府统治性手段仍然占主流，市场引导性和企业自发参与的积极性都不高。只有重新界定人才管理的主题，引入政府、市场及企业，形成市场引导为主、政府指引为辅、企业自发积极参与的多元治理网络，才能推动人才治理协同化发展，实现人才善治。

（三）政策体系有待完善

从人才开发角度来看，人才政策体系一般包括：人才引进政策、培养政策、使用政策、激励政策、社会保障政策等；从不同对象群体来讲，包括针对海外人才、国内高层次人才、党政人才、专业技术人才的专项政策等。虽然各试验区制定出台了不少支持试验区人才发展的政策，但总的来看，这些政策分属不同的层面，仅仅是初成体系，且有些政策内容比较笼统，配套性措施不足，实际操作中尚存一定难度，人才政策并未形成合力。人才政策出台后，由于相关配套政策没有及时出台，很多优惠政策和措施未能落实。同时，受传统习惯等多种因素影响，对于技能人才发展重视不够，在政策上让技能人才享受的优惠不多，对高技能人才吸引力不大。沈荣华研究员曾预测，根据广西的现实状况来看，未来最有可能成为人才优势的人才队伍，恰是先进制造业的技能人才队伍[①]。

---

① 时宏明：《广西北部湾人才管理改革试验区建设的难点与对策研究》，《中共南宁市委党校学报》2011年第4期。

(四) 政策覆盖面不足

当前,大部分地区的人才发展专项政策面向体制内人才,对企业及其他类别的人才覆盖不足则成为普遍现象。如贵州省现已有较为完善的高层次人才政策,但是政策仅仅局限于政府部门与事业单位等体制内人才,而较少涉及企业内高层次人才,人才政策的整体覆盖面偏小、政策覆盖率不足,这是当前人才开发政策创新的普遍现象,对大多数中低端人才造成了不公平的境遇。

(五) 政策落实有限

人才发展相关政策涉及人才切身利益和人才载体的建设等内容,因此政策落实情况会直接影响人才政策创新的实施效果与人才对于政策的体验感。如政策规定持居住证的人才享有与当地人才同等待遇的政策,但由于相关部门的配套实施细则迟迟不能出台,持有居住证的人才并没有真正享受到本地人才的同等待遇,相应的困难也无法解决。另外,各区经济发展差距较大,在经济总量不大、财政紧张的情况下,人才的科研经费和津补贴待遇的政策常因财政困难的影响而难以兑现。

第三节 专业技术人才规模与结构分析

一 高层次专业技术人才总量不足

截至 2018 年,贵州省的专业技术人才总量达到 134.73 万人,较 2013 年增长了 48.07%,专业技术人才的队伍建设取得了显著进步。但是,全省专业技术人才总体发展与国内大部分省市相比仍有明显差距。截至 2017 年底,在全省专业技术人才队伍中,具有研究生学历或副高以上专业技术职称的各类高层次人才 14.06 万人,占人才资源总量的 3.61%;高技能人才 61.95 万人,占技能人才总数的 31.15%;每万劳动力中 R&D 人员为 21.93 人,主要劳动年龄人口受过高等教育的比例为 9.3%,人才贡献率提高 20.1%,均低于全国平均水平。[①] 全省专业技术人才总体发展与国内大部分省市相比仍有明显差距,人才发展水平与经济社会发展不相适应,高层次人才总量偏少、高端人才缺乏,重大

---

① 资料来源:《贵州省十三五人才发展规划》。

产业、重要领域、重点企业的高层次、创新型人才比例偏低等，仍是全省人才发展面临的问题。

二　专业技术人才地域分布不均

贵阳市专业技术人才占该地区的常住人口之比最高为7.84%，是铜仁市的5.6倍。省会城市是专业技术人才主要聚集地，而在经济较落后的市（州），对人口和人才的吸引能力有限（见图2-1）。除此之外，在地方省、市、县、乡四级行政地区专业技术人才分布呈现出"倒金字塔"趋势，随着社会基层服务的需求增多，国家为实现全面建设小康社会的宏伟目标加快步伐，基层人才的缺失，使整个人才资源引进系统与纵向经济社会发展状况不协调。

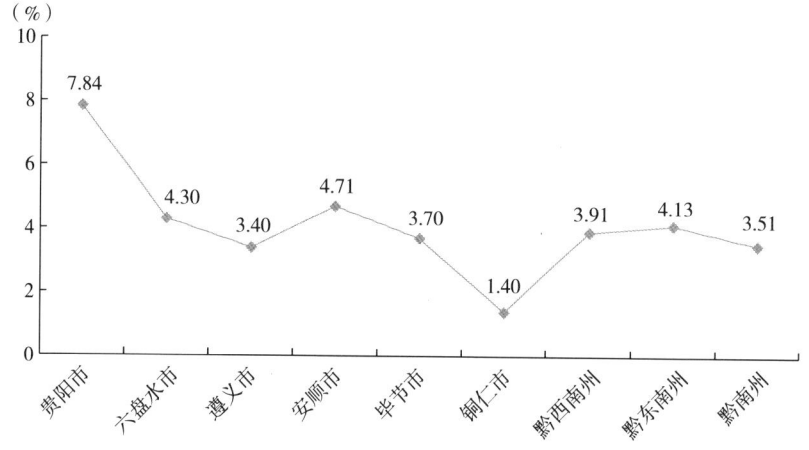

图2-1　贵州省各地区专业技术人才占地区常住人口比重

由图2-1可知，各市（州）专业技术人才分布呈现出中心城市多、基层偏远地区少的态势，由此形成了专业技术人才在省会城市及发达地区越来越多，而在经济落后的地区越来越少的"马太效应"。由图2-2可知，铜仁市专业技术人才占该地区的人才资源总量之比最高为39.71%，而该地区的专业技术人才10.81万人，占贵州省专业技术人才的8.02%，可见该地区的人才资源总量偏少，且存在结构分布不均问题。

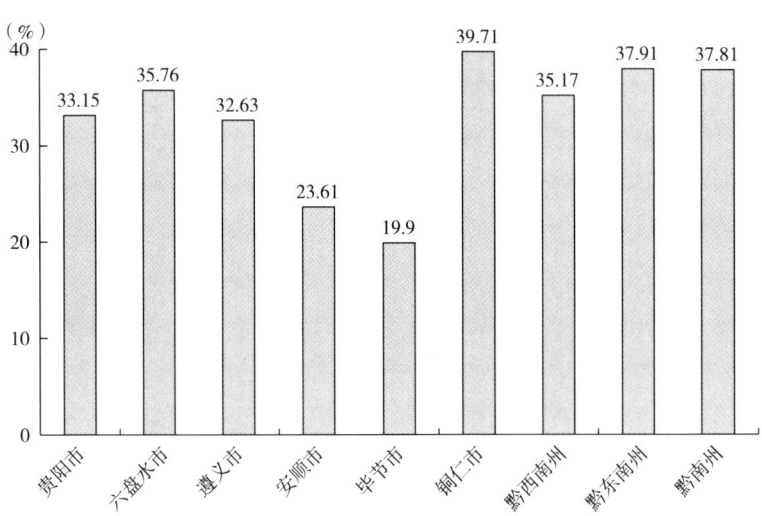

图 2-2 贵州省各地区专业技术人才占贵州省人才资源规模比重

三 民营企业的人才聚集能力偏弱

民营企业包括个人独资企业、合伙制企业、有限责任公司和股份有限公司，资金与风险大部分都是由企业自己承担。对于专业技术人才来说，出于个人的求职意向和长远职业生涯规划，大多数人更倾向选择国有企业和事业单位。此外，民营企业自身的人才聚集能力也受其他因素的制约：一是在全省公共财政资助的重大科研课题、科研项目、重点实验室、重点科研基地建设、国际交流和合作项目中设立民营经济专项的较少；二是民营企业内部建立专业技术人才继续教育培养基地与人才培养基地不足；三是在国家专业技术人才知识更新工程平台中，为民营经济高层次人才举办的培养班和研修项目缺乏；四是民营经济主体参与职称评审的范围有限。从表 2-1 可见，公有经济企事业单位专业技术人员总量中，贵州省的农业技术人才和教学人员均高于全国平均水平，农业技术人才主要聚集在公有制企事业，从而致使民营经济企业中教学人员和农业技术人才不足。

四 高新技术产业承载能力低

在高新技术产业方面，全省高新技术产业产值从 2010 年的 853.94 亿元上升至 2018 年的 2048.86 亿元，年均增速为 11.56%[①]，虽然增速

---

① 资料来源：《2018 上半年贵州省高新技术产业发展报告》。

表 2-1　贵州省各专业技术人员占公有经济企事业
单位专业技术人员比例

地区	公有经济企事业单位专业技术人员总量（人）	工程技术人员/公有经济企事业单位专业技术人员（%）	农业技术人员/公有经济企事业单位专业技术人员（%）	科学研究人员/公有经济企事业单位专业技术人员（%）	卫生技术人员/公有经济企事业单位专业技术人员（%）	教学人员/公有经济企事业单位专业技术人员（%）
全国	31485239	14.81	3.26	0.81	19.87	61.25
贵州省	712168	11.61	3.97	0.52	16.82	67.08

较快，但高新技术产业规模占比低于全国平均水平。除此之外，省内的高新技术产业区域发展也不均衡，贵阳市作为省会城市，区域优势明显，产业集聚效应突出，高新技术产业产值占全省的比重高达36.95%，遵义市高新技术产业产值占全省的比重为14.31%，安顺市高新技术产业产值占全省的比重为11.19%，全省其他区域比重均低于10%，区域发展失衡。2017年全省高新技术工业产值主要分布在贵阳市、遵义市和安顺市，分别为558.96亿元、293.13亿元和229.22亿元，三个市（州）产值之和占全省高新技术工业产值的比重为52.78%。除此之外，全省的高新技术产业发展的创新要素中包括创新服务平台、创新载体、创新主体、人才、知识产权、研发投入等方面尚未形成规模。[1]

五　新兴产业吸引力不足

贵州省新兴产业起步较晚，发展较慢，主要存在的问题在于：一是全省新兴产业总体规模偏小。全省新兴产业总产值占全国新兴产业总规模不足1%，受经营成本上升与产品价格下行的双重挤压，企业效益有待提升；二是研发投入不足。2018年全省研发投入占主营业务收入的比重2.0%左右，具有自主知识产权的产品不多，多数产品处于产业链的中低端；三是区域发展不平衡。全省新兴产业主要集中在贵阳、遵义两市，其他市（州）呈现大分散、小集聚、小规模、竞争实力弱；四

---

[1] 参见《2018上半年贵州省高新技术产业发展报告》。

是发展体制存在障碍。相互之间缺乏有效的协调和沟通机制,导致资源分散和管理低效等一系列问题,没有制定专门针对新兴产业的税收优惠、产业基金等优惠政策;五是创新成果转化不畅。成果转化机制尚不健全,高校院所服务产业能力未充分释放,技术转移市场尚需完善,产业分布和产业结构调整不相适应①。因此,新兴产业对专业技术人才的吸引能力深受其自身发展现状的制约。

六 薪酬激励不足

调查数据显示,用人单位对高层次人才的激励手段主要为物质激励,精神激励相对较少,激励手段相对单一。企业内部中的政治激励与社会激励机制相对较少,缺位的背后反映了企业对高层次人才的吸引、培养、使用、评价、激励方面的重视度不够。据2018年贵州省金融产业的调查数据显示:人才保留措施效用受制于薪酬收入与政策吸引力,其中有61.49%的人认为收入偏低是导致跳槽的主要原因。全省经济发展水平相对落后、经济总量偏小、就业人口相对较少、重点产业发展程度相对落后、技术引进平台缺乏、高层次人才发展平台欠缺,是制约引进人才成效的主要因素。

---

① 资料来源:《贵州省"十三五"新兴产业发展规划的通知》。

第三章

贵州省专业技术人才发展困境的成因

第一节 政府主体行为方面

一 人才开发政策体系不健全

人才开发对象包括区域外的人才引进、内部存量人才质量与效能提升等职能，基于人才开发体系视角，人才政策主要存在以下几个方面问题：

（一）"1+N"人才引进政策优势不足

虽然贵州省自2013年以来出台了"1+N"系列人才引进政策及配套措施，但放眼当前，解决人才的住房、子女上学、配偶工作等措施已经成为各省市及地方政府人才引进的基本政策，不再具备吸引力或组合优势。

（二）人才奖助政策吸引力不足

相对于四川、重庆200万元与湖南150万元安家费，贵州的150万安家费没有优势，相对于四川的5000万元高层次人才专项资助，贵州的1000万元资助并没有明显吸引力。

（三）人才开发服务协同机制不健全

根据2016年对贵州省414家用人单位的调研数据显示，目前建立了培训与发展制度的单位不足一半（42.3%），拥有送外一个月以上脱产培训机会的单位为29.7%，有专门人才培训与发展机构的单位仅为

27.5%，且大部分用人单位的人才培养规定都只写在文件中，落实较少。此外，大多数用人单位存在"重人才引进，轻培养、使用"现象，引进与培养、引进与使用协同机制并没有完全建立。而人才服务协调不足则主要表现为大多数部门、单位没有专职的人才服务科室和人才工作队伍，导致在人才引进、人才服务等工作上协同不足，没有形成引才合力，出现了人才工作衔接不畅，政策执行不到位，人才服务环境难以令人才满意等问题。

（四）人才开发的体制导向不明

贵州省人才引进政策与措施主要针对政府与事业单位等体制内的人才。而在体制外，尤其是民营企业的博士等高层次人才却不能同等享受住房补助、高层次人才津贴等政策资助，企业等体制外的用人单位在引进高层次人才方面的效用被削减。

（五）人才开发政策落实不足

截至2018年，全国各省市出台了大量高层次人才引进政策措施，但是，政策仍然存在"重制定、轻落实"的状况，地方政府与各级部门在落实政策时存在"选择执行、消极执行与歪曲执行"的现象，削弱了人才引进政策实施效果。根据调查数据显示，资金补助、住房补助、子女入学等政策"没有完全落实或完全没有落实"者分别占受访对象的80.28%、69.28%、47.11%，表明人才服务政策落实不足，政策效应发挥不明显。

二 产业人才配套开发机制待优化

产业人才配套开发机制受政治、经济、法治、生活文化、地理环境等因素的影响，政府作为建立健全人才开发机制的主体，对于建立完善人才配套开发机制需要考虑人才市场供需分配、产业结构调整、社会发展需求，以及人才主体的求职意愿等因素，产业人才开发面临的困境如下：

（一）产业人才开发平台有限

由于重点产业发展体制机制存在障碍，缺乏有效的协调和沟通机制，导致资金分散和管理低效，统筹不足，同时没有制定针对重点产业的税收优惠、产业基金等政策，对新兴产业研发投入不足，具有自主知识产权的产品不多，多数产品处于产业链的中低端，进而导致产业人才开发存在以下问题：一是由于针对重点领域的高层次引才政策的缺位以及自身的引才平台建设能力有限，重大产业、重要领域、重点企业的高层次、创新型人才比例偏低；二是重点产业专业技术人才开发引进力度不够，产业主管部门依据产业特点编制专业技术人才发展规划受限，以及制订开发目录与开发专项工程的动力不足；三是对于区域重点产业专业技术人才继续教育基地的设立不足，为重点产业人才聚集提供的公共服务质量有待提高。

（二）政府绩效考核导向问题

由于长期以经济增长为考核导向，政府职能部门面临着巨大的政绩考核压力。因此，政府部门在对重点产业的选择时，并非将战略新兴产业、最有增长潜力的产业作为重点发展产业，而是选择增量规模最大的产业作为重点发展产业，本地区支柱性产业往往更容易获得政府部门追加的投资，而周期长、见效慢的战略新兴产业发展可能获得的投资有限，进而影响地区产业内专业技术人才长远发展的稳健性与竞争力。

（三）重点领域、重点产业的高层次人才规模不足

虽然，各地区高层次人才引进政策相对较为完善，但受制于高层次人才规模有限，地区之间的竞争依然激烈，重点产业专业技术人才引才效果较差。一是受制于经济发展水平，贵州省自身的引才平台建设能力有限，重大产业、重要领域、重点企业的高层次、创新型人才的比重偏低；二是由于人才开发成效较慢，产业主管部门编制专业技术人才发展规划以及制定开发目录与开发专项工程的动力不足；三是区域重点产业专业技术人才继续教育基地资源的配置不足，为重点产业专业技术人才培养开发提供的公共服务质量也有待提高。以上三类问题制约了贵州省重点领域、重点产业的高层次人才规模快速增长。

三 人才开发资金投入不足

（一）科研经费投入规模偏小

R&D 经费是衡量一个地区科研投入强度、聚集高层次科技人才的重要指标，地区科研资金投入不足，会降低地区高层次科技人才吸引力。根据国家统计局发布的《2018 年全国科技经费投入统计公报》，2018 年全国研究与试验发展（R&D）经费支出 19677.9 亿元，比上年增长 11.8%；R&D 经费投入强度（与国内生产总值之比）为 2.19%，

比上年提高 0.04 个百分点。而贵州省 2018 年 R&D 经费支出为 121.6 亿元，R&D 经费投入强度为 0.82%，而且与选取的东、中、西部三个城市相比投入强度较低，而且呈下降趋势（见图 3-1）；贵州省研究与开发机构 R&D 课题投入经费占研究与试验发展（R&D）内外部支出费用经费比例为 9.63%，而全国平均水平为 13.74%，科研经费不足严重制约了高层次科技人才规模的增长[①]。

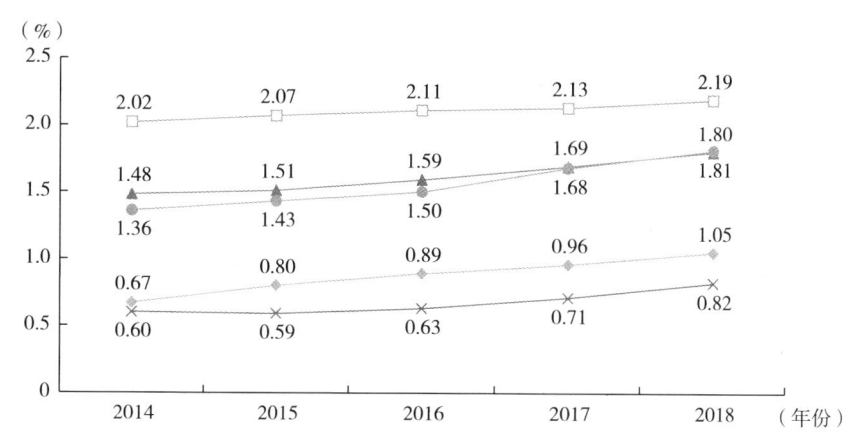

图 3-1　各地区研究与试验发展（R&D）经费投入强度

（二）人才专项资金未得到保障

据调查数据显示，贵州省多区县在"不低于 3% 的财政收入用于人才发展专项"的财政政策执行方面，没有得到有效落实。虽然，贵州省、相关市（州）多项政策明文规定各级政府需将不低于 3% 的财政收入用于人才发展专项资金，但是由于人才发展专项资金缺乏统筹，资金使用范围与内容没有界定，投入总量是否达到政策规定缺乏监控，人才引进的财政投入保障政策大部分停留于纸面。

（三）多元化投入机制未健全

在经济欠发达地区，政府在高层次人才引进中发挥主体性作用，多

---

① 参见《中国科技统计年鉴（2018）》。

元化人才引进投入机制没有完全形成。然而，政府的人才引进投入对象主要为"体制内"的用人单位，体制外最具活力的私营企业往往难以享受人才引进的政策红利，政府引导和市场主导作用并没有得到充分发挥，政府、市场主体、社会组织共同参与的多元化、市场化人才投入机制没有完全形成。

（四）体制内外资源配置不均

资金投入的体制"内、外"差异化对待。在引进人才的资金扶持方面，对体制内引进创新人才的项目、课题支持有限，体制外引进创业人才的财政配套资金支持不足，体制内外差异化对待，弱化了企业用人主体的引才作用。

（五）资金投入的效率不高

在重点产业发展方面，由于体制机制制约，导致产业引导资金统筹不足，资金投入相对分散，产出效率不高等一系列问题，新兴产业获得的研发投入与资助不足。2017年，贵州省研发投入占主营业务收入的比重为0.71%，具有自主知识产权的产品不多，多数产品处于产业链的中低端，这反过来又制约了贵州省高层次人才的承载能力。

四 引才聚才平台建设不足

根据调研数据显示，贵州省用人单位招聘人才主要通过以下渠道，职业中介机构（2.5%）、人才交流大会（46.25%）、大专院校（35%）、招聘网（28.75%）、猎头公司（3.75%）、员工推荐（17.5%）、主动求职者（22.5%），传统的人才交流大会与大专院校的校园招聘会是招聘的主流渠道，网络招聘仅排在第三位（见表3-1）。而猎头公司使用率仅为3.75%，在人才专业化细分背景条件下，各行业协会在人才引聘与交流方面的作用有限，行业引才平台急需建设。同时，人才智力平台、人才培养信息平台、创新创业平台、资源共享的人才公共服务网上平台等的建立需要健全的政策环境来支撑，政策的缺位致使聚才平台缺乏创新性。一是重点企业与开发区在构建专业技术人才学习与发展平台建立上存在动力不足；二是人才信息平台建设不足，以传统的引才方式，难以经济有效地引入紧缺人才，市场中实用型人才的引进更多是单打独斗的市场竞争行为，政府在构建人才引进平台、人才信用信息平台、人才流动信息平台、人才引进服务平台方面有待进一步加大投入力度；三是对于创新型科技人才队伍建设的政策措施有限，因此创新型科技人才和优秀青年科技人才培养体系不够健全，最终对于省外引进的高层次人才资源发挥机制不足，利用效用不高。

表3-1　　　　贵州省用人单位招聘人才主要渠道占比情况　　　单位：%

招聘人才渠道	职业中介机构	人才交流大会	大专院校	招聘网	猎头公司	员工推荐	主动求职者
占比	2.5	46.25	35	28.75	3.75	17.5	22.5

五　用人单位人才培养理念薄弱

贵州省针对专业技术人才的继续教育问题制定了《贵州省专业技术人员继续教育学时授予与管理办法》，各用人单位也制订了自身的培养计划。从调研的数据来看，在人才培养计划制订与落实方面，制订并实施了专业技术人才年度教育计划（50%），制订并实施了专业技术人才发展（晋级）培养计划（32.5%），反映出在人才培养上落实情况不佳；在人才继续教育学时方面，技术人员每年平均接受教育或培训的时间超40学时（43.75%），技术人员每年平均接受教育或培训的时间超80学时（22.5%），反映出专业技术人才教育缺乏有效督促；在人才培养过程管理方面，翔实记录了专业技术人才学习过程（38.75%），实施了专业技术人才培训或教育结果考核（31.25%），制定了鼓励专业技术人才自主学习与提升制度（41.25%），反映出专业技术人才教育缺乏有效的考核机制。用人单位在人才培养工作方面的不良表现，使得高层次人才总量偏少，具有研究生学历或副高以上专业技术职称的各类高层次人才占人才总量的3.61%。[①] 以上调研数据表明，用人单位存在"重视人才引进、轻视人才培养"的现象。

六　人才评价体系待完善

（一）评价导向"唯理论研究"

当前针对所有的人才评价指导思想与基础研究人才评价几乎混为一体，将论文作为基本门槛，以理论研究与学术影响为人才评价导向，而

---

① 参见《贵州省"十三五"专业技术人才开发规划》。

基层人才与应用型人才服务于经济社会发展的社会贡献评价几乎没有纳入评价体系，整体评价思想偏学术影响，忽视了经济效益、人才培养、服务社会等方面的社会贡献评价。例如，在同样的评价体系内，高校中一个科研成绩突出的老师和一个专心于本科教学的老师来比较，前者无论是在职称晋升，还是在各种奖项的评定中，都占有明显的优势，前者是因社会影响受到关注，后者在教书育人方面的社会贡献却较少得到关注与承认，人才评价导向问题需要进一步引起重视。

（二）多主体参与渠道不畅

多年来，政府作为人才社会评价的唯一实施主体，第三方组织、行业协会与学会、用人单位等大部分主体被排除在评价机制之外，评价的实用性、代表性与有效性受到影响，多主体参与评价的途径有限。

（三）人才评价对象覆盖率不足

目前，贵州省积极参与人才评价的用人单位主体大多为党政机关、事业单位与国有企业，外资企业与民营企业参与度不足；在人才个体方面，当前的人才评价对象集中在专业技术、专业技能等两大类人才中，对经营管理人才、农村实用人才与社工人才覆盖率不足。

（四）人才评价指标不完善

当前的大部分专业技术人才的评价指标已经沿用多年，模式固化，长期将工作年限、论文、英语与计算机设为基本门槛，将基层人才、农村实用人才的经验性贡献、服务社会的工作量、经济贡献与服务社会的贡献指标没有纳入到考核评价体系中，使指标对人才服务社会的引导性不足。因此，树立正确的评价指导思想、建立分类分级评价体系、区分基础研究与应用研究评价、量化评价指标体系、将第三方组织与用人单位纳入评价主体、引导基层人才均衡发展将是专业技术人才评价框架创新的基本方向。

第二节　高校主体行为方面

高等院校在人才开发方面主要有三大职能：一是人才培养供给职能，培养与供给国家与地区经济社会所需的各类人才，是高等院校的立身之本；二是科学研究职能，尤其是开展基础研究方面，高等院校在获得国家支持方面具有天然优势;三是服务社会职能,无论是人才培养工作,还是科学研究均是服务社会的体现。此外,高校在为政府与事业单位、第三方组织与企业提技术支持、决策咨询等方面具有人才优势与天然的信誉,也是社会服务的体现。因此,高校在专业技术人才开发方面,担当着重要角色,是组织其高层次人才开展科学研究、为国家和地方培养各类专业技术人才、推动国家和地方经济社会创新发展的主体。

一 高校人才规模总量不足

根据教育部发展规划司发布的《2018年教育统计数据》可知,贵州、广西、重庆、四川、云南等西部地区省份在普通高校拥有的专业技术人才总量分别为3.62万人、4.52万人、4.29万人、8.70万人、4.01万人,其中,拥有专业技术职务在中级及以上的人数分别为2.51万人、3.50万人、3.50万人、6.63万人、3.03万人(见图3-2),[①]可见贵州省在高校中拥有的专业技术人才总量和高层次人才均偏少,相较其他西部地区在专业技术人才的聚集能力上较弱。其主要问题体现在以下三个方面:一是高校在引进人才方面存在"重引轻培"现象,将大量资金等资源投入人才引进方面,而忽视了对于内部人才的培育;二

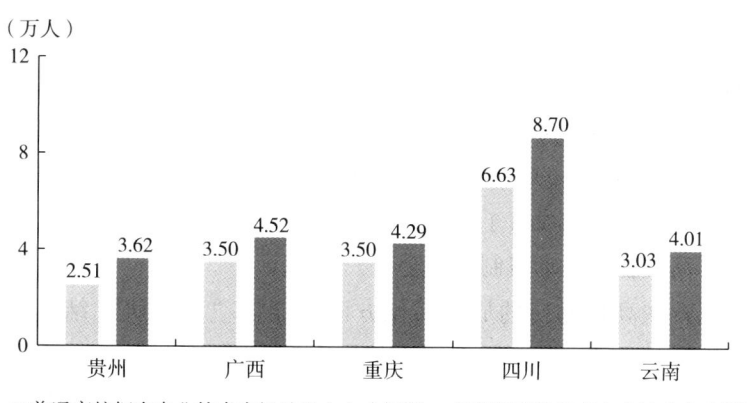

图3-2 贵州省2018年省内外普通高校专业技术人才规模

---

① 参见《2018年教育统计数据》。

是高校在引才方面的资金缺乏,难以为高层次人才提供优越的引才条件,不能给人才提供充分的发展环境,引才与用才不匹配;三是高校自身学科能力未能充分发挥,尚未打造出有代表性的科研团队,没能发挥科研团队影响优势去引进高层次领军人才。

二 高校人才资源联动不畅

通过调研发现,全省部分用人单位存在引才、育才不为用才服务,引才与用才分离的问题,人才的引进、培养与使用之间没形成合力,进而产生人才资源的浪费现象。其原因主要体现在三个方面,一是在人才引进、培养与使用机制方面没有形成合力,导致人才资源浪费;二是在对人才评价上过度看中个人科研理论成果,而忽略了对科研成果转化为市场效益的考核,尚未构建行业内业绩贡献考核机制;三是高校的人才流动和聚集机制不健全,人力资源市场化机制有待完善。

三 高校人才成长环境不优

贵州省高校在人才引进方面缺乏长期规划,人才成长环境有待进一步优化,一是由于贵州省的地方高校与部属高校和中科院相较而言,省内高校在学科平台建设、人才聚集能力、科研能力及创新性水平等方面存在较大的先天劣势;二是由于高校自身在人才引进方面缺乏长期规划,较少结合学校的自身特点和学科定位去关注人才聚集的后期发展,一方面给学校提出了"如何用,如何评"的新问题,另一方面也使引进人才的成长环境有待进一步完善;三是由于高校在人才引进方面存在短期效益追求和发展的盲目性,不仅花费了大量的人力成本,也使后期平台建设在资金方面没有了保障。

四 高校企业联动机制不健全

贵州省在高校科研的成果转化方面未能将"产学研"结合起来,科研成果转化的社会效益不高,且尚未形成相应的产业规模,未能发挥校企引才的作用,主要问题体现在以下三个方面:一是高校的科研成果转化机制不健全,导致高校对专业技术人才的考评未能发挥充分作用;二是成果转化的社会效益对高校的专业技术人才吸引力不足,相关的研发人才将研究成果转为产业效益的动力不足;三是未能充分搭建校企人才集聚平台,缺少对高校的引导。

五 高层次人才培养供给不足

李立国（2012）认为，我国研究生教育体现了"存量决定增量"的发展模式，反映在省域研究生教育方面，各省域之间不但存在数量的差异与学科布局的不均衡；同时"存量决定增量"的思维左右了研究生教育资源的配置。国家教育部门的"存量决定增量"的思维模式，制约了研究生等高层次人才资源的供给。

2017年数据显示，每千人对应的在校研究生数方面，四川、云南、广西分别为1.22、0.76、0.60，贵州为0.62。即使与西部地区周边省份相比，贵州省高层次人才引进与供给仍然存在差距，特别是企业经营管理人才占全国的比例仅为1.24%，远低于周边省份，制约了省内产业发展，存在较大的引进障碍。

2017年，贵州省人口总量与经济分别占全国的2.58%、1.64%，而作为引进与聚集高层次人才的主要平台，贵州省博士学位授权单位、博士授权点与博士在校生人数分别占全国的0.95%、0.46%、0.21%，硕士单位、授权点分别占全国的0.88%、0.92%，博士与硕士授权单位与授权点的数量与贵州省人口与经济发展严重不匹配，贵州省高校的高层次人才引进、聚集与培养能力偏弱，成为制约贵州经济社会发展的重大障碍。

第三节 科研院所主体行为方面

一 引才的政策机制待优化

目前，受制于事业单位人才引进体制与薪酬，科研院所专业技术人才引进机制略显僵硬，行业协会作为引才的行业平台建设者存在缺位行为，中央驻黔机构在高层次人才引进自主性受限，省属用人单位在引才时单打独斗，引才效果有限，还存在重引进、轻使用的情况，造成引进后人才闲置的状况，其问题根源在于以下三个方面：一是由于其引进过程缺乏使用依据，存在为引进而引进的状况，引进机制与使用机制没有形成合力；二是贵州省虽然在省级与市级层面都提出了针对引进人才的相关政策措施，但对待全国或中央驻黔机构与省属机构的人才政策内外有别，政策落地实施力度不够；三是人才引进工作目标不明确，过程缺少统一规划，未能发挥出引才机制的人才聚集效果。

二 引才平台建设不足

当前，贵州省科研院所的人才使用平台主要是用人单位提供的工作岗位，人才的使用范围与使用形式相对单一。其原因主要在于：一是科研院所与高等院校、高新技术企业、科技园区之间在科研设施和设备投入上缺乏专业平台共享机制。从全国东部、中部、西部地区选取的三个城市与贵州省相比，整个贵州省的研究与开发机构数最少，仅占全国的2.45%[①]。高层次人才的共享机制与平台建设不足，致使引才聚才环境基础建设落后；二是科研院所在新兴产业中人才开发、人才培养、高层次创新人才培养专项计划等方面缺乏对人才智力提升平台的投入，难以营造聚集人才的内在优势；三是人才使用观念滞后，未能结合人才发展规律完善相应的人才使用机制与渠道。

三 项目引才不充分

目前科研院所未能较好地搭建"项目＋人才"的引才渠道，未能营造出良好的聚才用才环境，其原因主要在于：一是科研院所未能较好地利用人才政策优势，未能充分借用和发挥项目合作在基础设施领域的引才的渠道；二是贵州省对科研项目的资金投入不足，2018年贵州省R&D经费支出为121.6亿元，贵州省R&D资金投入强度为0.82%，由于资金的缺失导致科研工作保障不足；三是未能充分调动人才的研发能力和意愿，完善有效的激励机制尚未形成。

四 产业引才效用不明显

贵州省的科研院所在当前在产业聚才方面未能形成规模，利用产业发展吸引人才的能力仍然偏弱，这也从侧面反映出贵州省目前在产业引才方面存在较大的发展潜力和空间。其主要原因主要在于：一是科研院所主体的参与意识不够，研发转化为市场经济，形成规模经济效益的引导不够；二是由于高层次人才的匮乏，导致一些科研转化为产业的关键技术攻关未能攻破，导致研发产业发展受阻；三是产业人才发展环境的不完善，导致产业人才的集聚效能低下。

---

① 资料来源：《中国科技统计年鉴（2017）》。

五 科技人才承载能力偏弱

目前科研院所是科技人才的主要承载平台，但贵州省科研机构总量偏少。根据《中国科技统计年鉴（2019）》数据，2018年贵州省科研机构及拥有科研机构的单位占全国科研用人单位总数的2.32%，低于福建（2.93%）、湖南（3.50%）、云南（3.47%），科研机构总量偏少，意味着高层次人才承载能力偏小，是影响高层次人才供给的主要原因。高层次人才的共享机制与平台建设不足，致使引才聚才环境基础建设落后，进而影响了贵州省科研人才规模。《中国科技统计年鉴（2019）》的统计数据显示，2018年贵州省科研从业人员占全国科研从业人员总数的0.85%，与福建基本持平（0.84%）、低于湖南（1.70%）和云南（1.50%），[①] 贵州省在新兴产业人才开发、人才培养引导机制、高层次创新人才培养专项计划等方面相对缺乏，在专业技术人才平台建设的投入不足，导致全省科技人才规模较小。

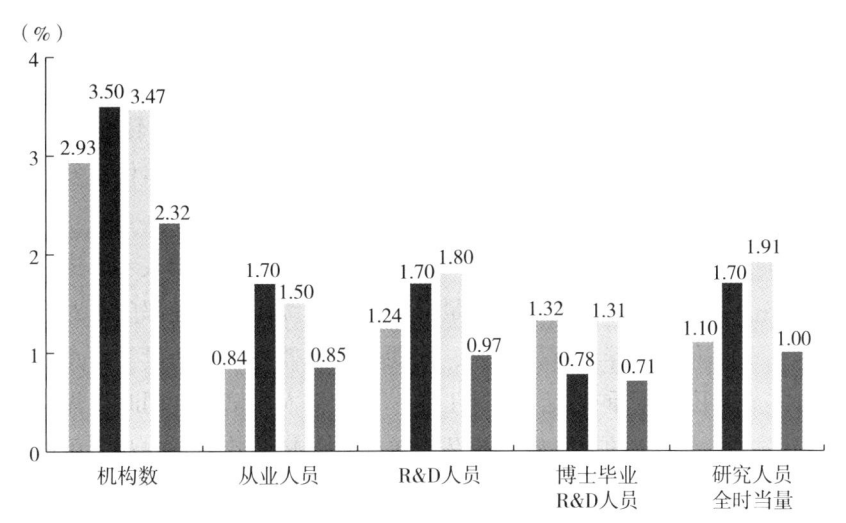

图 3-3 2018年各地区研究与开发机构情况与全国占比

[①] 参见《中国科技统计年鉴（2019）》。

第四节　企业主体行为方面

一　主体作用发挥有限

（一）用人单位主动引才意识不强

目前企业的引才方式主要聚焦于政府搭建的人才博览会、人才市场、人才信息网站、高校引才专项活动等公共引才平台，主动引才意识不足，引才思路不够宽广，行业协会、专业学会等引才平台作用发挥不足，引才的差异化、专业化与精准化偏弱。

（二）用人单位享受人才政策不充分

2016年的抽样调查数据显示，有61.2%的企业对当前政府人才引进政策不太熟悉或不熟悉，有关对口帮扶、博士后服务团、挂职交流、人才扶贫、异地设立科研机构等引才引智政策利用并不充分。

（三）用人单位人才平台建设不足

基于2016年贵州省10家企业的访谈数据显示，直接从事与科研或人才平台紧密相关工作的员工中，有6家不知道本单位有省级科研平台或人才基地，科研平台与人才基地等平台存在"重申报、轻建设"情况，各类平台的引才聚才效能不足，进而影响用人单位主体作用发挥。

二　企业人才培养意识缺失

市场主体对于人才引进工作高度重视，主要原因在于人才引进具有投入小、周期短、见效快、可衡量等特点，各级人才管理部门相对容易出政绩。而人才培养具有投入大、周期长、见效慢、难衡量等特点，这使得用人单位高度重视人才引进工作，而忽视人才培养。同时仅靠引进较难形成持续稳定的人才发展梯队，重引进而轻培养的人才观念可能会导致产业人才发展断层。人才科学发展的理念为"高端引进、中低端培养，紧缺引进、长远培养"。但是企业的重引进而轻培养的理念导致中高层次的自主培养的人才缺失，也将导致高端人才引进后缺乏支撑平台。用人单位不愿在人才培养方面进行投入，更乐意于花高薪从其他相关企业聘请高层次人才。

三　政策利用效能有限

近年来，贵州省在人才、知识产权、金融支持、优先发展产业、税收等方面政策作出重大调整,但是政策在实际执行过程中难免会遇见利益、价值观的冲突,致使高层次人才和用人单位对政策信息了解不一致,政策利用率不高致使引进高层次人才偏少。同时,无论是政府还是用人单位,在引才的渠道建设、引才手段使用、引才平台构建方面过于传统,缺少突破与创新。人才政策利用效能不高的主要原因是部分用人单位对人才引进的重视程度不高,对"人才是第一资源"的重要性认识不足,受自然资源、知识水平、观念意识等因素的限制,尚未真正形成尊重知识、尊重人才的意识。

四 企业人才队伍竞争力不强

截至 2017 年底,全省人才资源总量达到 458.28 万人。其中,企业经营管理人才 54.81 万人,由于企业提供的人才建设平台有限、成长环境欠缺、人才意识薄弱、引才机制僵化等原因,致使省内人才环境、人才效能、人才资源等地区竞争力指标较弱,省内高层次人才主要分布在国企、事业单位。在人才队伍中,具有研究生学历或副高以上专业技术职称的各类高层次人才 16.54 万人,占人才资源总量的 3.61%;高技能人才 10.51 万人,占技能人才总数的 7.05%;2018 年每万人口中 R&D 人员折算成全时当量为 9.26 人年,远低于全国平均水平(31.29 人年);企业的经营管理人才占全省人才资源总量的 11.96%。[①] 企业在带动地区经济发展和社会进步方面扮演着重要角色,企业引进高层次人才可以加快传统产业转型升级,提高第三产业在国民经济增长中的地位。相反,企业引进高层次人才渠道不畅、人才引进外部环境不支持就会导致总量不足,以及减弱人才队伍竞争力和人才梯队断层。

表 3-2 2017 年贵州省各类人才资源占全省人才资源总量情况

指标名称	数量	占比(%)
人才资源总量(万人)	458.28	100
1. 党政人才(万人)	19.21	4.19
2. 企业经营管理人才(万人)	54.81	11.96

[①] 参见贵州省"十三五"人才发展规划评估数据。

续表

指标名称		数量	占比（%）
3. 专业技术人才（万人）		134.73	29.40
4. 技能人才（万人）		148.94	32.50
5. 农村实用人才（万人）		100.59	21.95
高层次人才（万人）		17.06	3.72
高技能人才总数（万人）		10.51	7.06
专业技术人才比例	高级	30.73	22.81
	中级	27.20	20.19
	初级	34.17	25.36
	未聘任专业技术职称	42.63	31.64

五 企业薪酬水平有待提高

由于全省经济发展水平相对落后、经济总量偏小、重点产业发展程度相对落后、导致产业的效能不足，企业薪酬的市场化水平不高。据2017年贵州省金融产业的调查数据显示：人才保留措施效用受制于薪酬收入与政策吸引力，其中有61.49%的人认为收入偏低是导致跳槽的主要原因。

六 引才平台建设不足

当前，企业人才引才平台建设问题主要存在以下三个方面：一是引才渠道不够宽广，引才资源组合效率不高。根据2016年抽样调研数据显示（见表3-3），贵州省用人单位招聘人才主要通过职业中介机构（2.50%）、人才交流大会（46.25%），以及猎头公司等，市场化渠道相对较低，引才渠道相对单一。二是行业引才服务平台缺失。虽然各地级市均建设了综合性招聘网站，但是在人才专业化细分背景条件下，基于产业或行业分类的人才招聘网站在贵州推广与使用状况并不理想，很多行业还没有建立行业类人才招聘网站，行业引才平台建设不足，影响了产业引才效果。三是人才服务产业不够发达，人才中介机构引才作用发挥有限。截至2017年，贵州省人力资源服务机构总量为355家，从业人员为4014人，分别占全国总量的1.18%、0.69%，人力资源服务业不够发达,人才中介机构引才作用发挥有限。[①]

表3–3　　　贵州省用人单位招聘人才主要渠道占比情况　　　单位:%

招聘人才渠道	职业中介机构	人才交流大会	大专院校	招聘网	猎头公司	员工推荐	主动求职者
占比	2.5	46.25	35	28.75	3.75	17.5	17.5

---

① 参见2016年度贵州省人才发展环境调研数据。

第四章

贵州省专业技术人才发展环境评价

党的十八大以来,贵州省委、省政府以着力打造"人才集聚地和创业新高地"为目标,大力实施人才强省和科教兴黔战略。贵州省人才发展按照系列战略部署,紧紧围绕经济社会发展目标,大力实施人才强省战略,切实加强人才工作,全省人才发展取得了显著成绩,人才发展环境得到了明显的改善。同时也应该清醒地认识到,贵州省人才发展还存在亟待解决的问题和矛盾,贵州省在专业技术人才发展环境方面仍存在短缺之处,这也为贵州省改善专业技术人才发展环境指明了方向,更为制定"十四五"人才规划提供了必要依据。因此开展贵州省人发展状况评价,是寻找差距、发现问题、制定政策、实现后发赶超的必然选择。①

第一节 综合环境评价背景与依据

人才发展环境是人才赖以生存和发展的社会物质、文化生活条件的综合体,包括影响人才成长与发展的外部要素总和,影响着人才开发与利用效能、人才需求满足、人才发展与人才自我价值的实现。人才发展环境既取决于整个区域的营商环境和人才基础环境,又取决于地区自身

---

① 本章主要研究内容已于2019年1月联合康峻辉等同学,发表于《贵州财经大学学报》。

的政策、公共资源配置等驱动环境，人才发展环境最重要的是为人才的创新创业提供稳定的预期，促进产业资源与人才资源向该区域集聚。专业技术人才发展环境，包括专业技术人才发展所依赖的内外部环境，涉及经济、社会、文化等多个方面，评价指标的合理选择和评价体系的科学构建是各类环境有效评价的基础。

目前学者对人才发展环境的研究内容丰富，取得了一定的研究成果，主要涉及人才发展环境构成与评价、人才发展研究方法等方面。在人才发展环境构成与评价的实证研究方面，王顺、石金楼、刘亦晴等梳理了人才环境综合评价指标体系构建方面的理论[1]，聚焦于经济、社会、文化、科技和生活等宏观环境方面选择评价指标；司江伟等以经济、政治、文化、社会、生态为指标构建对人才发展环境的系统评价体系[2]；梁文群等将高层次科技人才发展环境细分为经济、生活、自然、科技、社会和人才市场等多个子环境[3]；陈杰等将人才环境感知分为人才政策环境感知、事业环境感知、团队环境感知和生活环境感知[4]。在人才发展环境研究方法方面，王亮、马金山运用熵值法对各省高层次人才发展环境进行了评价和对比分析[5]；焦清亮等运用模糊层次综合评价法对新疆高层次科技人才环境进行了研究[6]；李欣等运用结构方程模型和因子分析法对科技人才发展环境影响因素进行研究[7]。毋庸置疑，上述研究为贵州省专业技术人才发展环境的评价研究提供了思路和方法。

---

[1] 王顺：《我国城市人才环境综合评价指标体系研究》，《中国软科学》2004年第3期。
石金楼：《基于因子分析的江苏省人才环境评价研究》，《南京社会科学》2007年第5期。
刘亦晴、于晶：《中西部地区人才环境评价指标体系研究》，《企业活力》2011年第2期。
[2] 司江伟、陈晶晶：《"五位一体"人才发展环境评价指标体系研究》，《科技管理研究》2015年第2期。
[3] 梁文群等：《我国区域高层次科技人才发展环境评价与比较》，《科技进步与对策》2014年第9期。
[4] 陈杰等：《人才环境感知对海外高层次人才流动意愿的影响实证——以广东省为例》，《科技管理研究》2018年第1期。
[5] 王亮、马金山：《基于熵值法的科技创新人才发展环境评价研究》，《科技创新与生产力》2015年第3期。
[6] 焦清亮等：《基于模糊层次综合评价法的新疆高层次科技人才环境评价研究》，《农业科技管理》2012年第3期。
[7] 李欣等：《基于结构方程模型的科技人才发展环境影响因素》，《中国科技论坛》2018年第8期。

但是，由于以往学者对于专业技术人才发展环境的评价研究涉及较少，很多学者即使构建了人才评价环境指标体系，却很少分析其指标的影响效度；部分学者基于经验或以专家权重法给出了人才评价环境指标的权重系数，却较少有学者试图解释各指标权重的合理性，并且不同区域内影响人才发展环境因素存在一定差异，这就需要我们依据不同地区的实际情况去合理选取评价指标。

一 综合环境评价维度

基于前人研究成果与专业技术人才的特殊属性，本书将专业技术人才发展环境具体分为人才市场环境、经济发展环境、人才服务与生活环境三大维度。

(一) 人才市场环境

在衡量人才环境的众多因素中，人才市场环境反映人才资源配置的市场化程度，在市场经济体制形成过程中对于人才资源配置起到越来越重要的作用，人才市场的发展成果为人才成长提供了良好的机遇和环境。因此，将人才市场环境作为人才发展环境综合测评体系的重要指标之一。本书在参照以往学者的相关研究成果和结合贵州省实际情况的基础上，主要选取 R&D 人才指数、高技能人才指数、农村实用人才指数、社会工作人才指数、专业技术人才指数、企业经营管理人才指数和党政人才指数七个指标对人才市场环境进行评价。

(二) 经济发展环境

经济作为整个社会发展的基础，也是人才赖以生存和发展的基础。经济发展是推动整个社会发展的根本原因，也是推动人才成长与成功的根本动因。因此，经济发展状况也反映了人才发展环境的基本状况，即一个地区的经济发展状况。本书在参照以往学者的相关研究成果和结合贵州省实际情况的基础上，主要选取人均 GDP、经济增长率、经济总量和人均固定资产投资额四个指标来评价经济发展环境。

(三) 人才服务与生活环境

社会环境是人才发展的重要支撑，反映着一个区域的社会现代化水平。社会环境为人才发展提供相应的物质保障和支持，是稳定人才、吸引人才的重要因素。当前，随着人们生活水平的日益提高，自然环境因素也越来越多地受到人们的关注，特别是人才在流动过程中对环保因素的关注越来越明显。人们对舒适便利生活环境的追求，环境的舒适性首先表现为人们对良好自然环境的需求，健康的居家环境越来越受到人们的青睐，可见良好的人居环境已然成为影响人才发展选择的重要因素。本书在参照以往学者的相关研究成果和结合贵州省实际情况的基础上，主要选取在职职工医保参保率、人才教育投入指数、AQI 等九个指标来评价人才服务与生活环境。

二　综合环境评价评型构建

本书将所选取的 N 个指标分别设为 X_1，X_2，…，X_N，转换后的各指标值为 Z_1，Z_2，…，Z_N，并对各项指标分别赋权为 W_1，W_2，…，W_N。最终以综合评价值（S）作为判别专业技术人才发展环境综合水平的依据，其计算公式为：$S = \sum_{i=1}^{N} I_i = \sum_{i=1}^{N} \frac{\sum_{i=1}^{N} Z_i W_i}{\sum_{i=1}^{N} W_i}$，其中：$0 \leq W_i \leq 1$，$\sum_{i=1}^{N} W_i = 1$（$I_1$，$I_2$，…，$I_N$ 分别代表准则层下各指标的综合评价指数）。在参照国内外关于综合评价值的分级方法的基础上，根据阈值原则给出了判别标准（见表 4-1）。

表 4-1　　　　专业技术人才发展环境评价综合水平

级别	优	良	中	差
综合测评值（S）	[0.9-1]	[0.6-0.9)	[0.3-0.6)	[0-0.3)

第二节　指标选取与权重设置

一　指标选取

本书对以往学者的相关研究成果进行回顾，同时结合贵州省自身特殊的实际情况，拟从以上三大维度出发，借助于 AHP 模型，以专业技术人才发展环境为目标，以人才市场环境、经济发展环境、人才服务与生活环境三大子环境为准则，并选取 20 项评价指标作为人才发展环境测评的具体指标，从而构建出一套针对贵州省专业技术人才发展环境的综合评价指标体系。此外，本书针对贵州省专业技术人才发展环境构建的综合评价指标体系，由于并未涉及具体的方案层，因此略去了方案层的设置，在评价指标体系内各层次间的具体隶属关系（见表4-2）。

表4-2　　　　　　　　人才发展环境综合评价指标体系

目标层	准则层	指标层	指标解释
人才发展环境	人才市场环境	R&D人才指数 X_1	R&D人员全时当量（人/年）
		高技能人才指数 X_2	高技能人才数占全省人才资源总量比重（%）
		社会工作人才指数 X_3	社会工作人才数占全省人才资源总量比重（%）
		专业技术人才指数 X_4	专业技术人才数占全省人才资源总量比重（%）
		企业经营管理人才指数 X_5	企业经营管理人才数占全省人才资源总量比重（%）
		农村实用人才指数 X_6	农村实用人才数占全省人才资源总量比重（%）
		党政人才指数 X_7	党政人才占全省人才资源总量比重（%）
	经济发展环境	人均GDP X_8	人均地区生产总值（元/人）
		经济增长率 X_9	GDP年增长率（%）
		经济总量 X_{10}	地区年生产总值（元）
		人均固定资产投资额 X_{11}	一定时期全社会人均固定资产投资额（元/人）
	人才服务与生活环境	医保覆盖率 X_{12}	城镇职工参加医保人数占比（%）
		人才教育投入指数 X_{13}	教育支出占GDP比重（%）
		住房指数 X_{14}	城镇人均居住用地面积（平方米）
		在职职工工资指数 X_{15}	在职职工人均实际工资数（%）
		交通道路指数 X_{16}	年末人均实有道路长度（千米）
		医疗设施指数 X_{17}	每千人医疗机构床位（张）
		AQI X_{18}	全年空气优良天数比例（%）
		城市绿化指数 X_{19}	人均公园绿地面积（平方米）
		水资源指数 X_{20}	人均水资源量（立方米）

二 指标权重设置

本书主要依据专家咨询和 AHP 法对指标体系内各级指标进行赋权。首先,通过专家评分法对各级指标的相对重要程度予以确定,在此基础上综合专家的意见打分,其次,借助于 yaahp11.0 层次分析软件,按照 1—9 标度构建出判断矩阵(见表 4-3 至表 4-6)。

表 4-3　　　　　　　　　　人才发展环境判断矩阵

人才发展环境	人才市场环境	经济发展环境	人才服务与生活环境	权重(W_i)
人才市场环境	1.0000	0.5000	0.5000	0.2000
经济发展环境	2.0000	1.0000	1.0000	0.4000
人才服务与生活环境	2.0000	1.0000	1.0000	0.4000

表 4-4　　　　　　　　　　人才市场环境判断矩阵

人才市场环境	R&D人才指数	高技能人才指数	社会工作人才指数	专业技术人才指数	企业经营管理人才指数	农村实用人才指数	党政人才指数	权重(W_i)
R&D人才指数	1.0000	2.0000	1.0000	0.5000	0.5000	0.5000	2.0000	0.1210
高技能人才指数	0.5000	1.0000	0.5000	2.0000	0.5000	0.5000	2.0000	0.1196
社会工作人才指数	1.0000	2.0000	1.0000	0.5000	2.0000	2.0000	2.0000	0.1851
专业技术人才指数	2.0000	0.5000	2.0000	1.0000	2.0000	0.5000	2.0000	0.1746
企业经营管理人才指数	2.0000	2.0000	0.5000	0.5000	1.0000	0.5000	2.0000	0.1333
农村实用人才指数	2.0000	2.0000	0.5000	2.0000	2.0000	1.0000	2.0000	0.1972
党政人才指数	0.5000	0.5000	0.5000	0.5000	0.5000	0.5000	1.0000	0.0691

表 4-5　　　　　　　　　　经济发展环境判断矩阵

经济发展环境	人均 GDP	经济增长率	经济总量	人均固定资产投资额	权重(W_i)
人均 GDP	1.0000	2.0000	0.5000	0.5000	0.1953
经济增长率	0.5000	1.0000	0.5000	0.5000	0.1381
经济总量	2.0000	2.0000	1.0000	0.5000	0.2761
人均固定资产投资额	2.0000	2.0000	2.0000	1.0000	0.3905

表 4-6　　　　　　　人才服务与生活环境判断矩阵

人才服务与生活环境	医保覆盖率	人才教育投入指数	水资源指数	城市绿化指数	AQI	医疗设施指数	交通道路指数	在职职工工资指数	住房指数	权重(W₁)
医保覆盖率	1.0000	0.5000	0.5000	2.0000	0.5000	1.0000	2.0000	0.5000	1.0000	0.0895
人才教育投入指数	2.0000	1.0000	0.5000	2.0000	0.5000	1.0000	2.0000	0.5000	0.5000	0.0990
水资源指数	2.0000	2.0000	1.0000	2.0000	1.0000	1.0000	2.0000	2.0000	2.0000	0.1633
城市绿化指数	0.5000	0.5000	0.5000	1.0000	0.5000	0.5000	1.0000	0.5000	0.5000	0.0597
AQI	2.0000	2.0000	1.0000	2.0000	1.0000	1.0000	2.0000	2.0000	2.0000	0.1764
医疗设施指数	1.0000	1.0000	1.0000	2.0000	1.0000	1.0000	2.0000	2.0000	1.0000	0.1234
交通道路指数	0.5000	0.5000	0.5000	1.0000	0.5000	0.5000	1.0000	0.5000	1.0000	0.0650
在职职工工资指数	2.0000	2.0000	0.5000	2.0000	0.5000	0.5000	2.0000	1.0000	2.0000	0.1253
住房指数	1.0000	2.0000	0.5000	2.0000	0.5000	1.0000	1.0000	0.5000	1.0000	0.0984

（一）三类环境对人才发展环境的贡献度比较

以人才发展环境为目标层，以人才市场环境、经济发展环境、人才服务与生活环境三大子环境为准则层，按 1—9 标度构造出判断矩阵（见表 4-3），其（C.R. = 0.0000 < 0.1；对总目标的权重：1.0000）通过了一致性检验。依据权重值大小对准则层各子环境排序可看出，经济发展环境和人才服务与生活环境相比人才市场环境而言对于总目标人才发展环境的贡献度更高。

（二）六类人才的影响权重排序

以人才市场环境为准则层，以 R&D 人才指数、高技能人才指数等 7 方面为指标层，按 1—9 标度构造出判断矩阵（见表 4-4），其（C.R. = 0.0900 < 0.1；对总目标的权重：0.2000）通过了一致性检验。依据权重值大小对准则层下的各指标排序：农村实用人才指数 > 社会工作人才指数 > 专业技术人才指数 > 企业经营管理人才指数 > R&D 人才指数>高技能人才指数>党政人才指数。

（三）经济增长指标的影响权重排序

以经济发展环境为准则层，以人均GDP、经济增长率等4方面为指标层，按1—9标度构造出判断矩阵（见表4-5），其（C.R.＝0.0454＜0.1；对总目标的权重：0.4000）通过了一致性检验。依据权重值大小对准则层下的各指标排序：人均固定资产投资额>经济总量>人均GDP>经济增长率。

（四）人才服务与生活环境指标的影响权重排序

以人才服务与生活环境为准则层，以医保覆盖率、人才教育投入指数等9方面为指标层，按1—9标度构造出判断矩阵（见表4-6），其（C.R.＝0.0355＜0.1；对总目标的权重：0.4000）通过了一致性检验。依据准则层下各指标的权重值大小对其排序：AQI>水资源指数>在职职工工资指数>医疗设施指数>人才教育投入指数>住房指数>医保覆盖率>交通道路指数>城市绿化指数。

三　综合评价值的计算

本书将所选择的N个指标分别设为X_1，X_2，…，X_N，转换后的各指标值为Z_1，Z_2，…，Z_N，并对各项指标分别赋权为W_1，W_2，…，W_N。最终以综合评价值（S）作为判别专业技术人才发展环境综合水平的依据，其计算公式为：$S = \sum_{i=1}^{N} I_i = \sum_{i=1}^{N} \frac{\sum_{i=1}^{N} Z_i W_i}{\sum_{i=1}^{N} W_i}$，其中：$0 \leq W_i \leq 1$，$\sum_{i=1}^{N} W_i = 1$（$I_1$，$I_2$，…，$I_N$分别代表准则层下各指标的综合评价指数）。在参照国内外关于综合评价值的分级方法的基础上，根据阈值原则给出了判别标准（见表4-7）。

表4-7　　　　专业技术人才发展环境综合水平

级别	优	良	中	差
综合测评值（S）	[0.9-1]	[0.6-0.9)	[0.3-0.6)	[0-0.3)

第三节　贵州省专业技术人才综合发展环境评价

一　贵州省各项指标值评价

评价步骤如下：首先，利用 EXCEL 对数据进行汇总处理，得出样本数据的平均值、中位数和标准差；其次，依据各指标的全国值域，测算出贵州省的实际统计数据在全国值域内的占比，即贵州省专业技术人才发展环境各影响指标的最终权重指数（Z）（见表 4-8）。

按照前述的人才综合评价值公式对上述数值予以验证，最终汇总出贵州省专业技术人才发展环境各指标评价值（见表 4-8），并计算出最终的综合环境评价值（S）为：$S = \sum_{i=1}^{3} I_i = 0.04946386 + 0.10917401 + 0.15397682 = 0.31261469 \approx 0.31$（计算结果采用四舍五入后保留至小数点后两位）。综合表 4-7 和上述计算结果可知，贵州省专业技术人才发展环境当前仍处于中等水平。"十二五"时期以来，贵州省人才发展按照系列战略部署，紧紧围绕经济社会发展目标，大力实施人才强省战略，切实加强人才工作，全省人才发展取得了显著成绩，人才发展环境也取得了明显的改善。但同时也应该清醒地认识到，全省人才发展还存在一些亟待解决的矛盾和问题，表明了贵州省在专业技术人才发展环境方面仍存在短缺之处，这为贵州省制定"十四五"人才发展规划提供了必要的依据。

二　人才发展环境综合评价

总体来说，通过对贵州省专业技术人才发展环境五大子环境的评价结果进行简要比较，得出各个子环境的实际评价结果依次为：经济环境＞生活环境＞自然环境＞社会环境＞人才市场环境，这也显示出贵州省专业技术人才发展环境的实际发展状况（见表 4-9）。值得注意的是，对于人才发展环境影响力偏弱的生活子环境，其实际的发展水平更高。而对于人才发展环境影响力更强的自然子环境的实际发展水平则偏低。社会子环境和人才市场子环境的实际发展水平偏低，有待进一步完善。

表4-8 贵州省专业技术人才发展环境综合评价指标及其权重指数汇总

目标层	准则层	指标层	指标解释	全国值域	平均值	中位数	标准差	观测值	权重指数（Z）
人才发展环境	人才市场环境	R&D人才指数 X_1	R&D人员全时当量（人年）	43—441304	85106.13	45129	113830.97	14916	0.034
		高技能人才指数 X_2	高技能人才数占全省人才资源总量比重（%）	5.9—36.4	17.95	17.5	6.08	5.9	0
		社会工作人才指数 X_3	社会工作人才数占全省人才资源总量比重（%）	0.127—5.6	1.47	1.241	1.09	2.6	0.452
		专业技术人才指数 X_4	专业技术人才数占全省人才资源总量比重（%）	24.2—57.6	38.66	39.5	9.25	29.5	0.159
		企业经营管理人才指数 X_5	企业经营管理人才数占全省人才资源总量比重（%）	1.72—41.1	16.58	16.3	8.48	13.78	0.3062
		农村实用人才指数 X_6	农村实用人才数占全省人才资源总量比重（%）	0.6—55.56	15.93	13.7	10.57	21.31	0.3768
		党政人才指数 X_7	党政人才占全省人才资源总量比重（%）	0.96—17	6.77	6	3.62	4.85	0.2425
	经济发展环境	人均GDP X_8	人均地区生产总值（元）	26165—107960	53083.81	42754	23308.5	29847	0.045
		经济增长率 X_9	GDP年增长率（%）	3—11	8	8.1	2	10.7	0.9625
		经济总量 X_{10}	地区年生产总值（亿元）	1026.39—72812.55	23315.09	17831.51	18218.96	10502.56	0.1463
		固定资产投资额 X_{11}	一定时期全社会固定资产投资额（亿元）	1295.7—48312.4	17949.91	14353.2	11805.45	10945.5	0.2328

续表

目标层	准则层	指标层	指标解释	全国值域	平均值	中位数	标准差	观测值	权重指数(Z)
人才发展环境	人才服务与生活环境	医保覆盖率 X_{12}	城镇职工参加医保人数占比(%)	12.7—72.8	34.58	33.1	11.87	28	0.2546
		人才教育投入指数 X_{13}	教育支出占GDP比重(%)	2.13—16.3	4.51	3.64	2.62	7.36	0.3691
		住房指数 X_{14}	城镇人均居住用地面积(m^2)	22.2—98.4	44.41	43.8	13.23	42	0.2598
		在职职工工资指数 X_{15}	在职职工人均实际工资指数(%)	104.4—160.7	110.5	108.6	9.68	112.8	0.1492
		交通道路指数 X_{16}	年末人均实有道路长度(千米)	987—40749	11773.45	8187	10521.96	3538	0.0890
		医疗设施指数 X_{17}	每千人医疗机构床位(张)	4.02—6.37	5.13	5.14	0.63	5.57	0.6596
		AQIX X_{18}	全年空气优良天数比例(%)	52.1—99.5	78.82	78.8	13.48	95.8	0.9219
		城市绿化指数 X_{19}	人均公园绿地面积(m^2)	7.62—19.28	12.98	12.51	2.69	12.94	0.4563
		水资源指数 X_{20}	人均水资源量(m^3)	83.6—120121	5834.24	1740.9	21311.18	3278.7	0.0266

注：①指标层下 X_1、X_2、X_3、X_4、X_5、X_6、X_7、X_{12}、X_{13}、X_{15} 源于《人力资源和社会保障事业发展统计公报2015》。②指标层下 X_8、X_9、X_{10}、X_{11}、X_{17}、X_{18} 源于《中国统计年鉴(2016)》。③指标层下 X_{14}、X_{16}、X_{19} 源于《城市建设统计年鉴(2015)》。④指标层下 X_{20} 源于《环境状况公报(2016)》。

表4-9　　　　　贵州省专业技术人才发展环境综评值汇总

目标层	准则层	指标层（Xi）	权重（W）	权重指数（Z）	综评值
人才发展环境	人才市场环境	R&D人才指数 X_1	0.0242	0.034	0.0008228
		高技能人才指数 X_2	0.0239	0	0
		社会工作人才指数 X_3	0.037	0.452	0.016724
		专业技术人才指数 X_4	0.0349	0.159	0.0055491
		企业经营管理人才指数 X_5	0.0267	0.3062	0.00817554
		农村实用人才指数 X_6	0.0394	0.3768	0.01484592
		党政人才指数 X_7	0.0138	0.2425	0.0033465
	经济发展环境	人均GDP X_8	0.0781	0.045	0.0035145
		经济增长率 X_9	0.0552	0.9625	0.05313
		经济总量 X_{10}	0.1105	0.1463	0.01616615
		人均固定资产投资额 X_{11}	0.1562	0.2328	0.03636336
	人才服务与生活环境	医保覆盖率 X_{12}	0.0358	0.2546	0.00911468
		人才教育投入指数 X_{13}	0.0396	0.3691	0.01461636
		住房指数 X_{14}	0.0394	0.2598	0.01023612
		在职职工工资指数 X_{15}	0.0501	0.1492	0.00747492
		交通道路指数 X_{16}	0.026	0.0890	0.002314
		医疗设施指数 X_{17}	0.0494	0.6596	0.03258424
		AQI X_{18}	0.0705	0.9219	0.06499395
		城市绿化指数 X_{19}	0.0239	0.4563	0.01090557
		水资源指数 X_{20}	0.0653	0.0266	0.00173698
汇总	—	—	1	—	0.31261469

注：该栏值为各指标权重值（W）和权重指数值（Z）两者之乘积。

三　总体评价结果分析

具体而言，本书选取了三个比较典型的子环境并逐一对其评价结果进行分析。

（一）六类人才规模指标影响结果

在人才市场子环境下，各指标的综评值排序为：社会工作人才指数＞农村实用人才指数＞企业经营管理人才指数＞专业技术人才指数＞党政人才指数＞R&D人才指数＞高技能人才指数。其中，社会工作人才和农村实用人才的实际发展水平较好，企业经营管理人才和专业技术人才的总体比重也有所提高，但是，研发人才和高技能人才的实际发展水平较差。

（二）经济环境指标影响结果

在经济发展子环境下，各指标的综评排序为：经济增长率＞人均固定资产投资额＞经济总量＞人均GDP。其中，贵州省的经济持续增长率和人均固定资产投资实际发展良好，但是，全省经济总量和人均创造的财富水平则偏低。

（三）人才服务和生活环境指标影响结果

在人才服务与生活子环境下，各指标的综评排序为：AQI＞医疗设施指数＞人才教育投入指数＞城市绿化指数＞住房指数＞医保覆盖率＞在职职工工资指数＞交通道路指数＞水资源指数。其中，空气质量、人才教育投入和医疗设施配备发展较好，但是，在职职工的医疗保险参保和职工工资的水平偏低，以水资源供给和交通道路为代表的基础设施建设水平落后。

综合上述分析，贵州省专业技术人才发展环境主要存在以下问题：一是人才市场子环境下，研发人才指数、高技能人才指数以及专业技术人才指数排名均靠后，体现出贵州省专业技术人才发展缺乏一个良好的人才市场环境予以保障。全省人才贡献率不高，对经济的支撑作用力不强。全省人才总体储备不足，特别是研发人员、高技能人才以及专业技术人才的占比有待进一步提高，各类人才的结构比例缺乏合理性，人才供求关系错位明显。二是经济发展子环境下，贵州省经济发展水平仍然偏低，全省经济总量不足，全省人均创造财富在全国范围内靠后，经济发展水平滞后，影响人才的有效聚集和长远有效发展。三是人才服务与生活子环境下，在职职工医保覆盖率、在职职工工资水平偏低，省内基础设施的建设相对不完善，对于人才的发展产生了不利影响。

具体而言，在人才市场子环境下，社会工作人才和农村实用人才的实际发展水平较好，企业经营管理人才和专业技术人才的总体比重也有所提高，但是研发人才和高技能人才的实际发展水平较差；在经济发展子环境下，贵州省经济持续增长率和人均固定资产投资实际发展良好，但是全省经济总量和人均创造财富水平总体偏低；在人才服务和生活子环境下，空气质量、人才教育投入和医疗设施配备发展较好，但在职职工的医疗保险参保和工资水平偏低，以水资源供给和交通道路为代表的基础设施建设落后。

第四节 省际竞争力评价

贵州省地处我国西部，与东部、中部经济社会发展差异明显。当前，贵州省虽然在人才队伍建设和人才服务工作中取得了一定的成绩，但必须清楚地认识到贵州省人才发展的总体水平与全国平均水平相比还有较大差距的现实困境。就人才队伍本身而言，在总量、结构、质量等方面还存在诸多问题，仍满足不了经济社会发展对人才在层次和数量上的需求。所以，根据2017年各省份GDP总量排名，分别选取了东、中、西三个地区中具有代表性的省份与之比较，以保证能够得到较为客观、全面的结论。选取的三个省份分别是：福建、湖南、云南；选取的数据来源于《中国科技统计年鉴（2017）》《中国科技统计年鉴（2018）》，以保证数据的可靠性。

一 选取指标名称、目的及核算方式

基于部分学者的前期研究成果，本书拟从人才总量状况、科技投入状况、科技产出状况三个一级指标维度，构建的省际专业技术人才竞争力评价指标体系；同时，选取了22个二级指标，作为省际竞争力评价的基本指标。其中，人才总量状况有8个二级指标、科技投入状况有8个二级指标与科技产出状况有6个二级指标，具体指标选择的目的与核算方式详见表4-10。

表4-10　　　　专业技术人才省际竞争力评价指标汇总

类别	编号	指标名称	选取目的	核算方式
人才总量	1	公有经济企事业单位工程技术人才总量指数	公有经济企事业单位工程技术人员总量大小，有利于评价该区域公有经济可持续发展与创新能力	该地区工程技术人才总量/全国工程技术人才总量

续表

类别	编号	指标名称	选取目的	核算方式
人才总量	2	公有经济企事业单位农业技术人才总量指数	公有经济企事业单位农业技术人员总量大小，有利于评价该地区公有经济企事业单位农业技术人员	该地区农业技术人才总量/全国农业技术人才总量
	3	公有经济企事业单位科学技术人才总量	公有经济企事业单位科学技术人员总量指数大小，有利于评价该区域科学技术发展能力	该地区科学技术人才总量/全国科学技术人才总量
	4	研发机构R&D人员总量	研发机构R&D人员总量指数大小，有利于评价该地区研发机构的整体发展水平	该地区研发机构R&D人员总量/全国研发机构R&D人员总量
	5	研发机构硕博人员总量	研发机构硕博人员总量指数大小，有利于评价该地区研发机构的高层次人才结构	该地区研发机构硕博人员总量/全国研发机构硕博人员总量
	6	高等学校R&D人员总量	高等学校R&D人员总量指数大小，有利于评价该区域高等学校的研发能力	该地区高等学校R&D人员总量/全国高等学校R&D人员总量
	7	高等学校硕博人员总量	高等学校硕博人员总量指数大小，有利于评价该区域高等学校的发展水平	该地区高等学校硕博人员总量/全国高等学校硕博人员总量
	8	高等学校R&D人员全时当量总量	高等学校R&D人员全时当量总量指数大小，有利于评价该地区高等学校R&D人员的投入强度	该地区高等学校R&D人员全时当量总量/全国高等学校R&D人员全时当量总量
科技投入	9	高等学校R&D从业人员劳务经费支出	衡量各地区高等学校R&D从业人员在人员劳务经费上的投入强度	各地区高等学校R&D人员劳务经费支出总数/全国高等学校R&D人员劳务经费支出总数
	10	研究与试验发展（R&D）经费投入	衡量该地区研究与试验发展（R&D）经费投入力度	研究与试验发展（R&D）经费投入/该地区国内生产总值

续表

类别	编号	指标名称	选取目的	核算方式
科技投入	11	高技术产业企业总数	衡量该地区规上工业企业中在高技术企业的投入量	各地区高技术产业企业总数/全国高技术产业企业总数
	12	高技术产业新产品开发经费支出	衡量地区高技术产品开发在资金上的投入强度	各地区高技术产业新产品开发经费支出/全国高技术产业新产品开发经费支出
	13	研究与开发机构R&D课题投入人员总量	衡量并比较研究与开发机构R&D在课题上的投入强度	各地区研究与开发机构R&D课题投入人员总量/全国研究与开发机构R&D课题投入人员总量
	14	研究与开发机构R&D课题投入经费	衡量地区研究与开发机构R&D课题经费投入强度	各地区研究与开发机构R&D课题投入经费/全国研究与开发机构R&D课题投入经费
	15	研发与开发机构内部经费支出	衡量该地区在研究与开发机构上内部经费投入的强度	各地区研究与开发机构经费支出总量/全国研究与开发机构经费支出总量
	16	高等学校R&D经费内部支出	衡量该地区在高等学校中R&D内部经费投入强度	各地区高等学校R&D经费内部支出/全国高等学校R&D经费内部支出
科技产出	17	高技术产业专利申请总量	高技术产业专利申请总量大小，有利于评价该区域高技术研究与开发能力	该地区高技术专利申请量/全国高技术专利申请量（件）
	18	高技术有效发明专利数总量	高技术有效发明专利数总量大小，有利于评价该区域高技术专利的活跃情况	该地区高技术发明专利数/全国高技术发明专利数（件）
	19	高技术新产品开发项目	高技术新产品开发项目总量指数大小，有利于评价该区域高技术产品开发活跃指数	该地区高技术新产品开发项目数/全国高技术新产品开发项目数（项）
	20	高技术新产品开发销售收入	高技术新产品开发销售收入指数大小，有利于评价该区域高技术产品开发的能力	该地区高技术产品开发销售收入/高技术产品开发销售收入（万元）

续表

类别	编号	指标名称	选取目的	核算方式
科技产出	21	研发机构申请专利量	研发机构申请专利总量指数大小，有利于评价该区域研发机构创新能力	该地区研发机构申请专利量/全国研发机构申请专利量（件）
	22	高技术生产主营业务收入	高技术生产主营业务收入指数大小，有利于评价该区域经济发展水平	该地区高技术生产主营业务收入/全国高技术生产主营业务收入（亿元）

二 专业技术人才发展省际竞争力比较

经过查询《中国科技统计年鉴（2017）》、各地区经济社会发展统计公报、统计年鉴等相关资料，将相关数据代入相关指标，形成竞争力比较结果。

（一）省际竞争力比较

贵州省专业技术人才省际竞争力赋值情况如表4-11所示。

表4-11　贵州省专业技术人才省际竞争力赋值情况

类别	编号	指标名称	地区	原始数据	赋值
人才总量	1	公有经济企事业单位工程技术人才总量（人）	全国	3090817	100
			贵州	74820	2.42
			福建	89515	2.90
			湖南	98810	3.20
			云南	129919	4.20
	2	公有经济企事业单位农业技术人才总量（人）	全国	679388	100
			贵州	25613	3.77
			福建	12950	1.91
			湖南	29117	4.29
			云南	39957	5.88
	3	公有经济企事业单位科学技术人才总量（人）	全国	170035	100
			贵州	3337	1.96
			福建	8565	5.04
			湖南	4496	2.64
			云南	6020	3.54

续表

类别	编号	指标名称	地区	原始数据	赋值
人才总量	4	研发机构R&D人员总量（人）	全国	462213	100
			贵州	4020	0.87
			福建	5703	1.23
			湖南	7835	1.70
			云南	8563	1.85
	5	研发机构硕博人员总量（人）	全国	246622	100
			贵州	1817	0.74
			福建	3234	1.31
			湖南	3383	1.37
			云南	3674	1.49
	6	高等学校R&D人员总量（人）	全国	913590	100
			贵州	12103	1.32
			福建	31827	3.48
			湖南	40196	4.40
			云南	20292	2.22
	7	高等学校硕博人员总量（人）	全国	650905	100
			贵州	7558	1.16
			福建	22271	3.42
			湖南	27473	4.22
			云南	12757	1.96
	8	高等学校R&D人员全时当量总量（万人年）	全国	382160	100
			贵州	4467	1.17
			福建	11960	3.13
			湖南	16900	4.42
			云南	7210	1.89
科技投入	9	高等学校R&D从业人员劳务经费支出（万元）	全国	2339868	100.00
			贵州	25967	1.11
			福建	67147	2.87
			湖南	70566	3.02
			云南	27699	1.18

续表

类别	编号	指标名称	地区	原始数据	赋值
科技投入	10	研究与试验发展（R&D）经费投入（万元）	全国	1760610000	100.00
			贵州	959000	33.33
			福建	5431000	78.87
			湖南	5685000	77.00
			云南	1578000	44.60
	11	高技术产业企业总数（家）	全国	30798	100.00
			贵州	330	1.07
			福建	858	2.79
			湖南	1027	3.33
			云南	213	0.69
	12	高技术产业新产品开发经费支出（万元）	全国	40973433	100.00
			贵州	253203	0.62
			福建	1324120	3.23
			湖南	802177	1.96
			云南	115359	0.28
	13	研究与开发机构R&D课题投入人员总量（人）	全国	359411	100.00
			贵州	3106	0.86
			福建	3830	1.07
			湖南	6314	1.76
			云南	6391	1.78
	14	研究与开发机构R&D课题投入经费（万元）	全国	17207732	100.00
			贵州	60757	0.35
			福建	76999	0.45
			湖南	236926	1.38
			云南	150714	0.88
	15	研发与开发机构内部经费支出（万元）	全国	24356980	100.00
			贵州	97007	0.40
			福建	231647	0.95
			湖南	318066	1.31
			云南	299365	1.23

续表

类别	编号	指标名称	地区	原始数据	赋值
科技投入	16	高等学校 R&D 经费内部支出（万元）	全国	12659611	100.00
			贵州	126834	1.00
			福建	366909	2.90
			湖南	301101	2.38
			云南	111637	0.88
科技产出	17	高技术产业专利申请总量（件）	全国	223932	100
			贵州	1483	0.66
			福建	7603	3.40
			湖南	4323	1.93
			云南	458	0.20
	18	高技术有效发明专利数总量（件）	全国	379615	100
			贵州	2480	0.65
			福建	7452	1.96
			湖南	3868	1.02
			云南	1059	0.28
	19	高技术新产品开发项目（项）	全国	113889	100
			贵州	1032	0.91
			福建	3395	2.98
			湖南	2270	1.99
			云南	736	0.65
	20	高技术新产品开发销售收入（万元）	全国	535471108	100
			贵州	1688095	0.32
			福建	15883464	2.97
			湖南	13207548	2.47
			云南	898255	0.17
	21	研发机构申请专利量（件）	全国	56267	100
			贵州	418	0.74
			福建	986	1.75
			湖南	675	1.20
			云南	544	0.97

续表

类别	编号	指标名称	地区	原始数据	赋值
科技产出	22	高技术生产主营业务收入（亿元）	全国	153796	100
			贵州	1008	0.66
			福建	4466	2.90
			湖南	3661	2.38
			云南	462	0.30

（二）省际竞争力比较结果

基于表4-11的数据，按人才总量、科技投入、科技产出三个维度进行分类统计，统计结果见表4-12。

表4-12　　　　贵州省各地区竞争力评价指标得分及排名

类别	贵州	福建	湖南	云南
人才总量	13.41	22.42	26.24	23.04
投入	38.75	93.12	92.13	51.52
产出	3.94	15.96	10.99	2.56
总得分	56.10	131.50	129.36	77.12
排名	4	1	2	3

表4-12数据统计结果显示，四个省份在人才竞争力的评分和排名方面，贵州省在人才竞争力排名最后，其中，贵州省在人才总量和投入方面均排在第四位，虽在产出方面略高于云南，但相较福建和湖南的产出，仍有数倍差距。贵州省还需继续加大对人才的投入力度，继续完善人才政策和机制方面的建设。

第五章

贵州省乡村振兴领域专业技术人才发展研究

第一节 研究背景与发展形势

一 研究背景

自中共中央、国务院印发《乡村振兴战略规划（2018—2022年）》、贵州省印发《贵州省"十百千"乡村振兴示范工程实施方案（2019—2021年）》等政策出台以来，贵州省委、省政府加大系列政策实施力度，通过人才引领农村经济跃升，以人才推动农业产业、乡村文化和乡村生态振兴，用人才巩固脱贫攻坚成果。截至2020年11月底，贵州省66个贫困县全部摘帽，如期实现新时代脱贫攻坚目标任务，脱贫攻坚宏伟目标的完成离不开各领域专业技术人才的共同努力。当前，把优化人才生态环境纳入经济社会发展整体布局，全面实施乡村振兴战略，加快推进农业农村现代化。

人才作为劳动力市场的主导者，其变动情况直接决定着市场供给变化和人才资源配置水平。笔者于2018年2月至3月期间对贵州省原14个深度贫困县及20个极贫乡镇，共278个乡镇展开书面问卷调查，并依据经济发展水平进行分层抽样，选取了其中66个乡镇开展深度访谈，以确保获取信息的全面性和准确性。对调查所获取的有效信息进行处理、分析，深入掌握贵州省乡村振兴人才状况，通过总结脱贫攻坚的胜利成果，分析脱贫攻坚领域专业技术人才的结构与数量，解析贵州省66个乡镇各领域乡村振兴人才需求状况，为决策参考提供有力支撑。

二　贵州省乡村振兴的发展形势

贵州省在脱贫攻坚中取得重大胜利，乡村振兴着力巩固攻坚战中取得的成果，以农村公路"组组通"为重点的基础设施建设、易地扶贫搬迁、产业振兴和教育医疗住房"三保障"全面深入推进。贵州省围绕乡村振兴战略，不断推进农业供给侧结构性改革，着力改善农村基础设施建设，实施"互联网＋农业"等发展策略，搭建农业综合服务平台，夯实乡村振兴基础。

2019年9月，省委书记、省人大常委会主任、省委农村工作暨实施乡村振兴战略领导小组组长孙志刚在实施乡村振兴战略领导小组会上强调，"实施乡村振兴战略的优先任务，坚持以巩固脱贫攻坚统揽经济社会发展全局，坚持靶心不偏、焦点不散、目标不变，着力解决'两不愁三保障'突出问题"。贵州推行乡村振兴示范工程的地方深入推进农业产业革命，不断发展农业现代化，实现农业农村"脱胎换骨"，在后发赶超中精准发力，在乡村振兴中继续创造"贵州样板"，继续巩固脱贫攻坚成果，稳步前行，深刻把握当前面临的新形势。

（一）面临的历史机遇

党的十九大报告指出，"农业农村农民问题是关系国计民生的根本性问题，必须始终把解决好'三农'问题作为全党工作重中之重。要坚持农业农村优先发展，按照产业兴旺、生态宜居、乡风文明、治理有效、生活富裕的总要求，建立健全城乡融合发展体制机制和政策体系，加快推进农业农村现代化"。巩固脱贫攻坚取得的成果正在持续深入推进，将为乡村振兴与乡村现代化奠定基础。乡村振兴已经拉开序幕，美丽乡村建设受到重视，乡村发展的历史机遇前所未有。2018年中央一号文件明确指出，"提升农业发展质量，培育乡村发展新动能"，夯实农业生产能力基础，优化农业从业者结构，实施产业兴村行动，推行标准化与差异化生产，培育打造标志性品牌，加速推进农业农村现代化取得实质进展。

（二）面临的主要困难

目前，贵州省刚刚摘掉贫困的帽子，并不意味着取得的成果可以一劳永逸，许多刚脱贫的贫困人口、贫困乡镇和贫困村处于集中连片贫困地区，乌蒙山区、武陵山区、滇桂黔石漠化区虽然已成功摆脱了贫困，但受地形、土壤、环境等区域性因素的影响，警惕脱贫家庭再度返贫，巩固当前的脱贫成果需要产业支撑，因此，产业发展水平仍待提升，乡镇的产业发展路径仍需深入创新。贵州省在实施乡村振兴中面临着乡村干部普遍对乡村振兴战略的理解不深，重视不够；农业农村的发展问题、生态问题、内生动力问题相互交织；乡村振兴的长远规划设计与短期经济利益的矛盾；城镇规划与村集体经济建设的矛盾；农村医疗教育资源短缺与医疗教育振兴的矛盾；乡村干部高压力工作任务与效率低下的矛盾等，都是摆在实施乡村振兴战略面前的艰巨任务，这些矛盾与困难都亟须解决，为乡村振兴铺平道路。

三 乡村振兴未来的发展路径

在乡村振兴过程中，贵州省坚持因地制宜原则，把产业振兴作为乡村振兴的基础，保障"户户有增收项目、人人有脱贫门路"。尤其是2018年3月8日，在十三届全国人大一次会议贵州省代表团的团组开放日上，全国人大代表、贵州省委书记、省人大常委会主任孙志刚指出，贵州急需来一场振兴农村经济的产业革命，这关系到贵州2000万农民奔小康的根本目标。传统产业发展相对滞后、新兴产业发展动力不足、打造精品特色产业普遍乏力。面临农业供给侧结构改革形势的紧迫性、艰巨性、系统性，要求乡村及时调整产业结构，针对农民思想观念、生产方式和干部工作作风采取超常规、革命性的手段，优化产业发展格局。

第二节 乡村振兴人才研究综述

党的十九大在乡村振兴战略中提出"产业兴旺、生态宜居、乡风文明、治理有效、生活富裕"20字总目标。乡村产业振兴是乡村振兴的首要任务，产业兴旺是保证原深度贫困地区长期稳定脱贫致富和乡村全面振兴的基础性工程。产业发展既是稳定脱贫和持续增收的基础支撑，也是农业供给侧结构改革和促进城市消费红利向农村释放的成果体现。当前，国内一部分学者从乡村产业发展方面进行研究，提出乡村振兴持续实施的保障是乡村产业振兴；另一部分从人才供给角度研究乡村振兴的发展，认为乡村产业要振兴，人才振兴是根本。

一 乡村产业发展方面

牛胜强指出通过有效将地区特色资源优势转化为产业和经济优势来激发深度贫困地区发展特色产业的潜力[①]。蒋和平等认为在乡村振兴背景下农业产业并不只是单一的农业而是要促进第一、第二、第三产业的融合，构建新型农业生产体系来提升农业效益[②]。袁树卓等认为从乡村产业振兴本质要求来看，产业振兴面临着生产要素集聚、共生困境，要加强要素供给[③]。姜长云认为将现代金融与乡村产业振兴协同发展，拓宽投融资渠道，强化乡村振兴的投入保障机制是实施乡村振兴战略的难点之一[④]。基于乡村产业持续发展导向，李冬慧、乔陆印认为贫困地区可通过引入第三方评估机制来规范特色产业的遴选与布局，将国家财政投资集中用于乡村公共品供给方面，地方政府则围绕特色产业发展提供制度性供给；同时，根据种养业、乡村旅游等不同产业类型，选择适宜的经营组织模式，着力打造富有地方特色的品牌产品，探索城乡产业融合发展新模式，促进乡村产业多元化与兴旺发展[⑤]。张峰、宋晓娜通过从工业反哺农业到乡村产业振兴面临生产要素双向流动配置问题入手。通过构建"物理—事理—人理"系统方法论乡村产业振兴中生产要素双向流动机制的解析模型并分析为乡村产业振兴及其生产要素流动配置调控提供系统性的研究体系与技术方法支持[⑥]。

二 乡村人才供给方面

乡村振兴的关键在于人才振兴。党的十九大报告首次提出实施乡村

---

① 牛胜强：《乡村振兴背景下深度贫困地区产业扶贫困境及发展思路》，《理论月刊》2019年第10期。
② 蒋和平等：《乡村振兴背景下我国农业产业的发展思路与政策建议》，《农业经济与管理》2020年第1期。
③ 袁树卓等：《乡村产业振兴及其对产业扶贫的发展启示》，《当代经济管理》2019年第1期。
④ 姜长云：《关于实施乡村振兴战略的若干重大战略问题探讨》，《经济纵横》2019年第1期。
⑤ 李冬慧、乔陆印：《从产业扶贫到产业兴旺：贫困地区产业发展困境与创新趋向》，《求实》2019年第6期。
⑥ 张峰、宋晓娜：《乡村产业振兴中生产要素双向流动机制解析》，《世界农业》2019年第10期。

振兴战略，它是新时代"三农"工作的总抓手，是做好乡村振兴工作的新方向，是全面建成小康社会迈向社会主义现代化的重大举措。乡村振兴要实现"产业振兴、人才振兴、文化振兴、生态振兴、组织振兴"，其中人才振兴是关键，人才是第一资源，是乡村振兴的核心要素。乡村产业振兴要靠人才来实干，文化振兴要靠人才来培育，生态振兴要靠人才来作为，组织振兴要靠人才来加强，乡村振兴需要源源不断的人才助力。钱再见、汪家焰指出"新乡贤"作为一支德才兼备的贤能人士队伍，对乡村人才振兴来说无疑具有重要意义。破解"新乡贤从哪里来"这一人才流入难题，需要从政府、社会、文化、乡村等多个维度形成合力，打通"人才下乡"的立体化通道，使新乡贤"回得来""留得住""干得好"[①]。刘艳婷（2020）认为通过对农村实用人才教育培训来更好地实现乡村人才振兴，缓解农村专业技术人才的急缺程度[②]。程华东、惠志丹通过农业高校的优势来破解乡村人力资本瓶颈问题，农业高校作为农科人才培养的主要场所，应结合乡村人力资本的"短板"和深层次原因，发挥好高校人才培养、科学研究、服务社会等职能，助力乡村人力资本开发[③]。郭丽君、陈春平认为要满足乡村振兴农业人才培养的本土化诉求，亟须从培养目标、课程体系和评价机制等方面大力变革高校农业人才培养方式[④]。李博强调乡村人才振兴以新型职业农民为主导的农村实用人才、村三委及村党员为主，吸纳返乡就业、创业人员，补齐乡村教师、医生农业科技人员[⑤]。林克松、袁德梽认为职业教育要在助力乡村人才振兴中大有可为，必须构建"1＋N"

[①] 钱再见、汪家焰：《"人才下乡"：新乡贤助力乡村振兴的人才流入机制研究——基于江苏省 L 市 G 区的调研分析》，《中国行政管理》2019 年第 2 期。

[②] 刘艳婷：《农村实用人才教育培训探究——评〈人才振兴：构建满足乡村振兴需要的人才体系〉》，《中国教育学刊》2020 年第 11 期。

[③] 程华东、惠志丹：《农业高校助力解决乡村人力资本"短板"的新进路》，《华中农业大学学报》（社会科学版）2020 年第 6 期。

[④] 郭丽君、陈春平：《乡村振兴战略下高校农业人才培养改革探析》，《湖南农业大学学报》（社会科学版）2020 年第 4 期。

[⑤] 李博：《乡村振兴中的人才振兴及其推进路径——基于不同人才与乡村振兴之间的内在逻辑》，《云南社会科学》2020 年第 4 期。

融合行动模式①（"1＋N"："1"指面向"三农"这一核心行动理念，"N"指具体的融合行动举措，意味着职业教育服务乡村人才振兴要"顶天立地"）。唐丽桂通过构建乡村人才回流机制，把乡村建设需要的人才"引回来""留下来"。"城归"是近年来我国精英人才的首次"人才回流"，是"三农"政策富集的成效，是我国城乡关系的"自我调节"，其在一定程度实现了人才的"引回来"②。

第三节　贵州省乡村振兴人才的发展现状

自实施乡村振兴战略以来，贵州省积极选拔科技副职、科技特派员、第一书记、驻村干部到贫困地区开展帮扶工作，进一步巩固脱贫成果。在原有人才队伍的基础上，乡村人才队伍得到了有效供给和配备，有力地推进了农业产业发展的进程。在此，结合目前贵州省原深度贫困县和极贫乡镇的调研数据，就乡村振兴人才状况梳理如下。

调研数据显示，调研的 278 个乡镇人才总量为 494974 人，占人口比为 5.56%，远低于贵州省平均水平（约 10%）。其中乡村产业人才总量为 122731 人，基础教育人才总量为 78272 人，乡村医疗卫生人才总量为 9137 人，乡村文化事业人才总量为 12493 人，乡村社会治理人才总量为 10292 人，新型职业农民人才总量为 262039 人，新型职业农民人才规模相对较大。

一　乡村产业发展人才数量与结构

（一）人才数量

截至 2017 年底，原深度贫困县与极贫乡镇的乡村产业人才总数达到 122731 人，占人才总量的 24.80%，乡村振兴产业发展如火如荼推进，乡村产业人才队伍初具规模。

（二）人才结构

从产业类型看，农林种植业人才和畜牧养殖业人才是乡村产业人才

---

① 林克松、袁德梽：《人才振兴：职业教育"1＋N"融合行动模式探索》，《民族教育研究》2020 年第 3 期。
② 唐丽桂：《"城归""新村民"与乡村人才回流机制构建》，《现代经济探讨》2020 年第 3 期。

的主体，占比92.47%。乡村旅游产业人才占乡村产业人才总数的2.32%，乡村旅游产业普遍受到重视，但是人才支撑依旧乏力。[①]

从农林种植业[②]看，专业技术人才是农林种植业人才中规模最大的队伍，占比28.97%。从畜牧养殖业看，专业技术人才是指引与参与产业发展的重要力量，占比30.55%。从渔业养殖业看，人才数量相对偏低，仅占农林产业人才的4.35%。渔业养殖规模不大，稻田养鱼方式较为常见，渔业养殖人才需求相对偏少。

从学历构成看，农林种植业专科以上学历人才10511人，占农林产业人才的17.47%。乡村旅游产业专科以上学历人才1045人，占乡村旅游产业人才的36.71%。乡村旅游产业人才学历相对较高，但乡村产业发展人才学历普遍偏低。

表5-1 贵州省原深度贫困县和原极贫乡镇"农林通牧业"人才状况

编号	人才产业分布		农林种植业	畜牧养殖业
1	人才总量	数量（人）	68183	42675
		占比（%）	56.87	35.60
2	经营管理人才	数量（人）	13398	5852
		占比（%）	19.65	12.71
3	专业技术人才	数量（人）	19754	13038
		占比（%）	28.97	30.55
4	市场营销人才	数量（人）	8547	4500
		占比（%）	12.54	10.54
5	专科以上学历	数量（人）	10511	4507
		占比（%）	17.47	10.56

二 乡村基础教育人才数量与结构

（一）人才数量

截至2017年底，原深度贫困县与原极贫乡镇的乡村基础教育人才已达到78272人，占人才总量的15.81%，原贫困地区乡村基础教育人

---

① 各领域人才存在兼职或共同参与现象，人才统计数量略高于总数。下同。
② 各领域人才存在兼职或共同参与现象，人才统计数量略高于总数。下同。

才规模较大。

（二）人才结构

从编制构成看，贵州省原深度贫困县与原极贫乡镇在编在岗教职工65203人，其中专任教师60962人，编外教职工13069人，编外专任教师8117人。编外专任教师主体为幼儿园教师。

从专任教师[①]学历结构看，幼师专业中专及以上学历专任教师5770人，小学拥有中职及以上学历专任教师33061人，初中拥有专科及其以上学历专任教师19161人，高中拥有本科及其以上学历专任教师2940人。幼儿园拥有幼师专业中专及以上学历、高中具有本科以上学历水平的专任教师比例偏低，教师队伍学历结构亟须改善。

从专任教师职称结构看，中级以上职称专任教师27344人，占专任教师的44.85%。其中，拥有正高级职称818人，仅占专任教师的1.34%，副高级职称2931人，仅占专任教师的4.81%。副高以上职称占比明显偏低，副高级以上职称教师数量严重不足，急需招考引进一批专业素养高、教学能力强的优秀教师。

从其他构成情况看，女性专任教师26178人，占专任教师的42.94%；少数民族专任教师30440人，占专任教师的49.93%；40岁以下专任教师39730人，占专任教师的65.17%，青年教师已成为农村教育的支柱力量。

三 乡村医疗卫生人才数量与结构

（一）人才数量

截至2017年底，原深度贫困县与原极贫乡镇的乡镇卫生院在岗职工9137人，占人才总量的1.85%。对应891万的常住人口[②]，医疗卫生人才严重不足，医疗服务保障有限。

（二）人才结构

从医疗卫生人才构成看，卫生技术人才总数已达到7621人，占人才总量的83.41%，卫生技术人才已经成为乡村卫生服务的主力军。其

---

① 受制于数据的限制，如无特别说明，本节所指的专任教师均为编制内专任教师。
② 《2018年全国卫生和计划生育事业发展统计公报》显示，全国每千人对应的执业（助理）医师、注册护士数、卫生技术人员分别为2.44人、2.74人、6.47人，每万人对应的全科医生为1.82人。

中，执业（助理）医师2078人，占卫生技术人才总量的27.27%，执业（助理）数量仍待壮大充实。其中，公共卫生类执业（助理）医师267人，占执业（助理）医师的12.85%，执业（助理）医师人才数量明显不足。

从学历与职称构成看，专科以上学历卫生技术人才6047人，占医疗卫生人才总数的79.35%；本科及以上执业（助理）医师390人，占执业（助理）医师的18.77%。全科医生449人，本科及以上158人，占比35.19%。注册护士数2185人，其中大专及以上学历1844人，专科学历人数占比84.39%，护士学历整体水平相对较高。在职称方面，中级职称、高级职称执业（助理）医师分别为279人、179人，分别占13.43%、8.61%，高层次、高水平医疗卫生人才偏少，贫困乡镇高水平的医疗需求难以保障。

从村医队伍看，村卫生室医生达到5383人，是对医疗卫生服务队伍的有益补充，但学历偏低，专业技术能力不强。

四 乡村文化事业人才数量与结构

（一）人才数量

截至2017年底，原深度贫困县与原极贫乡镇乡村文化事业人才达到12493人，占人才总量的2.52%。其中，基层业余文化人才10689人，占乡村文化事业人才总量的85.56%；乡镇在岗公共文化服务人才1804人，占比仅为14.44%，专职专岗专干的文化事业人才明显不足。

（二）人才结构

从岗位工作分布看，在编在岗公共文化服务人才1058人，占在岗公共文化服务人才的58.65%，超过四成在岗人才来自其他岗位，编制严重不足。专业对口的公共文化服务人才201人，占在岗文化服务人才的11.14%，公共文化服务人才专业化水平有待提高。具有文艺特长的公共文化服务人才419人，占在岗文化服务人才的23.23%，主要分布在写作、书法、绘画、摄影、演唱、演奏等领域。在岗文化事业服务人才中，配置文化管理员的乡镇达189个，超过3成的乡镇文化管理员没有设置相关岗位或岗位空缺。

从学历与职称看，大学本科以上学历公共文化服务人才431人，仅为在岗服务人才的23.89%，本科学历层次人才占比不高。中、高级职称公共文化服务人才分别为9人、219人，仅占在岗文化服务人才的0.5%、12.14%，中高级职称人才占比偏低，公共文化服务供给队伍的专业技术能力整体支撑不足。

从志愿服务看，乡镇公共文化服务存在大量志愿者，参与者高达4869人。志愿者服务人数多，却具有高度流动性，影响公共文化服务供给的稳定性。

五　乡村治理人才数量与结构

（一）人才数量

截至2017年底，原深度贫困县与原极贫乡镇乡村治理人才达到10292人，占人才总量的2.08%。此外，挂职干部、驻村干部是乡村治理人才的有益补充。

（二）人才结构

从行政级别看，正科级870人，副科级2357人，副科级以上领导干部占总人数的31.35%，乡村治理工作受到乡镇领导干部的重视。

从组成群体看，女性参与者2691人，占总人数的26.15%。中共党员6336人，占总人数的61.56%，党员干部能够发挥模范带头作用，尤其在移风易俗方面成效显著。少数民族干部人才5740人，占总人数的55.77%，乡村治理中民族干部人才更易于参与多民族聚居地的社会治理事务。

从学历构成看，大专及以上学历为9453人，占比91.85%，乡村社会治理人才整体学历层次较高。从年龄区间看，40岁以下占比65.38%，40岁以下人才已成为乡村治理的主要参与者。

从岗位分布情况看（见图5-1），生态环保人才数量居首位，说明守住生态与发展两条底线在农村得到较好落实。此外，扫盲工作、移风易俗工作量较大，人才队伍均超过千人，贫困地区扫盲与移风易俗工作重视程度较高。

六　新型职业农民数量与结构

（一）人才数量

截至2017年底，原深度贫困县与极贫乡镇新型职业农民达到

26.20万人，占人才总量的40.62%，新型职业农民是乡村人才中最大的一支队伍。

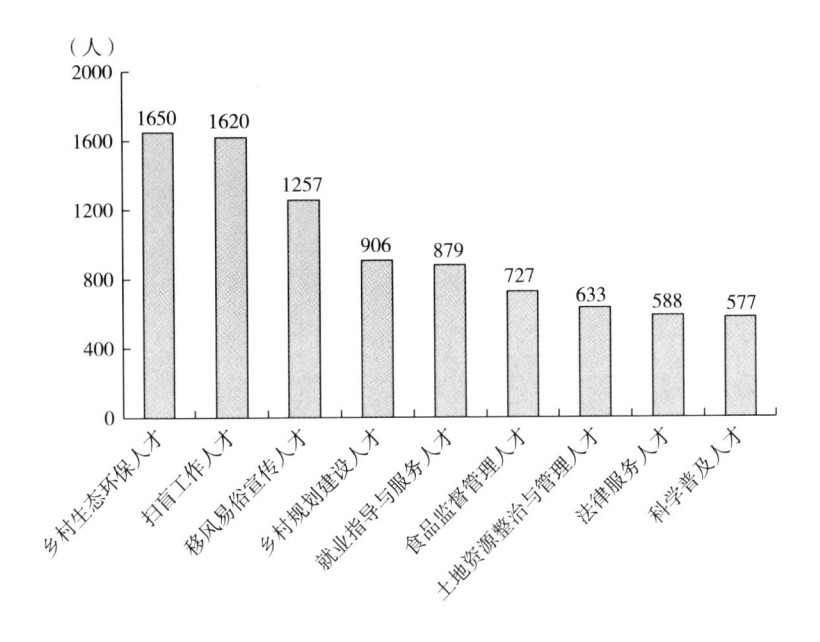

图 5-1 贵州省乡村治理人才岗位数量分布

（二）人才结构

从性别构成看，女性新型职业农民为8.95万人，占总人数的34.16%，主要分布在服务型职业中，女性在服务型职业中的性别优势得以体现。

从学历情况看，小学学历16.44万人，初中学历4.29万人，高中学历3.99万人，大专及以上学历1.48万人，新型职业农民整体素质有待提高。

从年龄区间看（见图5-2），45岁及以下占比69%，45岁及以下中青年是新型职业农民的主要群体。

从类别分布看，生产型职业农民11.13万人，占比达42.46%，从事农业生产依然是新型职业农民群体的首要任务。

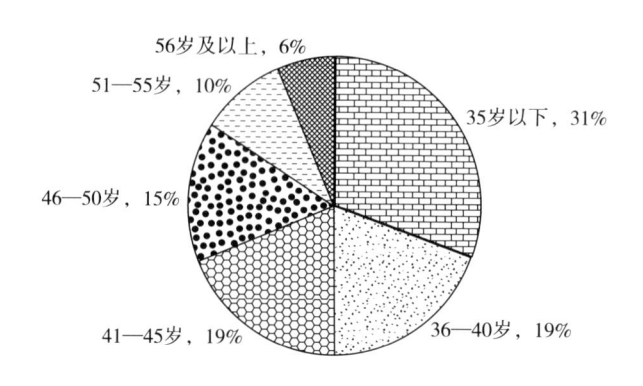

图 5-2 贵州省新型职业农民年龄分布

第四节 贵州省乡村振兴人才需求

党的十九大确立了全面实施乡村振兴战略，制定了"产业兴旺、生态宜居、乡风文明、治理有效、生活富裕"20字方针，乡村振兴一方面巩固脱贫攻坚取得的成果，另一方面保障全体人民共享改革发展成果、实现共同富裕的重大举措，体现中国特色社会主义制度优越性的重要标志。要充分发挥人才在贵州省乡村振兴中的引领、带动、示范和促进作用，形成强有力的人才智力支持，扎实推进乡村振兴的各项工作。国家下决心实施农村优先发展策略，解决农村长期以来薄弱的历史问题，深入推进农村地区产业振兴，必须把人才需求的满足放在突出位置。虽然贵州在脱贫攻坚战中取得了丰硕的成果，但必须要清醒地认识到，实施乡村振兴战略绝非易事，需要解决欠发达地区的经济、社会、文化和生态等一系列问题，向农村百姓交出满意的答卷。

一 人才需求概况

（一）乡村产业需求状况

调查数据显示，原深度贫困县与原极贫乡镇产业人才需求总量为8184人，占现有产业人才总量的6.80%；从产业类型看，种植业、养殖业的人才需求量分别为4017人、2907人，分别占需求总量的49.26%、35.65%，传统种植与养殖产业仍然是乡村振兴的主导产业；从人才类型看，专业技术人才、经营管理与市场营销类人才需求量

4385人、1112人、894人，分别占需求总量的53.78%、13.64%、10.96%，技术与经营管理人才缺乏是制约乡村产业发展的主因之一；从年龄结构看，对需求人才年龄无要求、26—30岁的需求量分别为3116人、1660人，占比分别为38.21%、20.36%，对人才年龄需求趋向理性；从学历层次看，本科及以上学历人才需求量仅为15.81%，"不唯学历、以用为本"的人才需求观基本树立；从合作形式看，合同制、临时用工人才用工方式需求量分别为4342人、1370人，分别占比53.25%、16.80%，"不求所有、但求所用"的乡村产业引才格局正在形成。

(二) 乡村基础教育人才需求状况

调查数据显示，原深度贫困县与原极贫乡镇基础教育人才需求总量为6614人，占现有基础教育人才总量的10.14%。从需求单位类型看，幼儿园、小学的人才需求量分别为2227人、3136人，分别占需求总量的33.67%、47.41%，初中及高中的教育人才需求为16.99%，小学与幼儿园仍是乡村基础教育人才需求的主体；从人才类型看，专任教师需求量为5580人，占比84.37%，行政、教辅等其他人才需求占比为10.40%，专任教师人才缺乏是制约基础教育服务供给均等化的主因之一；从年龄结构看，对人才年龄要求在30岁以下及无要求两类的累计需求量为4085人，占比61.79%，对人才年龄需求趋向年轻化；从学历层次看，对人才学历要求为本科及以上、大专的需求量分别为3414人、2625人，分别占比51.62%、39.69%，对人才需求的学历要求基本符合当前教育规律；从工作经验看，无要求和2年及以上工作经验的人才需求量分别为2602人、1219人，基础教育人才工作经验的低要求影响了乡村振兴的长期效果。从用工性质看，正式入编方式需求量为4442人，占需求总量的79.76%，基础教育机构的空编率较高。

(三) 乡村社会治理人才需求状况

调查数据显示，原深度贫困县与原极贫乡镇社会治理人才需求总量为2509人，占现有社会治理人才总量的24.38%；从人才类型看，乡村规划建设人才、法律服务人才需求居前两位，人数分别为479人、333人，分别占比19.09%、13.27%，人才需求类型更加精细化；从年龄结构看，对人才年龄要求在30岁及以下与无要求两类的需求量分别为1564人、396人，占比分别为62.33%、15.78%，对人才年龄要求趋向年轻化；从学历层次看，学历要求为大专以上占比91.67%，乡村社会治理人才对学历的要求相对较高，体现贫困乡村社会对高素质治理人才的渴望；从工作经验看，无要求和1—2年的需求量分别为948人、861人，分别占比37.78%、34.32%，对需求人才的工作经验要求相对较低；从任职方式看，专家服务、项目合作、其他、任职乡镇副职等形式都有大量需求（见图5-3），对人才需求的任职方式呈现多元化。

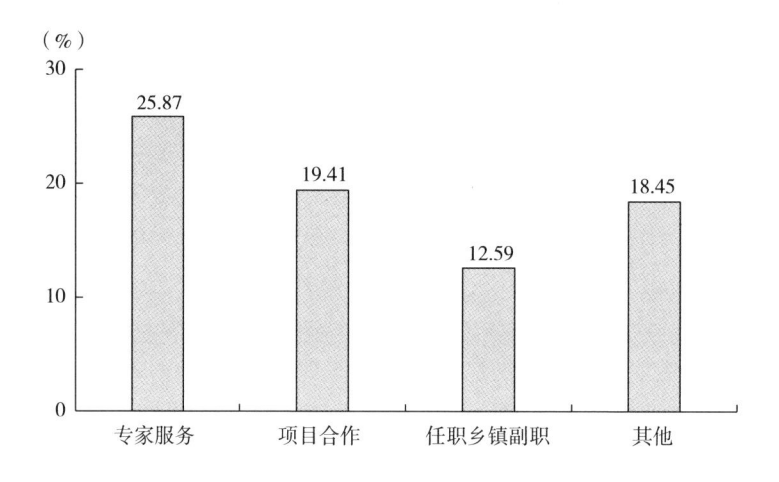

图5-3 贵州省社会治理人才任职方式需求

（四）乡村文化事业人才需求状况

调查数据显示，原深度贫困县与原极贫乡镇文化事业人才需求总量为1438人，占现有乡村文化事业人才总量的8.28%。从需求岗位看，公共文化服务专业技术人才、公共文化服务志愿者的需求量分别为698人、435人，分别占比48.54%、30.25%，是乡村文化事业人才需求的主要岗位；从年龄结构看，对年龄要求在30岁及以下的人才需求量为995人，占比69.2%，原贫困地区对人才年龄需求趋向年轻化；从学历层次看，对学历要求大专及以上的人才需求量为1189人，占比82.68%，对乡村文化振兴的人才学历层次需求相对较高；从用工性质看，正式编制人才需求量为809人，占比56.26%，正式编制与合同制仍是用工方式的主要方式。

(五) 乡村医疗卫生人才需求状况

调查数据显示，原深度贫困县与原极贫乡镇医疗卫生人才需求总量为 2373 人，占现有医疗卫生人才总量的 25.97%。从需求岗位看（见图 5-4），执业医师需求量最大，为 392 人，占比为 16.52%，乡村医疗卫生事业发展对执业医师和村卫生室医生的需求较大；从年龄结构看，对人才年龄要求在 20—35 岁的医疗卫生人才需求占比 67.64%，对人才年龄需求趋向年轻化；从学历层次看，对人才学历要求大专的需求量为 1694 人，占比 71.39%，对需求人才的学历要求趋于理性；从工作经验看，无要求和 1—2 年工作经验的人才需求量分别为 686 人、666 人，累计占比达到 56.96%，对医疗卫生人才的工作经验要求较低，影响乡村振兴医疗卫生事业保障水平；从用工性质看，正式在编人才用工需求数量为 1516 人，占比 63.89%，乡村医疗机构缺编是乡村振兴医疗卫生事业发展的主要限制因素。

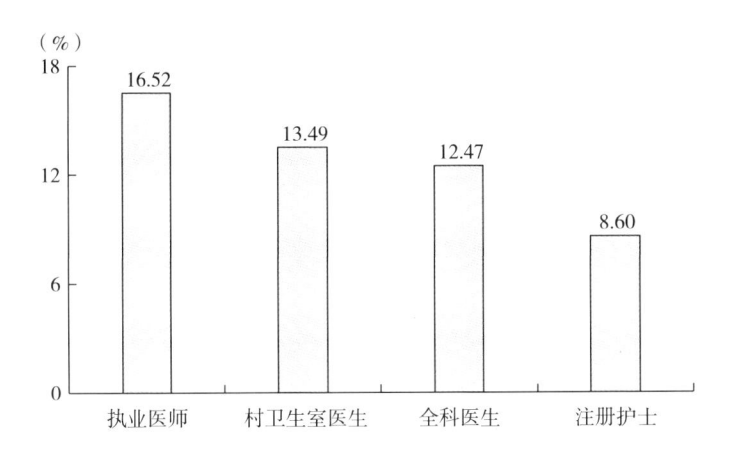

图 5-4 贵州省医疗卫生人才主要岗位需求状况

(六) 新型职业农民需求状况

调查数据显示，原深度贫困县与原极贫乡镇新型职业农民需求量为 39340 人，占现有新型职业农民总量的 15.01%；从农民职业类型看，生产型职业农民、经营型职业农民需求量分别为 15458 人、14194 人，分别占比 39.29%、36.08%，生产型、经营型的职业农民是乡村产业发展需求人才主体；新型职业农民培训导师需求量为7904人，是现有新型职业农民培训导师总量的3.65倍；从导师职业类型看，生产型、经营型职业农民培训导师需求总量分别为2896人、2803人，分别占比36.64%、35.45%，生产型、经营型职业农民培养需求量相对较大。

二 人才需求分布

（一）人才需求地域分布

原深度贫困县与原极贫乡镇人才需求总量的地域分布情况显示，毕节市居各地市（州）首位，占比39.97%，黔东南州、黔西南州分列第2、第3位，整体呈现"北高南低"的省内地理分配特征；在人才需求类别分布方面，毕节市均居乡村产业人才、基础教育人才等六大类人才需求量的首位，且需求量占比均超过了30%。黔东南则列乡村产业与新型职业农民人才需求量第2位，黔西南则列基础教育人才、乡村治理类人才、公共文化事业类人才、医疗卫生类人才四类人才需求量的第2位。

（二）原深度贫困县人才需求分布

从需求量的县域分布看，纳雍县、赫章县、正安县、德江县、黔西县分列需求量的前五位，分别为7708人、7640人、5831人、5636人、5162人，累计占总量的52.92%，是乡村振兴人才需求的重点县域；调查数据显示（见表5-2），从需求类别看，赫章县、黔西县、榕江县分列乡村产业人才需求量的前三位，三县累计需求量占比为64.48%，是贵州省乡村振兴产业人才的重点县域；纳雍县、德江县、赫章县分列基础教育人才需求量的前三位，三县累计需求量占比42.44%，是贵州省基础教育人才的重点县域；纳雍县、紫云县、望谟县分列社会治理人才需求量的前三位，三县累计需求量占比47.91%，是贵州省社会治理人才的重点县域；册亨县、纳雍县、赫章县分列文化事业人才需求量的前三位，三县累计需求量占比42.35%，是贵州省文化事业的重点县域；纳雍县、赫章县、册亨县分列医疗卫生人才需求量的前三位，三县累计需求量占比29.88%，是贵州省医疗卫生人才的重点县域；正安县、纳雍县、德江县分列职业农民人才需求量的前三位，三县累计需求量占比36.23%，是贵州省职业农民人才的重点县域。

表5-2　　　　　　各类人才需求量排名前三的县域分布

需求量排名	第一位（需求量）	第二位（需求量）	第三位（需求量）	排名前三累计占比（%）
需求总量	纳雍（7708人）	赫章（7640人）	正安（5831人）	35.05%
乡村产业人才	赫章（2304人）	黔西（2126人）	榕江（828人）	64.48
基础教育人才	纳雍（1409人）	德江（802人）	赫章（596人）	42.44
乡村治理人才	纳雍（441人）	紫云（382人）	望谟（379人）	47.91
文化事业人才	册亨（218人）	纳雍（205人）	赫章（186人）	42.39
医疗卫生人才	纳雍（314人）	赫章（198人）	册亨（197人）	29.88
新型职业农民	正安（5339人）	纳雍（4634人）	德江（4280人）	36.23

（三）人才岗位需求分布

1. 乡村产业人才行业类型需求分布

从产业人才的行业类型看，赫章县、望谟县两个县域分列农林种植业、水产养殖业人才县域岗位需求量的首位，分别为1588人、266人，分别占该类乡村产业人才需求总量的39.53%、39.47%；黔西县则分列畜牧养殖业、旅游业人才县域岗位需求量的首位，分别为623人、238人，分别占该类乡村产业人才需求总量的27.90%、21.12%；从产业人才岗位类型看，赫章县分列经营管理、市场营销两类岗位人才需求量首位，分别占721人、557人，分别占该类乡村产业人才需求总量的64.84%、62.30%；黔西县、望谟县两个县域分列专业技术、财务管理两类岗位人才需求的首位，分别为1824人、120人，分别占该类乡村产业人才需求总量的41.60%、82.76%；从旅游产业人才岗位类型看，榕江县、黔西县、沿河县三个县域分列旅游项目建设、景区带动、旅游资源开发人才需求的首位，分别为108人、200人、68人，分别占该类旅游业人才需求总量的49.32%、45.56%、37.78%。

2. 乡村基础教育人才需求分布

纳雍县分列幼儿园、小学两类人才需求的首位，分别为499人、766人，分别占该类基础教育人才需求量的22.41%、24.43%；沿河县分列初中、高中两类人才需求的首位，分别为180人、30人，分别占该类基础教育人才需求量的16.92%、50.00%；从基础教育岗位类型看，德江县位居专任教师需求首位，为1285人，占该类人才需求量的23.03%；纳雍县则分列行政管理、教辅两类岗位人才需求量的首位，分别为213人、72人，分别占该类人才需求量的48.08%、29.39%；从专任教师岗位职责看，德江县分列语文、英语、数学、美术四类专任教师需求量的首位，分别为284人、149人、257人、68人，分别占该类岗位人才需求量的25.43%、21.05%、47.59%、22.90%；水城县位列生活类专任教师人才需求的首位，为61人，占该类人才需求量的25.74%；从基础教育类行政管理人才岗位职责看，财务负责人、安全办主任、教科室主任分列前三位，分别为87人、79人、56人，累计占基础教育类行政管理人才需求总量的50.11%。

3. 乡村社会治理类人才需求分布

调查数据显示（见表5-3），册亨县、紫云县、望谟县分列乡村规划建设人才需求前三位，累计占该类人才需求总量的49.90%，是乡村规划建设类人才的主要县域；榕江县、望谟县、纳雍县分列乡村生态环保人才需求前三位，累计占需求总量的45.43%，是乡村生态环保类人才的主要县域；纳雍县、望谟县、黔西县分列乡村法律服务人才需求前三位，累计占需求总量的53.15%，是乡村法律服务类人才的主要县域；望谟县、纳雍县、紫云县分列乡村就业指导服务人才需求前三位，累计占需求总量的51.94%，是乡村就业指导类人才的主要县域；紫云县、纳雍县、黔西县分列乡村易风易俗宣传人才需求前三位，累计占需求总量的51.13%，是易风易俗宣传类人才的主要县域；此外，科普、扫盲、土地资源整治、食品监管的人才需求量也超过100人。

表5-3 贵州省乡村社会治理各岗位需求量排名前三的县域分布

需求量排名	第一位（需求量）	第二位（需求量）	第三位（需求量）	排名前三累计占比（%）
规划建设人才	册亨县（126人）	紫云县（62人）	望谟县（51人）	49.90
生态环保人才	榕江县（56人）	望谟县（54人）	纳雍县（39人）	45.43
法律服务人才	纳雍县（65人）	望谟县（61人）	黔西县（51人）	53.15
就业指导服务人才	望谟县（58人）	纳雍县（47人）	紫云县（42人）	51.94
易风易俗宣传人才	紫云县（49人）	纳雍县（38人）	黔西县（26人）	51.13

4. 乡村公共文化事业类人才需求分布

调查数据如表5-4所示，黔西县、纳雍县、望谟县分列乡村公共文化管理人才需求前三位，累计占需求总量的49.42%，是公共文化管理类人才的主要县域；册亨县、沿河县、赫章县分列乡村公共文化服务专业技术人才需求前三位，累计占需求总量的54.87%，是乡村公共文化服务专业技术类人才的主要县域；纳雍县、赫章县、黔西县分列乡村公共文化服务志愿者人才需求前三位，累计占该类需求总量的56.55%，是乡村公共文化服务志愿者的主要县域；册亨县、纳雍县、沿河县分列正式在编公共文化事业人才需求前三位，累计占需求总量的59.46%，是乡村公共文化服务类人才就业的主要县域；此外，志愿者、合同制、临时聘用等用工形式，占人才总需求量的37.07%，公共文化事业人才需求形式丰富多样。

表5-4 贵州省公共文化事业类各岗位需求量排名前三的县域分布

需求量排名	第一位（需求量）	第二位（需求量）	第三位（需求量）	排名前三累计占比（%）
各县需求量	黔西县（73人）	纳雍县（30人）	望谟县（25人）	49.42
专业技术人才	册亨县（180人）	沿河县（133人）	赫章县（70人）	54.87
志愿者	纳雍县（178人）	赫章县（159人）	黔西县（144人）	56.55
正式在编人才	册亨县（178人）	纳雍县（159人）	沿河县（144人）	59.46

5. 乡村医疗卫生人才需求分布

调查数据如表5-5所示，在医疗卫生人才需求方面，纳雍县、威宁县、水城县分列执业医师需求前三位，三县的需求总量为128人，累计占该类需求总量的32.65%，是执业医师类人才的主要县域；纳雍县、册亨县、水城县分列全科医生需求前三位，三县的需求总量为78人，累计占该类需求总量的26.35%，全科医生类人才需求数量的县域分布差异性相对较小；晴隆县、望谟县、黔西县分列影像技师需求前三位，三县的需求总量为71人，累计占该类需求总量的39.23%，是影像技师类人才的主要县域；沿河县、纳雍县、三都县分列注册护士需求前三位，三县的需求总量为130人，累计占该类需求总量的63.73%，是注册护士类人才的主要县域；赫章县、册亨县、从江县分列公共卫生人员需求前三位，三县的需求总量为79人，累计占该类需求总量的36.74%；赫章县、水城县、纳雍县分列村卫生室医生需求前三位，三县的需求总量为131人，累计占该类需求总量的40.94%，村卫生室医生类人才需求量相对较大。

表5-5　贵州省医疗卫生类各岗位需求量排名前三的县域分布

需求量排名	第一位（需求量）	第二位（需求量）	第三位（需求量）	排名前三累计占比（%）
执业医师	纳雍县（58人）	威宁县（37人）	水城县（33人）	32.65
全科医生	纳雍县（29人）	册亨县（25人）	水城县（24人）	26.35
影像技师	晴隆县（26人）	望谟县（25人）	黔西县（20人）	39.23
注册护士	沿河县（80人）	纳雍县（25人）	三都县（25人）	63.73
公共卫生人员	赫章县（28人）	册亨县（27人）	从江县（24人）	36.74
村卫生室医生	赫章县（46人）	水城县（45人）	纳雍县（40人）	40.94

6. 职业农民需求分布

正安县是服务型职业农民需求量最大的县域。调查数据如表5-6所示，在职业农民人才需求方面，威宁县、沿河县、纳雍县分列经营型职业农民人才需求量前三位，累计占需求总量的44.83%，是经营型职业农民类人才的主要县域；榕江县、纳雍县、黔西县分列服务型职业农民类人才需求量前三位，累计占该类需求总量的38.25%，是服务型职业农民类人才的主要县域；正安县、纳雍县、从江县分列生产型职业农民人才需求前三位，累计占该类职业农民需求总量的43.96%，是生产型职业农民类人才的主要县域；此外，其他类型的职业农民占需求总量的0.77%。沿河县、威宁县、望谟县分列经营型职业农民培训导师人才需求前三位，累计占该类需求总量的49.79%，是经营型职业农民培训导师类人才的主要县域；榕江县、望谟县、三都县分列服务型职业农民培训导师人才需求前三位，累计占该类需求总量的41.16%，是服务型职业农民培训导师类人才的主要县域；沿河县、务川县、三都县分列生产型职业农民培训导师人才需求前三位，累计占该类需求总量的47.44%，是生产型职业农民培训导师类人才的主要县域；此外，其他类型的职业农民培训导师占需求总量的2.95%。

表5-6 贵州省新型职业农民类各岗位需求量排名前三的县域分布

需求量排名	第一位（需求量）	第二位（需求量）	第三位（需求量）	排名前三累计占比（%）
经营型人才	威宁县（2574人）	沿河（1917人）	纳雍县（1872人）	44.83
服务型人才	榕江县（1425人）	纳雍县（1343人）	黔西县（822人）	38.25
生产型人才	正安县（3260人）	纳雍县（1820人）	从江县（1716人）	43.96
经营型导师	榕江县（330人）	望谟县（277人）	三都县（205人）	49.79
服务型导师	榕江县（330人）	望谟县（277人）	三都县（205人）	41.16
生产型导师	沿河县（521人）	务川县（500人）	三都县（353人）	47.44

（四）原极贫乡镇人才需求分布

1. 乡村产业人才需求

务川县石朝乡居畜牧养殖业人才需求量首位。从乡镇产业发展人才的行业类型看，务川县石朝乡、务川县石朝乡、盘县保基乡三个乡镇分列农林种植业、畜牧养殖业、旅游业乡村振兴人才需求的首位，分别为11人、13人、7人；从旅游产业人才岗位类型看，盘县保基乡位居旅游项目建设人才需求岗位首位，数量为7人。

2. 乡村基础教育人才需求

紫云县大营镇小学教师需求量最大。从需求总量来看，紫云县大营镇小学教师需求量为161人，是需求数量最大、需求规模唯一超过100人的乡镇，其次是德江县桶井土家族乡、纳雍县董地苗族彝族乡，分别为89人、38人；从基础教育人才单位类型看，德江县桶井乡分列幼儿园、初中类教育人才需求的乡镇首位，分别为75人、6人，分别占该类人才需求总量的43.10%、24%；紫云县大营镇列小学类教育人才需求的乡镇首位，为19人，占该类人才需求总量的38%；从基础教育岗位类型看，均为专任教师类人才的需求，其中德江县桶井乡、纳雍县董地乡、紫云县大营镇、赫章县河镇彝族苗族乡四个乡镇分别占该类人才需求总量的36.87%、21.23%、17.32%、7.26%。

3. 乡村社会治理人才需求

紫云县大营镇位居生态环保治理人才需求首位。在社会治理类人才中,紫云县大营镇的乡村规划建设人才需求为5人,是乡村规划建设类人才需求量最大的乡镇;紫云县大营镇乡村生态环保人才需求为7人,是乡村生态环保类人才的主要乡镇。

4. 乡村公共文化事业人才需求

石阡县国荣乡需求量居首。在公共文化事业类人才需求方面,石阡县国荣乡乡村公共文化服务专业技术人才需求为5人,位居乡镇需求首位,是乡村公共文化服务专业技术类人才的主要乡镇。

5. 乡村医疗卫生人才需求

纳雍县董地乡对医疗卫生人才需求量最大。在医疗卫生人才需求方面,由于每个原极贫乡镇卫生人才总量相对较小,单一单位的人才需求相对较少。从单个乡镇来看,纳雍县董地乡、德江县捅井乡、贞丰县鲁容乡分列执业医师人才需求前三位,累计占需求总量的66.67%,是执业医师类人才的主要乡镇;其中,册亨县双江镇对见习医师人才需求为4人,是唯一提出需要见习医师的乡镇。

6. 新型职业农民人才需求

纳雍县董地苗族彝族乡需求量最大。在新型职业农民人才需求方面,纳雍县董地苗族彝族乡、雷山县大塘镇、务川县石朝乡分列新型职业农民人才需求前三位,总量为2600人,累计占原极贫乡镇需求总量的88.83%,是新型职业农民人才的主要原极贫乡镇;在这三个乡镇的人才类型需求上,主要是以经营型职业农民为主,为2340人,占新型职业农民需求总量的90%。

乡镇人才需求岗位体现出较强的综合性、具体性,如在公共文化事业人才需求方面,乡镇希望能招聘从事文化挖掘采编、活动策划、组织实施等综合型、全能型人才,一定程度上呈现出需求的非理性;此外,如农林种植业病虫防治、养殖业病害防疫、特色菜肴开发、食用菌培植等特色专业人才,是部分乡镇人才基于乡村产业发展实际提出的特殊岗位人才需求;在其他类别人才需求方面,如社会治理调研、家政管理、文化事业宣传报道、职业农民培养导师等岗位需求也普遍存在。

三 人才需求紧缺程度

(一)人才需求类型紧缺程度

人才需求的紧缺程度是反映该类人才在原极贫乡镇的需求急迫程

度，本书根据人才需求紧缺程度分为五个层次，分别赋值1、2、3、4、5分，对应一般紧缺、比较紧缺、紧缺、十分紧缺、急缺。从人才类别看（见图5-5），乡村医疗卫生人才与基础教育人才需求紧缺程度相对较高，乡村产业发展人才需求紧缺程度排名最低，而乡村社会治理、乡村文化事业人才也相对较低，一定程度上反映了各类人才需求主体在乡村振兴的参与程度。

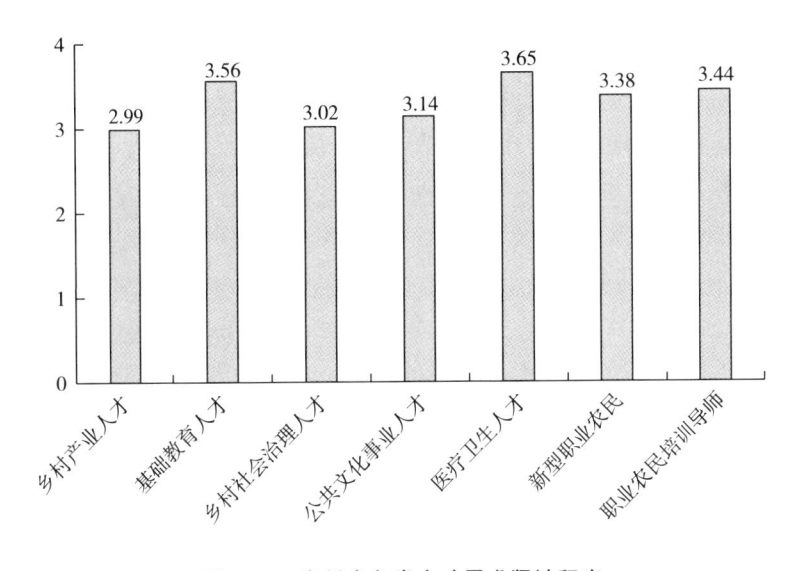

图5-5 贵州省各类人才需求紧缺程度

（乡村产业人才 2.99；基础教育人才 3.56；乡村社会治理人才 3.02；公共文化事业人才 3.14；医疗卫生人才 3.65；新型职业农民 3.38；职业农民培训导师 3.44）

（二）原贫困地区人才需求紧缺程度

在原14个深度贫困县中，人才需求紧缺程度平均值是3.28。其中，急缺程度排名前三位的县分别是从江县、沿河县、三都县，紧缺程度分别是3.90、3.70、3.45；紧缺程度相对较低的县分别是晴隆县、黔西县，紧缺程度分别为2.96、2.90，紧缺程度在县域分布一定程度上呈现"北高南低"的地理特征；贫困乡镇的人才紧缺程度为3.34，在原20个极贫乡镇中，人才需求紧缺程度排名前三位的分别是赫章县河镇彝族苗族乡、石阡县国荣乡、从江县加勉乡，分别是4.48、4.31、4.19，紧缺程度相对较低是盘县保基苗族彝族乡、长顺代化镇。

（三）人才岗位需求紧缺程度

在乡村产业人才中，紧缺程度排名在首位的是财务管理人员，紧缺程度为 3.57，乡村产业财务管理亟待规范化，在一定程度上制约了农林产业规范化；在需求规模 30 人以上的基础教育人才岗位中，生活、音乐、体育、英语、美术教师分列紧缺程度前五位，紧缺程度均超过了 3.60，制约了原贫困地区儿童素质提升；在社会治理人才中，法律服务人才、科学普及人才与乡村规划人才分列紧缺程度的前 3 位，但紧缺程度均未超过 3.20，说明原贫困地区的社会治理行为偏向急功近利；在公共事业文化人才中，专业技术人才紧缺程度居首，说明公共文化事业亟待走向专业化；村卫生室医生、助产士、影像技师分列医疗卫生人才前 3 位，紧缺程度均达到 3.80 以上，原贫困地区的基本医疗服务难以保障；在职业农民类人才中，紧缺程度排首位的是生产型职业农民，紧缺程度为 3.60，有专业技术的职业农民更受欢迎。

四 人才需求指数

（一）总体需求指数

人才需求指数是当前岗位人才需求量对应岗位设置总量（存量与需求量之和）分位值，也是岗位空缺率与人才需求相对规模大小的直接反映。数据显示，原深度贫困县的人才总需求指数为 10.66，原极贫乡镇人才需求指数为 21.37。人才总量不足，制约了乡村振兴的实施，但同时反映出原贫困地区强劲的发展动力，尤其是原极贫乡镇在省政府的高度关注与大力支持下，人才需求活跃程度高出原深度贫困县 1 倍以上，以下是六类人才需求指数基本情况。

1. 乡村产业发展人才需求指数

县域产业发展人才需求指数，体现了原贫困地区乡村经济活跃程度，原 14 个贫困县乡村产业人才需求指数为 6.12。原深度贫困县人才需求指数排名显示（见图 5-6），晴隆县、黔西县、册亨县位居前三位，县属乡村产业经济发展相对活跃，发展速度可能相对较快。而正安县、威宁县两县的人才需求指数不到 1，威宁仅为 0.58，经济活跃程度过低，这些县域乡村振兴的难度与压力相对更大。

需求指数显示，原 20 个极贫乡镇乡村产业发展人才需求平均指数为 9.12，总体超过了原 14 个深度贫困县，原极贫乡镇整体经济社会发展动力超过了原深度贫困县的平均水平。纳雍县董地苗族彝族乡、德江县桶井土家族乡等 4 个排名靠前的乡镇人才需求指数超过了 60（见图

5-7），排名最后为册亨县双江镇、紫云县大营镇。

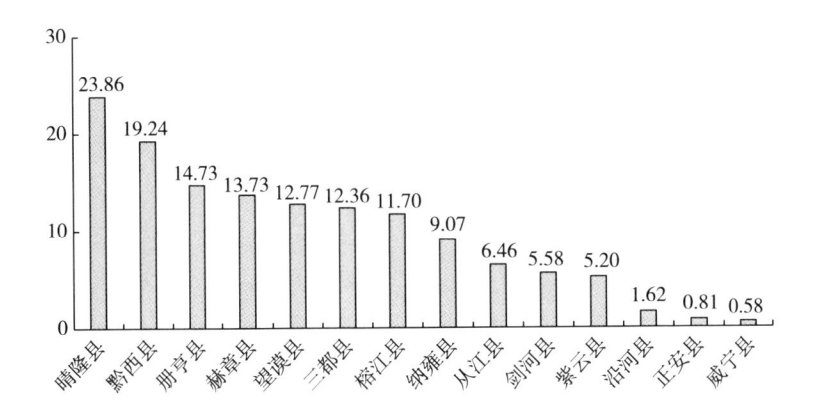

图5-6 贵州省原深度贫困县乡村产业发展人才需求指数

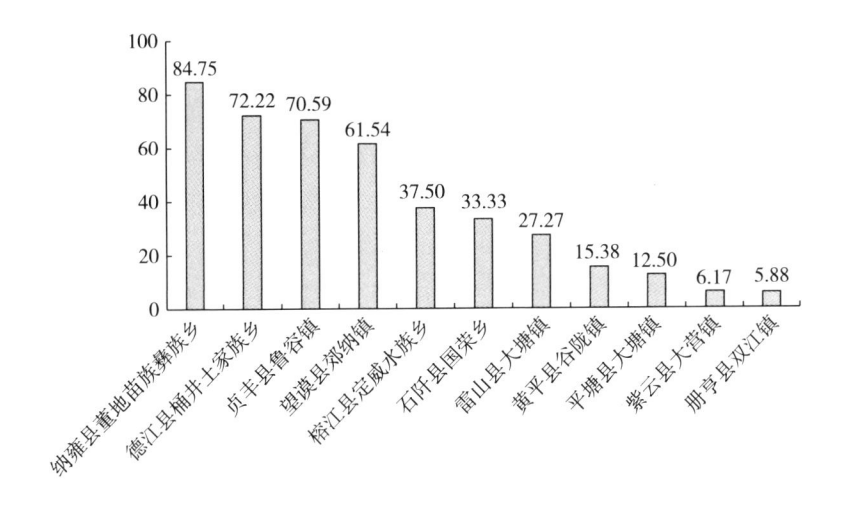

图5-7 贵州省原极贫乡镇产业发展人才需求指数

2. 乡村基础教育人才需求指数

基础教育人才需求指数是可反映贫困区域的基础教育供给公平性。数据显示，原深度贫困县的基础教育人才需求平均指数为8.95，而且原14个深度贫困县呈现阶梯性。相对其他类型人才，基础教育人才需求指数相对较低（见图5-8）。一定程度上体现原深度贫困县的公共基础教育供给公平性差异相对较小。

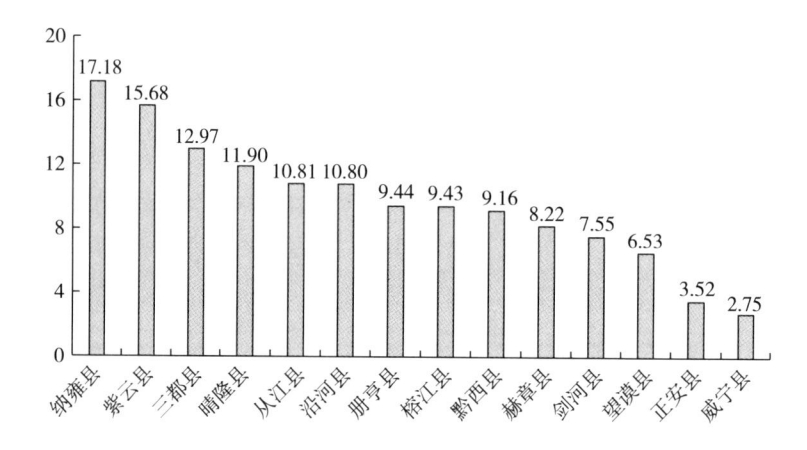

图5-8 贵州省原深度贫困县乡村基础教育人才需求指数

从原极贫乡镇来看，原20个乡镇的基础教育平均需求指数为9.03，与原深度贫困县（8.95）整体水平差异并不明显，基础教育供给公平程度相对较高。具体乡镇指数显示（见图5-9），紫云县大营镇、德江县桶井土家族乡的基础教育人才需求指数分别为44.60、28.43，分列前两位，大幅高于其他原极贫乡镇。

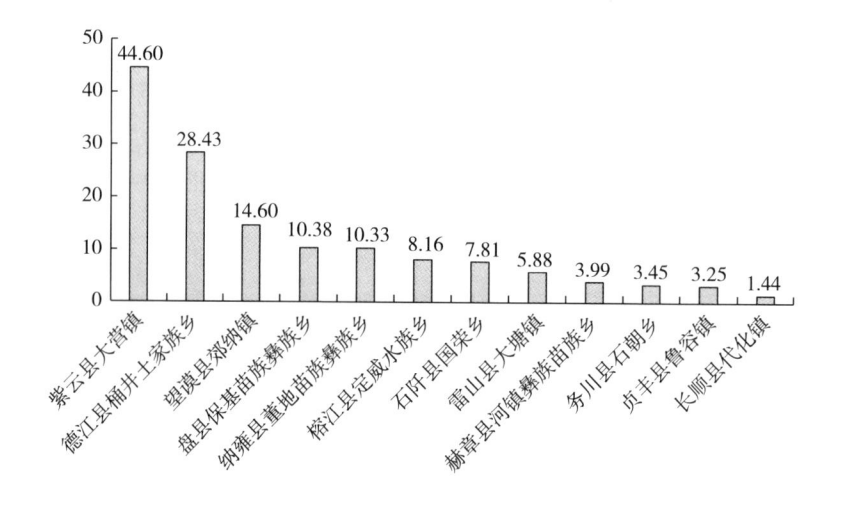

图5-9 贵州省原极贫乡镇基础教育人才需求指数

3. 乡村社会治理人才需求指数

乡村社会治理人才需求指数高低反映了一个地区的乡村社会变化速度快慢或政府治理意识与力度大小。原 14 个深度贫困县的乡村治理人才需求平均指数为 19.58，整体社会发展相对活跃。具体县域指数排名显示（见图 5-10），紫云、望谟、纳雍三个县位居前列，超过了 30%，反映出本地社会发展快速，对人才相对需求量较大。而晴隆、剑河、三都、威宁四县人才需求指数均低于 10，社会发展的动力可能略显不足。

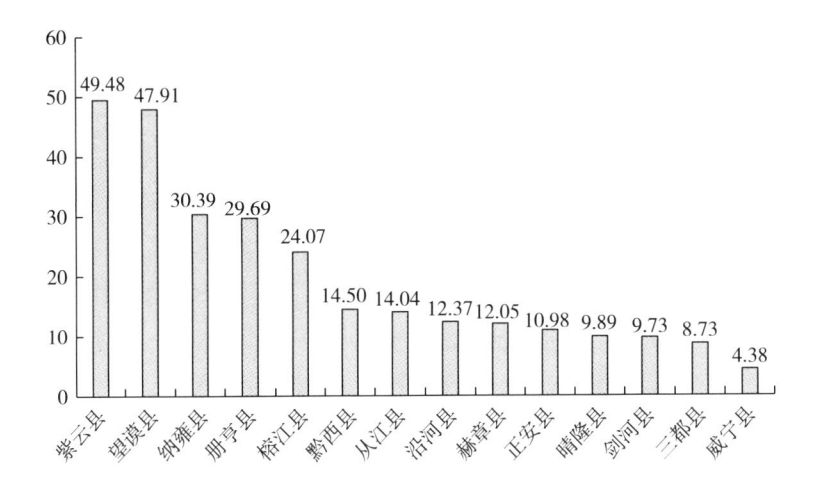

图 5-10 贵州省原深度贫困县乡村社会治理人才需求指数

原极贫乡镇的社会治理人才需求平均指数为 14.60，低于原深度贫困县的平均水平。排名前 12 个乡镇的需求指数显示（见图 5-11），原贫困乡镇对社会治理人才的需求差异较大，乡村社会发展速度、治理理念与意识、治理成熟度、人才规模可能存在巨大差异。

4. 公共文化事业人才需求指数

公共文化事业人才需求指数反映了公共文化供给公平性、需求活跃程度或重视程度。数据显示，原 14 个贫困县公共文化事业人才需求平均指数为 43.88（见图 5-12）。文化供给人才缺口较大。20 个极贫乡镇的乡村文化事业人才需求平均指数为 29.89，低于原深度贫困县，相对于物质需求，极贫乡镇民众的精神需求相对较低。具体县域的需求指数显示，紫云、纳雍、沿河、册亨四县需求指数均超过了50，最低也超过了14，反映了原贫困县域乡村文化事业供给存在较大差异，原贫困县域公共文化事业人才需求量相对较大。

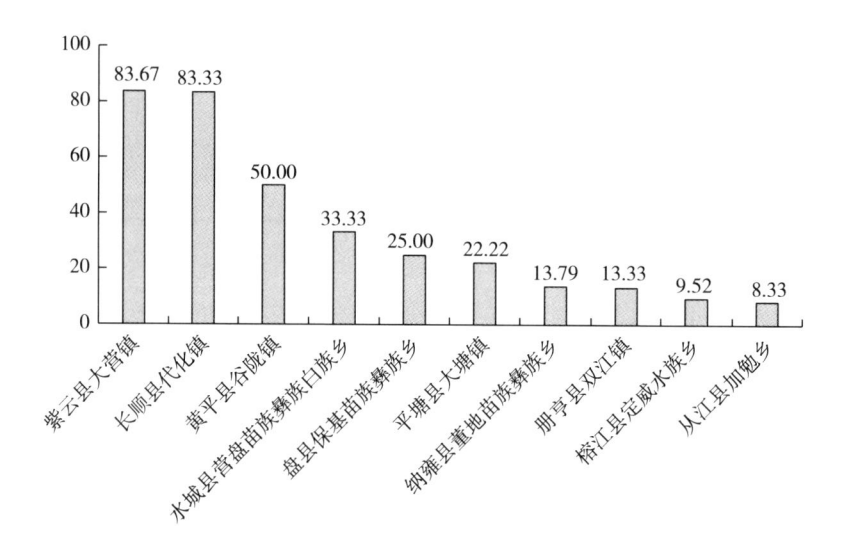

图 5-11 贵州省原极贫乡镇社会治理人才需求指数

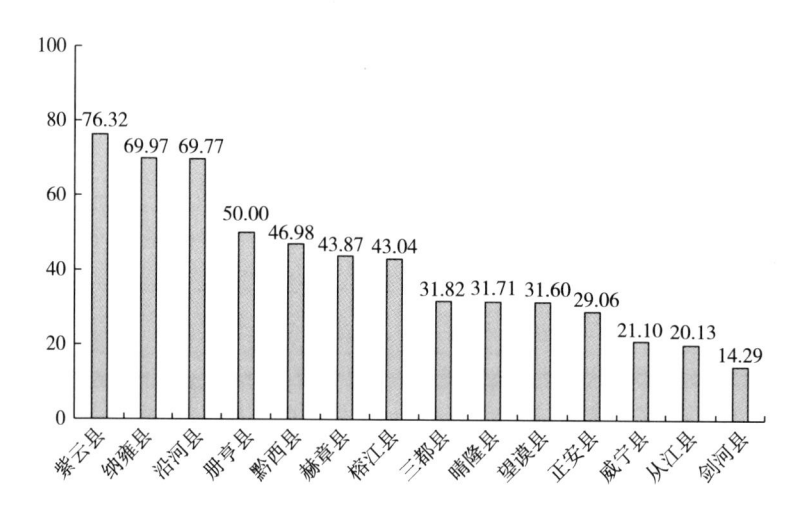

图 5-12 贵州省原深度贫困县乡村文化事业人才需求指数

5. 乡村医疗卫生人才需求指数

乡村医疗卫生人才需求指数与该地区医疗卫生供给能力负相关。原14个深度贫困县乡村医疗卫生人才平均需求指数为19.48（见图5-13），医疗卫生人才总体存在较大缺口。此外，册亨县需求指数达到了47.70，说明该县乡村医疗卫生供给存在较大缺口，存在因病返贫的风险。

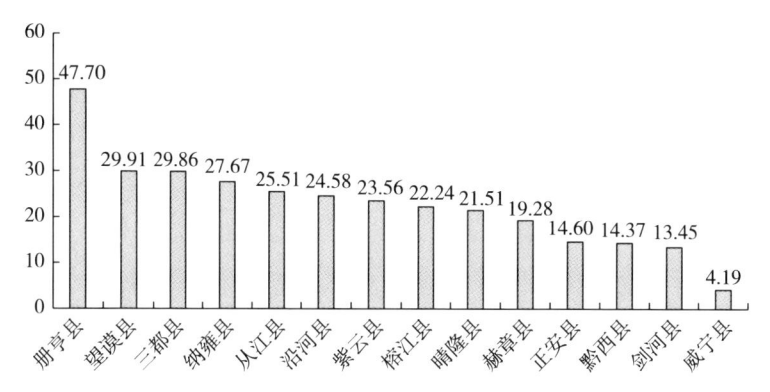

图5-13 贵州省原深度贫困县医疗卫生人才需求指数

原20个极贫乡镇的医疗卫生人才需求平均指数为10.50，远低于原深度贫困县的平均水平，极贫乡镇之间的医疗卫生人才需求指数差异较小（见图5-14）。

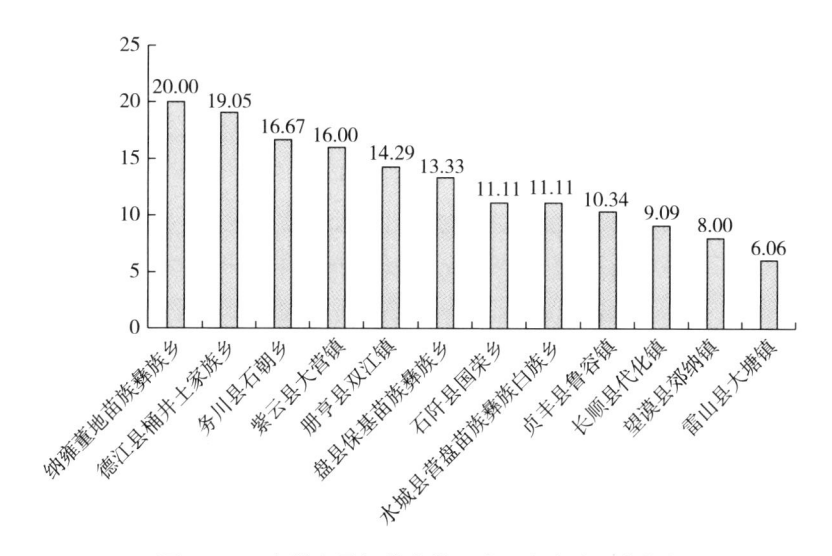

图5-14 贵州省原极贫乡镇医疗卫生人才需求指数

6. 职业农民需求指数

新型职业农民人才需求指数反映了该地区农村产业活跃度。原14个深度贫困县域职业农民人才平均需求指数为11.98。原极贫乡镇新型职业农民人才平均需求指数为25.95，高于原深度贫困县平均水平1倍以上，说明原极度贫困县的产业发展动力高于原深度贫困县平均水平。此外，原极贫乡镇新型职业农民需求指数差异较大，长顺县代化镇等排名前4位的需求指数均超过了70（见图5-15），乡镇新型职业农民需求量高于现有规模基数1倍以上。

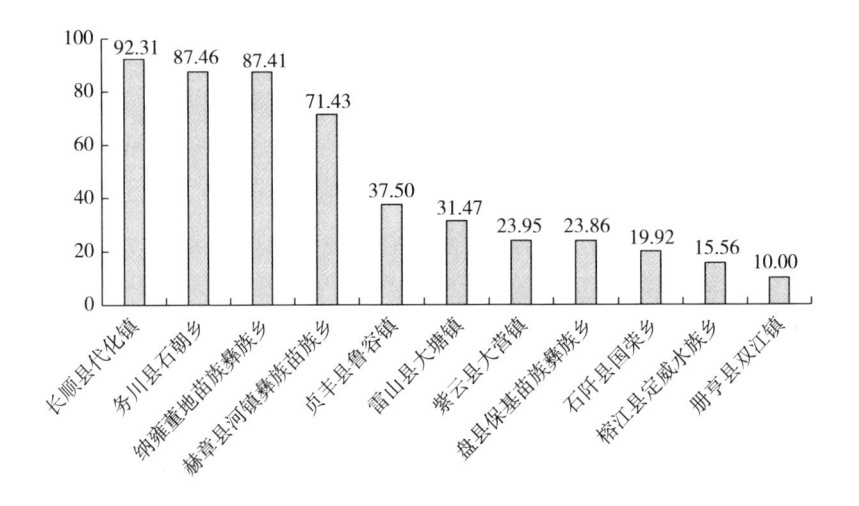

图5-15 贵州省原极贫乡镇新型职业农民需求指数

（二）财务管理类人才岗位需求指数

需求量在50人以上的岗位排名显示，财务管理人才岗位需求指数以99.32高分位居榜首，原脱贫攻坚产业运营与项目实施正走向规范化。需求总量超过300人的岗位共有17个，需求指数排名显示，景区带动、法律服务与市场营销岗位排在首位；需求指数排名前10的岗位中（见图5-16），社会治理人才占近3成，乡村振兴助推原贫困地区经济社会快速发展，对社会治理人才需求更为急迫。

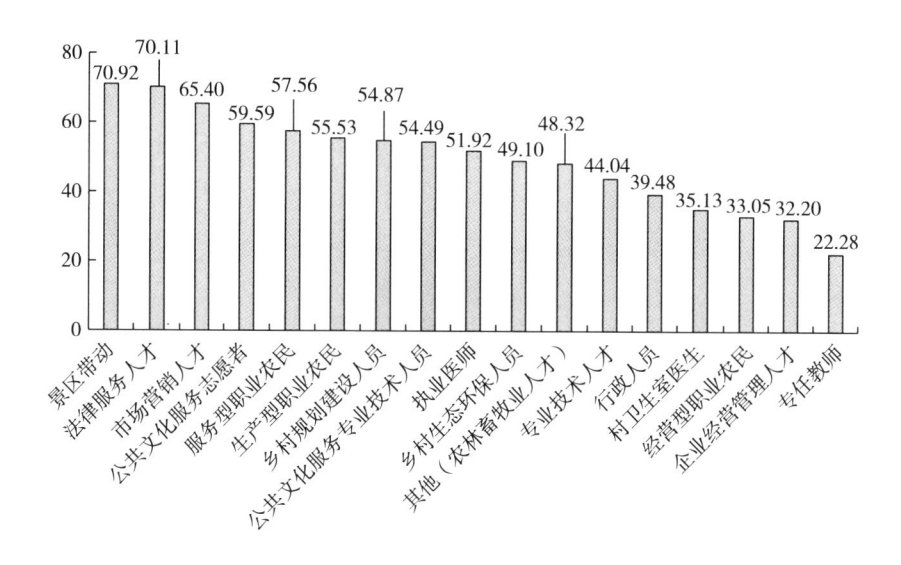

第五章 贵州省乡村振兴领域专业技术人才发展研究

图表数据（柱状图数值，从左到右）：
- 景区带动：70.92
- 法律服务人才：70.11
- 市场营销人才：65.40
- 公共文化服务志愿者：59.59
- 服务型职业农民：57.56
- 生产型职业农民：55.53
- 乡村规划建设人员：54.87
- 公共文化服务专业技术人员：54.49
- 执业医师：51.92
- 乡村生态环保人员：49.10
- 其他（农林畜牧业人才）：48.32
- 专业技术人才：44.04
- 行政人员：39.48
- 村卫生室医生：35.13
- 经营型职业农民：33.05
- 企业经营管理人才：32.20
- 专任教师：22.28

图 5-16 贵州省高需求量岗位人才需求指数

第五节 贵州省乡村振兴人才供给现状

人才是乡村振兴的主要支撑力量。贵州省落实乡村振兴战略，人才振兴工作稳步推进，成效显著。

一 乡村振兴人才数量大增

国务院印发的《乡村振兴战略规划（2018—2022年）》明确提出"把打好精准脱贫攻坚战作为实施乡村振兴战略的优先任务，推动脱贫攻坚与乡村振兴有机结合、相互促进"。在乡村振兴战略实施过程中，要鼓动社会力量参与其中，特别是农村专业技术人才、农业产业等，进一步壮大了乡村振兴人才队伍。以"万名农业专家服务'三农'行动"为例，2018年已派出科技副职429名、科技特派员1221名、农业辅导员7364人，共计9014名专家赴县（区）开展技术服务。通过专家支持、派驻村书记和驻村干部等方式，参与乡村振兴的人才数量明显增加，乡村振兴人才队伍得到有益补充。

二 人才发展环境逐步优化

派出部门（单位）支持选拔人才到农村基层开展农业农村工作，

为其购买人身保险，定期进行体检，关心挂职人才思想与生活状况。受派地区（单位）为专家或挂职人才提供工作与生活便利，积极鼓励挂职专家人才投身乡村工作，促进其专业技术才能充分发挥。通过领导集体关心、团队共同把脉、个人优势发挥营造了良好工作氛围，形成了多元主体共治的格局。注重人才能力培育，提供人才成长机会，提拔重用巩固脱贫成果和为乡村振兴作出重大贡献的前线干部，招录优秀村干部、大学生村干部、第一书记和驻村干部壮大基层公务员队伍，促使优秀人才脱颖而出。表彰乡村振兴干部人才优秀事迹，鼓励人才探索农村发展的创新路径，通过营造敢作敢为的工作环境，部分人才已志愿或申请继续留在基层。

三 人才管理机制逐步完善

严格规范管理体制，支持下派下挂干部人才全心参与乡村振兴工作。派出部门不再安排工作事务，优先聘评派出专家人才职称。面向第一书记、驻村干部、村干部、待业农户等群体集中开展专项专业培训，技术能手结合经验经历充分发挥师傅作用，培育一批技术能手、能工巧匠等，注重市县党校、农牧科技局和农民讲习所等"智库"作用发挥，构建产教融合新格局。推动人才能力与业绩提升，严格要求人才下挂下沉、创新创业，注重第一书记、驻村干部业绩贡献，优秀人才挂职任职期间可就地提拔，或破格提拔进入领导班子成员。完善引才机制，开通优秀人才引进绿色渠道，推进人才工程项目，以亲情、乡情、友情方式吸引本土优秀人才返乡创业就业。

四 人才政策措施不断完善

出台《贵州省科技特派员管理办法》《贵州省"万名农业专家服务'三农'行动"工作方案》和《贵州省"万名农业专家服务'三农'行动"专家管理服务办法》等有关政策，激励保障人才作用充分发挥。省政府办公厅印发《促进2020年高校毕业生就业创业十条措施》，积极引导大学生向基层就业创业，激发人才活力，为大学生参与乡村振兴战略搭建平台，吸纳更多优秀人才建设乡村。

五 人才培训力度不断提升

加强受派地区组织部门或主管单位指导力度，优化人才培训方式，借助专家"讲师"与"辅导"角色，坚持"干什么、学什么，缺什么、补什么"原则,采取"请进来"和"走出去"方式,丰富培训形式,强化培训实效。增加人才培训机会与班次,拓宽人才培训渠道。从农村到城市、从乡镇到省级、从省内到省外的培训载体不断丰富,进一步满足挂职专家、干部与民众等群体成长要求。培训内容涵盖政治理论、专业技术、文化知识等方面,提升了人才的政治思想意识与技术能力。通过短期培训、定期培训、订单培训等形式,顺应人才乡村振兴专业需求,人才培训力度不断提升。

第六节 贵州省乡村振兴人才存在的问题

一 存量人才素质与结构问题

现有人才队伍专业水平不高,专业与岗位对口性不强,知识技能难以得到有效发挥,岗位效能作用发挥有限。专科及以下学历占比依旧偏高,高层次人才数量严重不足,文化事业等中高级以上职称人才占比较低。民族双语人才总量不足,影响民族文化保护与传承,老中青结构不合理,部分紧缺人才存在青黄不接现象。

二 人才增量与岗位编制问题

引进优秀人才力度不足,建设高水平人才队伍推进困难;提供人才发展的平台有限,政策支持力度不足,人才队伍建设稳定性偏弱。招考招录的人才流失严重,紧缺专业人才"弃考、辞职、调出"问题严重。部分县乡招考出现"零"报考、"零"到岗现象,部分乡镇引进人才服务期满后要求调出的比例高达50%。乡镇人才岗位编制职数不足,人才配备与职称晋级长期失衡,对基层人才关爱力度有待加强。

三 专业技术人才能力问题

高水平专业技术人才普遍欠缺,优秀人才逐渐调离岗位或调入城市,基层专业技术人才呈现空心化。淡化专业技能更新,轻视能力培养计划,专业技术人才知识技能老化,难以匹配乡村振兴需求。面对人才需求专业化、多元化趋势,支持乡村产业发展的人才能力提升不足。匠心匠人精神传承不足,挖掘人才优势乏力。主管单位或领导重视力度不足,单位编外人才缺乏有效指引,造成人才资源闲置。

四　资源整合能力问题

对挂职任职干部人才优势挖掘不足，缺乏完整的乡村干部人才考评体系。下挂下派干部跨区交流机会少，影响模式创新。支持规模产业、特色产业、新兴产业发展的人才来源有限，尚待建立人才资源共建共享格局。部门协调联动机制不够完善，资金资源整合乏力，协同创新能力有待提升。

五　存量人才作用发挥问题

人才供给与配备能力有限，人才队伍与结构不够稳定，行业人才水平参差不齐。淡化本地在岗中老年人才作用的发挥，青年人才主动学习与技能提升意识不强。缺乏经验交流学习活动，缺少支撑人才发展平台，专业人才开展非专业业务活动频度高。中老年人才、土专家传承意识较弱，带动关心年轻人才动力不足，工作激情不高。主动谋划意识尚待提升，弱化量才施用方式。尚未充分重视团队资源优势，人才协同效能发挥有待增强。

六　技术专家资源问题

各级部门派出专家人才数量有限，未能覆盖各地各产业发展的技术需求。部分产业缺乏优秀或高水平专家指导，个别特色产业难以搜寻相关专家人才，影响乡村产业发展进程。专家人才与产业发展所需技术不吻合，部分下派技术人才能力有限，专家人才数据库、专家资源共享平台建设力度不足，区域之间"三农"专家专题研讨会较少，异地人才资源共享不足。

七　基层政策落实问题

《贵州省"万名农业专家服务'三农'行动"工作方案》和《贵州省"万名农业专家服务'三农'行动"专家管理服务办法》等配套政策在部分派出单位落实不到位；存在需求诉求描述不明、需求与支持对接不畅等问题，基层对人才的需求得不到有效、系统反馈；部分人才到基层后存在专业不对口、不匹配本地人才需求等状况；部分下派下挂干部人才投入乡村振兴的参与力度不足，或因作资料、忙开会等情况的影响，人才的效能没有得到有效发挥。

第六章

贵州省数字经济领域专业技术人才发展研究

　　人才是数字化知识和信息成为关键生产要素的主要载体，是做大做强数字经济的关键因素。为促进数字人才的培养、引进与企业需求、产业发展有效衔接，促进数字人才合理流动、优化配置，化解供需矛盾，笔者基于贵州省数字经济融合调研系统的9534家企业样本数据进行系统分析，并通过"人才云"平台和实地调研对贵州省620家数字产业化和产业数字化用人单位网上问卷调查，以及贵州省四个市州的103家用人单位进行实地双向核验，并依据各级政府部门和研究机构的公开数据进行测算，力求准确把握数字经济人才发展的现状与需求，确保数据和信息的全面性与真实性。同时结合贵州省数字经济融合调研的系统数据、国民经济统计数据、贵州省人才资源监测网络直报平台数据，融合标杆企业样本数据、贵州省大中专生招生就业的相关数据，对所有获取的有效信息进行了处理、分析、判断、预测。

第一节　研究背景

一　政策背景

　　面对数字经济领域激烈的国际竞争，党的十九大对建设网络强国、数字中国、智慧社会等作出了战略部署。习近平总书记指出，"新常态要有新动力，数字经济在这方面可以大有作为"。贵州作为全国首个大数据综合试验区，省委、省政府深入贯彻落实党的十九大精神和"数字中国"战略，把发展数字经济作为后发赶超的突破口、转型发展的新引擎，密集出台《贵州省数字经济发展规划（2017—2020）》（黔数据领办〔2017〕2号）、《中共贵州省委省政府关于推动数字经济加快发展的意见》（黔党发〔2017〕7号）等系列文件，全面推进数字经济发展从初级向纵深迈进，助推贵州省乡村振兴和经济转型升级。

二 基本内涵

中国信通院对数字经济定义为以数字化知识和信息作为关键生产要素，以现代信息网络为重要载体，以信息通信技术有效使用促进效率提升并推动经济结构优化的一系列经济活动。包括数字产业化和产业数字化两大部分：一是数字产业化，也称为数字经济基础部分，即信息产业，具体业态包括电子信息制造业、信息通信业、软件服务业等；二是产业数字化，即使用部门所带来的产出增加和效率提升，也称为数字经济融合部分，包括传统产业由于应用数字技术所带来生产数量和生产效率的提升，其新增产出构成数字经济的重要组成部分。

在整体把握贵州省数字经济发展任务和现有人才支撑状况的基础上，结合数字经济发展内涵，将数字经济人才分为数字产业化人才与产业数字化人才两大类（其中数字产业化人才包括国民经济统计中的"信息传输、软件和信息技术服务业"全行业的人才；产业数字化人才包括除数字产业化人才之外的所有行业中从事"信息化、数字化"建设人才，主要包括各用人单位中信息中心或网络中心及其他从事数字化、信息化推动工作的人才），对各类人才的存量、需求与供给状况进行系统分析，提出了数字经济人才的发展战略目标、实现路径与主要任务。

三 数字经济发展形势

在致第五届世界互联网大会的贺信中，习近平总书记指出，"当今世界，正在经历一场更大范围、更深层次的科技革命和产业变革。互联网、大数据、人工智能等现代信息技术不断取得突破，数字经济蓬勃发展，各国利益更加紧密相连"。面对数字经济领域激烈的国际竞争，党的十九大对建设网络强国、数字中国、智慧社会等作出了战略部署。贵州牢牢把握大数据发展先机，正逐步成为西部地区数字经济高地。

(一) 全球数字经济发展趋势

根据中国数字经济百人会的最新研究成果，全球数字经济呈现出十大发展趋势，即数字化的知识和信息成为新的关键生产要素；与实体经济深度融合发展是首要战略任务；平台化、共享化引领经济发展新特征、新趋势；全球创新体系以开放协同为导向加快重塑；基础设施加速实现数字化、网络化、智能化升级；国家和地区的核心竞争力延伸至信息空间；数字技能和素养推动消费者能力升级；社会福利水平依托数字化手段得到有效改善；数字城市与现实城市同步启动规划、建设和管理；社会治理体系的数字化程度持续提升。

(二) 中国数字经济发展概况

以习近平同志为核心的党中央高度重视数字经济发展，2015年国务院印发《关于积极推进"互联网+"行动的指导意见》，2017年国家发改委印发《国家发展改革委办公厅关于组织实施2018年"互联网+"、人工智能创新发展和数字经济试点重大工程的通知》，2018年国家发展改革委、教育部、科技部、工业和信息化部等19部门联合印发《关于发展数字经济稳定并扩大就业的指导意见》，通过密集出台系列政策措施，推动数字经济创新发展，呈现出良好发展态势。上海社科院、中投产业研究院测算数据表明，2016年、2017年和2018年，全国数字经济总量分别为22.6万亿元、27.2万亿元和32.6万亿元，数字经济同比增速分别为21.51%、20.23%和17.65%，增速连续3年排名世界第一，远高于全国GDP的增长速度，数字经济对全国经济增长速度的贡献分别为74.07%、57.5%和60.0%。预计2018—2022年，全国数字经济规模年均复合增长率约为16.74%，到2022年，全国数字经济规模将达到60.6万亿元，对全国经济增长的贡献将维持在60%左右。因此，发展数字经济，是立足国情，顺应产业发展规律，推动经济高质量发展的内在要求，也是提升国家综合竞争力的必然选择，数字经济已经成为中国经济增长的核心动力。

(三) 贵州数字经济发展态势

贵州省把发展数字经济作为贯彻五大新发展理念、推动经济社会实现历史性新跨越的重要举措，作为推进大数据战略行动、建设国家大数据（贵州）综合试验区的重要方向，在全国率先谋划和布局，立体统筹、强力推进。2017年2月,贵州省在全国率先出台了《贵州省数字经济发展规划(2017—2020年)》,同年3月,贵州省委、省政府出台《关于推动数字经济加快发展的意见》(黔党发〔2017〕7号)。通过完善数字经济基础设施、数字经济产业政策体系,发挥重大项目带动作用,着力培育本土企业,提升数据开放共享水平,大数据与实体经济融合取得显著成效,贵州省数字经济主体产业持续高速增长。根据中国权威研究部门发布的报告,2015—2017年,贵州省数字经济增速连续三年排名全国第一,对经济增长的贡献率超过20%。2017年贵州省数字经济增速和吸纳就业增速分别为37.2%和23.5%,均排名全国第一。

第二节 研究综述

一 数字经济发展相关研究

进入21世纪以来,我国数字化水平不断提高,信息技术创新能力逐步增强,数据资源系统构建取得了显著成效。数字经济对我国经济增长的贡献率不断增长,已经成为拉动我国经济增长的核心动力。但是,在数字经济背景下,无论是劳动者还是消费者,都需具备数字素养的能力。蔡磊指出,随着数字技术渗透到各个领域,劳动者越来越需要具有"双重"技能——数字技能和专业技能。但是,各国普遍存在数字技术人才不足的现象,有40%的公司表示难以找到他们需要的数据人才[1]。因此,对于劳动者而言,若想在劳动市场找到好的工作岗位,就需要有好的数字素养;对于消费者而言,若想使用数字化产品和服务,也需要有良好的数字素养,否则,将会成为数字时代的"文盲"。

随着数字经济的不断发展,在未来数字化知识和信息将成为重要的生产要素。数据作为一种生产要素介入经济体系,并以可复制、可共享、无限增长、无限供给的禀赋等边际成本几乎为零的特点成为连接创新、激活资金、培育人才、推动产业升级和经济增长的关键生产要

---

[1] 蔡磊:《数字经济背景下跨境电商税收应对策略探讨》,《国际税收》2018年第2期。

素[1]。同时,任保平、何苗也指出以数字经济为代表的"新经济"无疑是推动经济高质量发展不可或缺的重要力量,其中的关键就在于数据生产要素对实体经济特别是传统制造业的信息化支撑与改造[2]。龚晓莺、王海飞[3]认为数字经济不仅能促使全球经济提质增效、释放市场经济活力、实现资源优势流动和竞争性提价、引致商品交换无缝对接等积极性质,还能增加开放型经济复杂性、难以规制资本集中和野蛮生长、产生现代社会分配机制新缺口、导致市场主体准入资格集中化、带来世界市场同质化及逆向全球化等负面效应。

二 数字经济人才培育相关研究

依托互联网技术的不断创新,打造数字经济与实体经济的深度融合,是提升实体经济的全要素生产率,重塑业态结构,培育新市场、新模式和产业新增长点的全方位变革。而人才是数字化知识和信息成为关键生产要素的主要载体,是做大做强数字经济的关键因素,因此,要加大数字人才的培养、引进与企业需求、产业发展有效衔接,促进数字人才合理流动、优化配置,化解供需矛盾,推进数字经济产业高质量发展。杨桔永通过梳理各省(自治区、直辖市)政府,以及杭州、合肥、福州等代表性城市发布的与数字经济人才相关的文件,发现多数政府在推动数字经济建设中普遍存在数字经济人才"供需失衡"问题。为此,各地政府为搭建数字经济人才队伍,从人才培养、人才引进、人才载体搭建、创新激励机制设计、政策保障等几个方面发力。除此之外,还提出了数字经济人才建设的新思路,数字经济建设离不开企业、产业政策和产业载体等要素,更离不开海量数字经济人才的招引、培育和留用。当前,多数政府紧盯数字经济人才的"供给侧",缺少对"需求侧"的管理思维,为建立强大的数字经济人才队伍,政府应该从"供给侧"和"需求侧"两方协同发力[4]。

---

[1] 王建冬、童楠楠:《数字经济背景下数据与其他生产要素的协同联动机制研究》,《电子政务》2020年第3期。

[2] 任保平、何苗:《我国新经济高质量发展的困境及其路径选择》,《西北大学学报》(哲学社会科学版)2020年第1期。

[3] 龚晓莺、王海飞:《当代数字经济的发展及其效应研究》,《电子政务》2019年第8期。

[4] 杨桔永:《数字经济人才建设新思路》,《软件和集成电路》2020年第5期。

吴画斌等认为，目前普遍采用的人才培养模式，是由政府提供资金开展教育，但这种模式会由于经济发展的不平衡性，造成不同地区投入的教育经费和教育资源配置方面存在差异，会导致人才培养的质量、后劲不平衡[1]。张地珂、杜海坤认为欧盟作为数字技能型人才培养的"领跑者"，首先，要做好制度设计，结合行业需求，制定数字人才发展战略，为保障制度的顺利实施，欧盟将数字人才培养列入投资计划的优先领域；其次，整合多方资源，为数字技能人才培养提供强大的资源保障；最后，支持教育机构参与到数字人才的培养中，鼓励教育机构开设相关的教育培训课程，在全社会营造数字人才培养的良好氛围[2]。

三 数字经济人才供给相关研究

厘清数字经济产业从业人员分类是制定数字经济产业政策、对不同数字经济部门进行差异化管理、开展相关产业人才培养的基础和关键。夏鲁惠、何冬昕将数字经济产业从业人员分为数字产业化层从业人员、产业与治理数字化层从业人员[3]。从目前的情况来看，数字产业化层从业人员供给不足，主要有以下几点原因：一是数字产业化层人才培养复杂性逐年提升。数字产业的高速发展与技术的不断创新，要求相关从业人才的基础素质和技术水平不断提升，致使人才培养周期拉长和培养成本增加，直接影响数字产业化人才的供给。二是数字产业化层从业人员区域分布不均衡。我国数字产业化层从业人员分布存在明显的区域差异，分布情况与我国地区数字经济发展水平高度的一致。从整体情况来看，数字产业化从业人员分布呈现"南强北弱"特性。三是数字产业化层人才资源供给不足和错配现象同时存在。目前我国数字化产业人才需求缺口很大，但是绝大多数数字平台在招聘时，大部分岗位要求具有"双一流"学历或者著名研究所工作背景等，而对于其他院校与科研机构培养的人才接收程度不高，从而导致产业人才供给的资源错配问题。

---

[1] 吴画斌等：《数字经济背景下创新人才培养模式及对策研究》，《科技管理研究》2019年第8期。

[2] 张地珂、杜海坤：《欧盟数字技能人才培养举措及启示》，《世界教育信息》2017年第22期。

[3] 夏鲁惠、何冬昕：《我国数字经济产业从业人员分类研究——基于T–I框架的分析》，《河北经贸大学学报》2020年第6期。

第三节 贵州省数字经济人才发展现状

一 总量状况

（一）数字经济人才规模总量

"十三五"以来，贵州省充分利用大数据产业发展的先发优势，大力发展数字经济，同时加大对数字经济人才的培养力度，贵州省数字经济人才总量呈现快速增长趋势。2018年，贵州省数字经济人才总量为32.03万人，其中，数字产业化与产业数字化人才规模分别为15.97万人、16.06万人。根据中国信通院的统计数据测算，贵州省数字经济人才规模对贵州省数字经济规模的支撑略显不足。

（二）数字经济人才规模增速

数字经济规模与就业规模高速增长带来了数字经济人才规模的快速增长。根据中国信通院的统计数据显示，2018年贵州省数字经济规模增速与就业规模增速分别为24.90%和18.10%，均位居全国第一。贵州省数字经济人才规模从2015年的13.8万人增长到2018年的32.03万人，三年累计增长了129.12%。2015—2018年，贵州省数字经济从业人员规模增速位居全国第一。

（三）贵州省各市（州）数字经济人才发展状况

统计数据显示，贵阳市近年来数字经济人才规模年均增长速度超过10%，但由于其他市（州）数字经济发展同样迅猛，人才快速集聚，贵阳市数字经济人才规模在贵州省中的占比由2015年的57.59%降为2018年的47.09%，而其他市（州）占比逐年提升，贵州省各市（州）数字经济人才发展呈现百花齐放局面。

二 数字产业化专业技术人才状况

2018年，贵州省数字产业化专业技术人才规模总量为4.39万人，其地区、年龄、学历与层次分布情况如下：

（一）地区分布

2018年，贵阳市、遵义市与黔南州数字产业化专业技术人才规模位居前三，占比分别为69.56%、5.60%、5.35%（见图6-1）。贵州省数字产业化专业技术人才规模最大的为贵阳市，占贵州省规模的近

2/3，数字产业化专业技术人才规模最小的是安顺市。

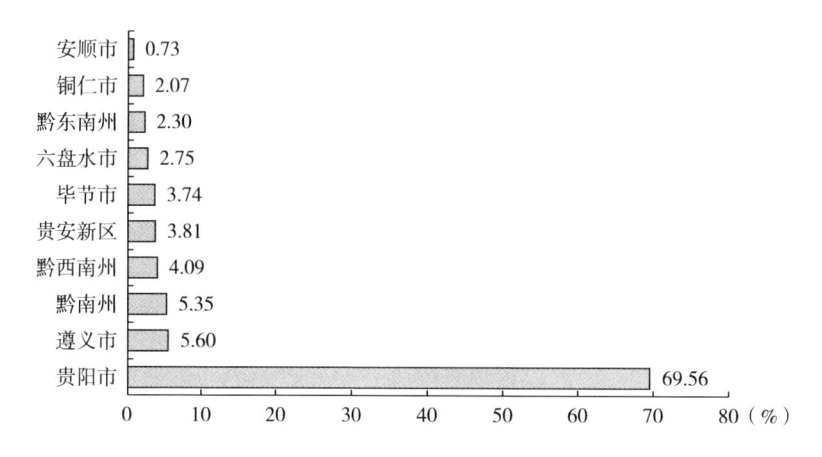

地区	比例(%)
安顺市	0.73
铜仁市	2.07
黔东南州	2.30
六盘水市	2.75
毕节市	3.74
贵安新区	3.81
黔西南州	4.09
黔南州	5.35
遵义市	5.60
贵阳市	69.56

图 6-1　贵州省 2018 年数字产业化专业技术人才地区分布

（二）年龄分布

2018 年，贵州省数字产业化专业技术人才 35 岁及以下规模占比为 51.95%，规模占比超过半数；36—40 岁规模占比 29.04%，41—45 岁规模占比 12.80%，46 岁以上的规模占比共为 6.22%（见图 6-2）。贵州省数字产业化专业技术人才年龄结构整体呈年轻化状态。

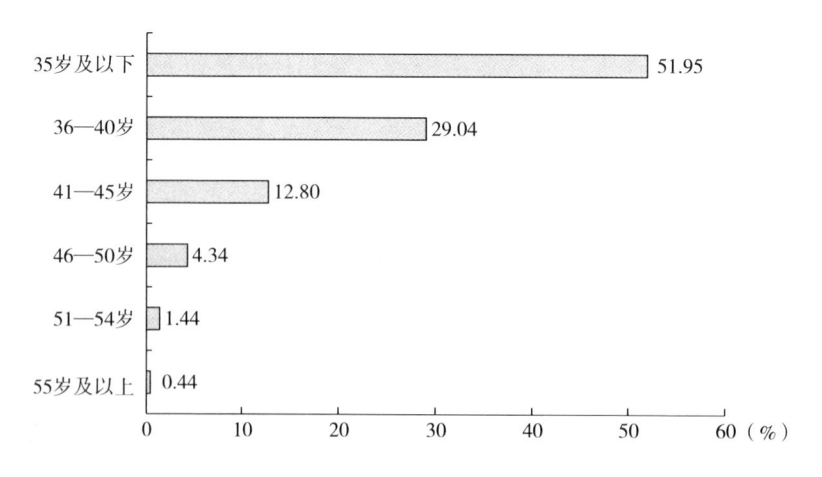

年龄	比例(%)
35岁及以下	51.95
36—40岁	29.04
41—45岁	12.80
46—50岁	4.34
51—54岁	1.44
55岁及以上	0.44

图 6-2　贵州省 2018 年数字产业化专业技术人才年龄结构

（三）学历分布

2018 年，贵州省数字产业化专业技术人才学历结构中，研究生、大学本科、大学专科、高中及中专以下的人才规模占比分别为 3.13%、47.36%、31.92%、17.59%（见图 6-3）。其中，本科学历人才规模占比较高，约为总人才规模的一半。

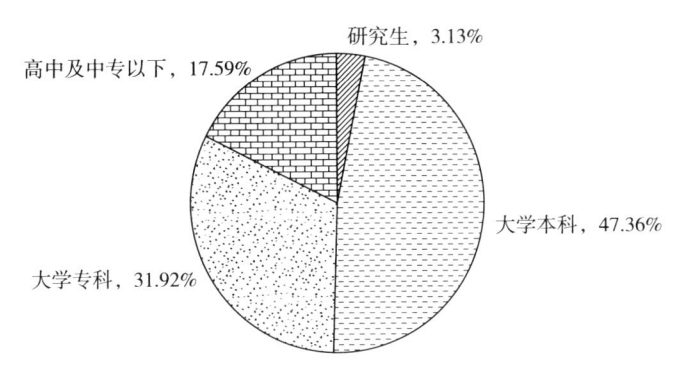

图 6-3 贵州省 2018 年数字产业化专业技术人才学历结构

（四）层次分布

2018 年，贵州省的数字产业化专业技术人才中高级、中级、初级职称及其他类占比分别为 8.32%、22.64%、57.20% 及 11.84%（见图 6-4），对照《国家专业技术人才队伍建设中长期规划（2010—2020）》中对高级、中级、初级专业技术人才分布目标（10∶40∶50）要求，中高级职称技术人才占比仍存在差距。

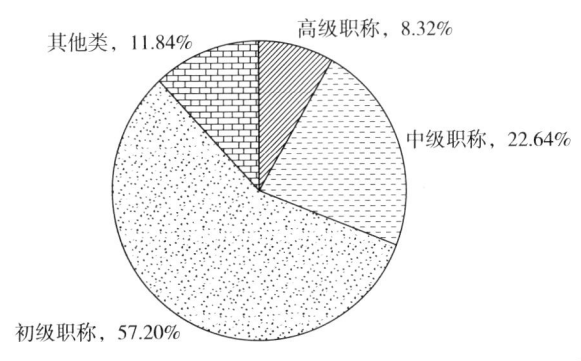

图 6-4 贵州省 2018 年数字产业化专业技术人才职称分布

三 产业数字化人才状况

(一) 总体分布

从领域分布看,产业信息化人才是贵州省产业数字化人才的主体。2018年,贵州省产业数字化人才总量为16.06万人,其中产业信息化人才规模为9.5万人,占产业数字化人才规模的比重为59.15%;信息技术类高校在校生、信息技术类教师、各党政机关与事业单位信息化人才占比分别为15.32%、13.08%、4.98%和7.47%(见图6-5)。

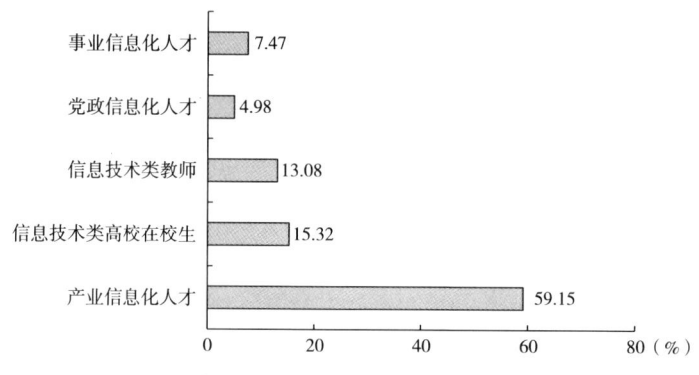

图6-5 贵州省2018年产业数字化人才领域分布

(二) 产业数字化人才分布状况

1. 党政机关与事业单位信息化人才分布

2018年底,贵州省产业数字化人才主要分布在事业单位,事业单位信息化人才共1.21万人,占党政机关与事业单位信息化人才的60.50%;党政机关信息中心信息化人才为0.79万人,占党政机关与事业单位信息化人才的39.50%(见图6-6)。

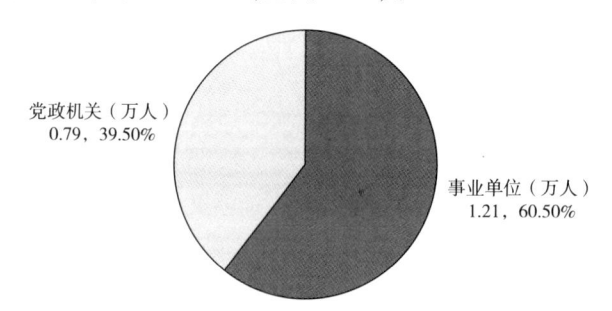

图6-6 贵州省2018年党政机关与事业单位信息化人才规模

2. 信息技术大类教师人才分布

2018年，贵州省小学、初中信息技术大类教师规模占比分别为33.02%、29.72%，义务教育阶段人才规模占比为62.74%，是信息技术类教师的主体；分布在高中、中职以及高校的信息技术类教师规模较小，占比分别为15.09%、9.91%、7.08%（见图6-7）。

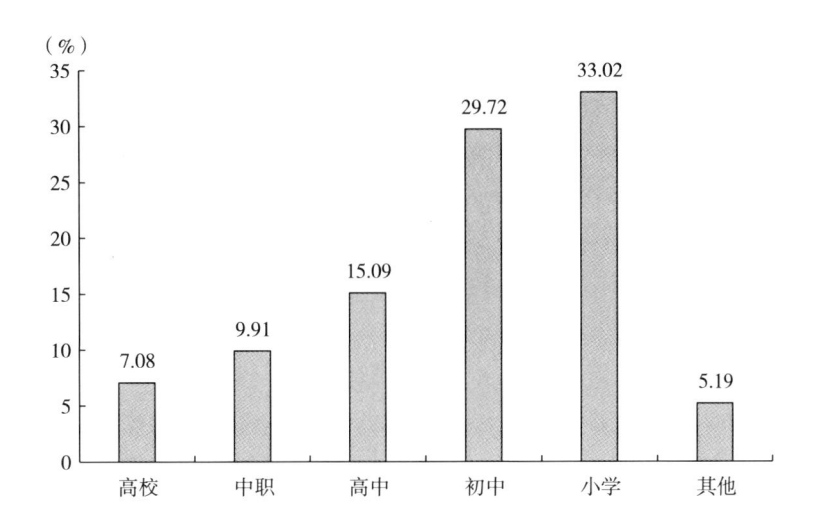

图6-7 贵州省2018年各级各类学校信息技术大类专任教师规模

（三）企业信息化人才分布

1. 第三产业信息化人才规模

2018年，第一、第二、第三产业信息化人才规模分别为0.42万人、3.32万人和5.76万人，规模占比分别为4.42%、34.95%、60.63%（见图6-8）。贵州省企业信息化人才在第一、第二、第三产业的分布上呈递增状态，第一产业人才规模最小，企业信息化人才主要集中在第三产业。

2. 第三产业信息化人才占从业人员规模

2018年，第一、第二、第三产业从业人员与第一、第二、第三产业信息化人才规模的比值分别约为300∶1、114∶1、70∶1，第三产业信息人才占从业人员规模比重相对较高，但与贵州省产业数字化融合标杆企业（30∶1）相比，仍然存在明显差距。

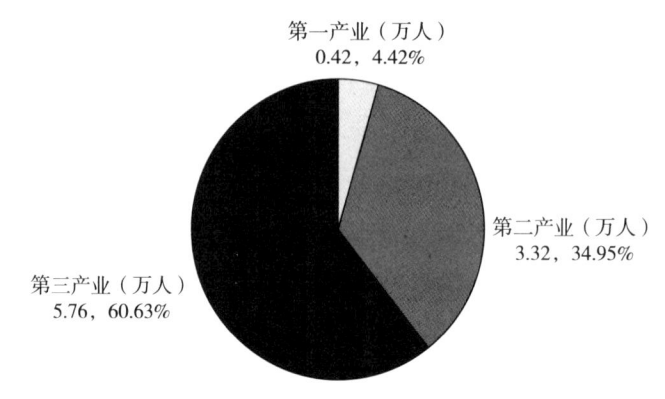

图 6-8 贵州省 2018 年企业信息化人才规模

第四节 贵州省数字经济人才需求分析

数字经济人才是推进贵州大数据战略行动、推动数字产业化与产业数字化的引领性力量，为此，贵州省应切实做好人才需求分析，不断提高数字经济人才引进、培养和使用的匹配度，发挥出资源合力优势。

一 总量需求分布状况

抽样调查数据显示，2019 年贵州省数字经济人才缺口率为 26.54%。其中，数字产业化人才需求规模约为 6.25 万人，占比为 54.02%；产业数字化人才需求规模为 5.32 万人，占比为 45.98%（见图 6-9）。数字产业化人才缺口相对较大，应着力化解数字人才供需矛盾。

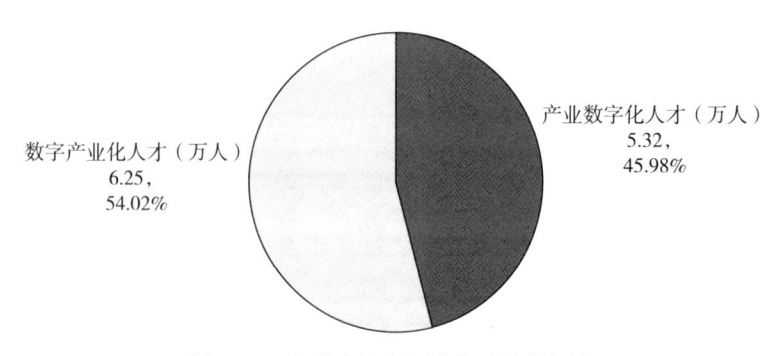

图 6-9 贵州省数字经济人才需求规模

二 数字产业化人才需求状况

(一) 总体分布

1. 类别分布

调查数据显示,贵州省数字产业化专业技术人才需求量为2.65万人,占比为42.40%,经营管理人才需求占比29.60%,技能人才需求占比28.00%(见图6-10)。专业技术人才的需求量远远高于经营管理和技能人才的需求量,占比最高。

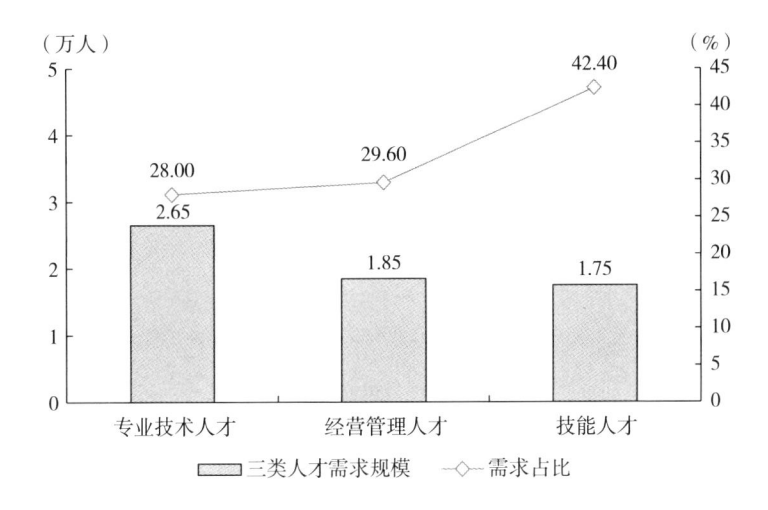

图6-10 贵州省数字产业化三类人才需求规模

2. 体制分布

调查数据显示,贵州省非公有制领域对数字产业化人才的需求最大,规模为5.2万人,占比为83.20%;公有制领域对数字产业化人才的需求为1.05万人,占比为16.80%,其中,国有企业需求占比为14.20%,事业单位和市直机关需求占比为2.60%(见图6-11)。非公领域对数字产业化人才的需求占比最大,国有企业其次,最低的是事业单位和市直机关。

3. 学历分布

调查数据显示,贵州省数字产业化人才对博士研究生和硕士研究生的需求量为0.40万人,占比为6.54%;对学历要求大学本科、大学专

公有制领域：国有
企业（万人）
0.89，14.20%

其他（万人）
1.05，16.80%

公有制领域：事业单位
和市直机关（万人）
0.16，2.60%

非公有制领域（万人）
5.2，83.20%

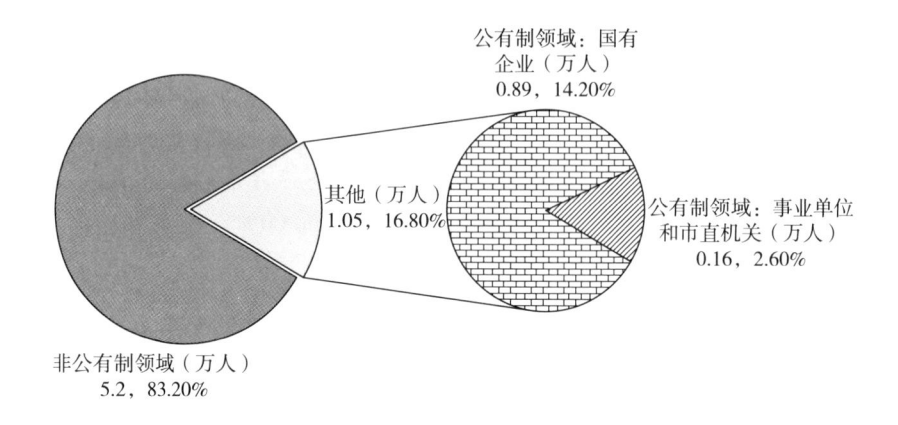

图6-11 贵州省数字产业化人才需求体制分布

科的分别为2.91万人、2.93万人，占比分别为46.56%、46.90%（见图6-12）。贵州省数字产业化人才对本科学历与大学专科学历的岗位需求规模基本持平，且需求量较大。

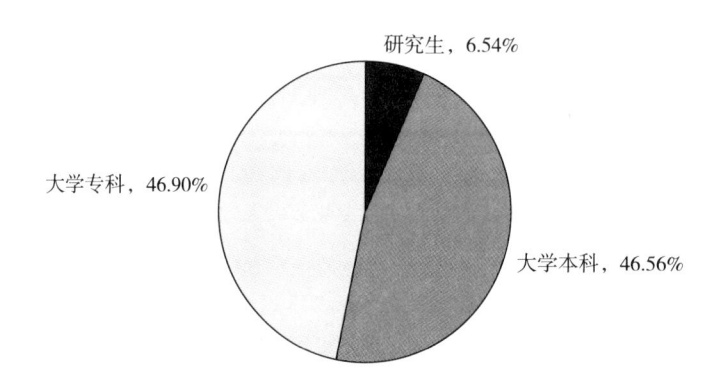

研究生，6.54%

大学专科，46.90%

大学本科，46.56%

图6-12 贵州省数字产业化人才需求学历结构

4. 年龄分布

调查数据显示，贵州省数字产业化人才对35岁及以下年龄阶段的需求规模为5.4万人，占比为86.35%，岗位年龄需求在35岁及以下的规模占比高于在岗人才；对36岁及以上年龄阶段的需求占比为13.65%（见图6-13），相较于对35岁及以下年龄阶段的需求规模小，贵州省极力推进数字产业化人才的年龄分布呈现年轻化趋势。

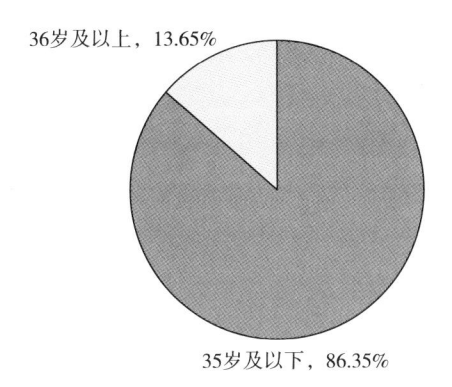

图 6-13 贵州省数字产业化人才需求年龄结构

5. 薪酬分布

调查数据显示,贵州省用人单位对所需的数字产业化人才岗位提供的年均薪酬约为 10.78 万元,比 2018 年贵州省全行业平均薪酬高出约 40%。

6. 地区分布

调查数据显示,贵州省数字产业化人才需求位居前三的市(州)依次为贵阳市、铜仁市、贵安新区,需求规模占比分别为 45.61%、24.31%、11.47%(见图 6-14),累计占比达到 81.39%,贵阳市整体需求规模最大。

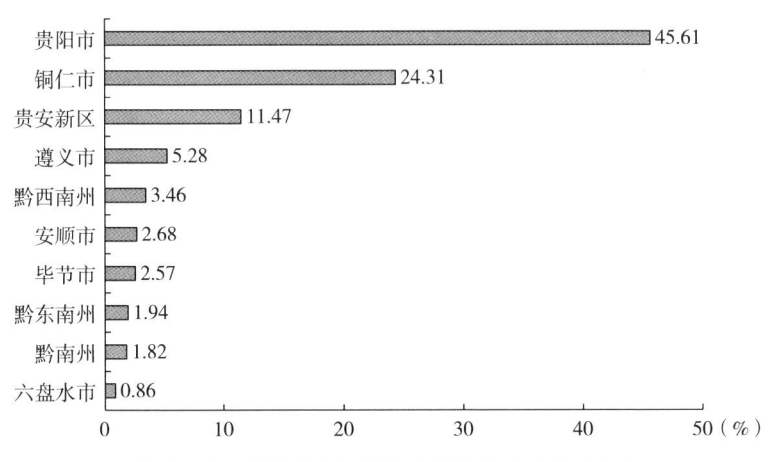

图 6-14 贵州省各地区数字产业化人才需求分布

(二)数字产业化专业技术人才需求状况

1. 学历分布

调查数据显示,贵州省在数字产业化专业技术人才需求岗位的学历分布方面,对大学本科学历需求量最大,需求规模高达54.11%,远高于对研究生的需求占比;对大学专科学历的需求量次之,需求规模占比为37.03%;对硕士研究生和博士研究生的需求规模较小,需求规模占比共计8.66%(见图6-15)。岗位需求研究生、本科学历的规模占比超过在岗研究生人才(3.13%)、本科学历人才(47.36%)。

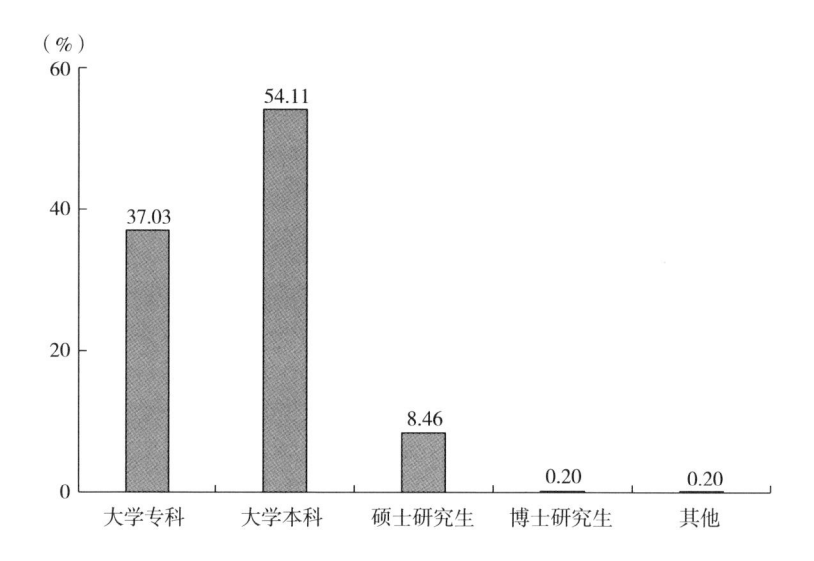

图6-15 贵州省数字产业化专业技术人才学历需求分布

2. 薪酬分布

调查数据显示,贵州省数字产业化专业技术人才需求岗位中提供年薪10万—20万元的规模占比为30.27%,20万元以上规模占比为9.66%(见图6-16),两者合计占比为39.93%,在省内吸引人才方面具备竞争力。

(三)产业数字化人才需求状况

1. 产业分布

调查数据显示,贵州省产业数字化人才需求规模总量为5.32万人,

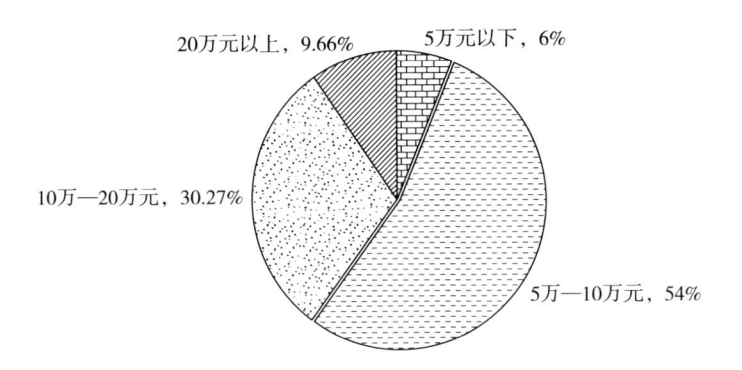

图 6-16 贵州省数字产业化专业技术人才薪酬分布

在产业数字化分布方面,第三产业的产业数字化人才需求规模占比为85.79%,第二产业和第一产业的需求规模占比分别为11.87%和2.34%(见图6-17),第一、第二产业需求规模相对较低。

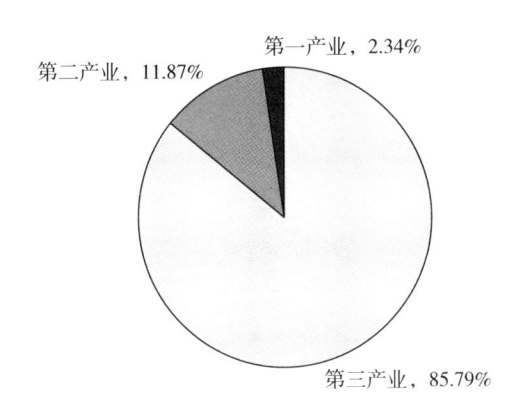

图 6-17 贵州省产业数字化人才分布

2. 学历分布

调查数据显示,贵州省产业数字化人才需求中要求大学本科学历的岗位规模占比为61.58%,要求大学专科学历的岗位规模占比为27.59%,要求研究生的岗位规模占比为7.40%(见图6-18),人才需求的学历要求主要集中在大学本科层次。

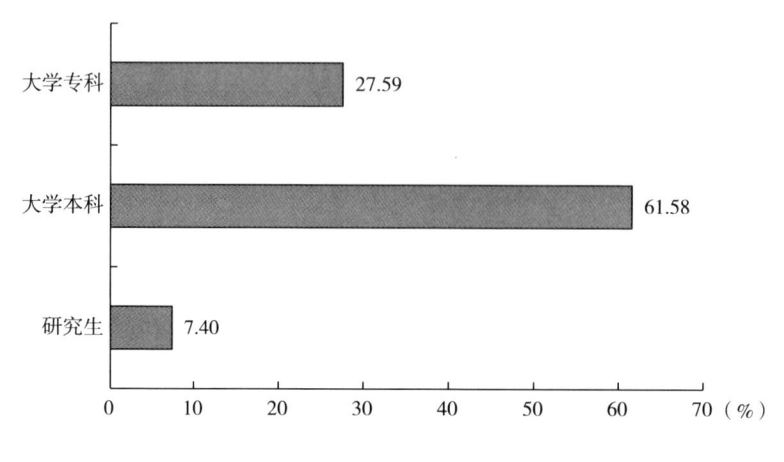

图 6-18 贵州省产业数字化人才岗位需求学历结构

3. 薪酬分布

调查数据显示,贵州省产业数字化人才需求岗位提供的薪酬在每年10万元以上、5万—10万元的占比分别为33.81%、63.28%（见图6-19),产业数字化人才岗位提供的薪酬主要集中在5万—10万元。

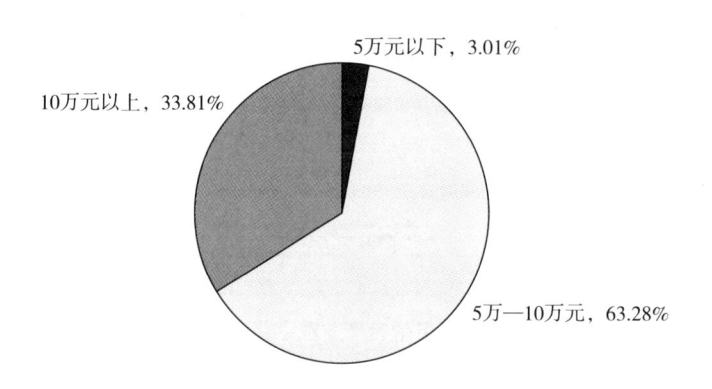

图 6-19 贵州省产业数字化人才需求岗位薪酬分布

第五节 贵州省数字经济人才供给现状

党的十九大报告明确提出：必须坚持质量第一、效益优先,以供给侧结构性改革为主线,推动经济发展质量变革、效率变革、动力变革,提高全要素生产效率,着力加快建设实体经济、科技创新、现代金融、人力资源协同发展的产业体系。数字经济作为推动产业变革的新业态,更需要有效人才供给的支撑。自2015年国家层面对数字经济的高度关注以来,各省市逐年强化对数字经济人才的供给侧改革,数字经济人才队伍飞速壮大。

2019年人社部、市场监管局、统计局等三部门联合发布了13个新职业,其中10个与数字经济发展直接相关,包括人工智能工程技术人员、大数据工程技术人员、云计算工程技术人员、物联网工程技术人员、数字化管理师、物联网安装调试员等。但从数字经济发展对人才的实际需求看,人才仍是制约数字经济快速发展的主要因素,各省市着力为提升本地区的数字经济发展质量,相继加大了对数字经济人才的争夺力度,深化人才供给侧改革也成为各省市研究的重要课题。

一 政策支持不断提升

(一)数字经济的产业政策不断优化

1. 战略机遇

2015—2016年,党中央、国务院相继出台《关于印发促进大数据发展行动纲要》《国家信息化发展战略纲要》《关于促进移动互联网健康有序发展的意见》《关于深化制造业与互联网融合发展的指导意见》等一系列政策文件,推动国家大数据战略全面实施,规范数字经济有序发展,推进政务信息资源共享;2017年,数字经济首次写入政府工作报告,党的十九大报告指出:"加快建设制造强国,加快发展先进制造业,推动互联网、大数据、人工智能和实体经济深度融合",将数字经济上升为国家战略,成为深化供给侧结构性改革、加快制造强国和网络强国建设的重要举措。自2016年以来,国家相继设立了贵州、京津冀、珠三角等8个国家大数据综合试验区,围绕数据资源管理与共享开放、数据中心整合、数据资源应用、数据要素流通等重点方向开展系统性试验。

2. 国家数字经济发展环境

"十三五"以来,工信部、农业部、教育部、交通部、卫健委、人社部等多个部门先后出台了关于大数据产业规划、农业农村大数据行动、教育信息化2.0行动"互联网+交通""互联网+健康""互联网+人社"等各行业各领域的数字经济规划、行动方案、重点工程与指导意见。其中，工信部发布《大数据产业发展规划（2016—2020年）》，支持建设了5个国家新型工业化产业示范基地（大数据），全面部署"十三五"时期大数据产业发展工作；国家发改委在《关于2018年国民经济和社会发展计划执行情况与2019年国民经济和社会发展计划草案的报告》中提出，2019年，将加快建立数字经济政策体系，制定实施新时期"互联网+"行动，建设人工智能创新应用先导区，持续推进大数据综合试验区建设等，将为数字经济发展提供重要政策支撑。据不完全统计，全国各地陆续出台了多项大数据规划、指导意见等政策文件，为全国数字经济的发展提供了有力的制度保障。在国家相关部委和各级政府共同推动下，大数据产业区域布局持续优化，示范引领效应正在显现。

3. 贵州省数字经济发展环境

2014年，贵州省出台了《贵州省信息基础设施条例》，成为国内第一部信息基础设施地方性法规；2016年印发《贵州省大数据发展应用促进条例》《关于实施大数据战略行动建设国家大数据综合试验区的意见》等"1+8"系列文件，形成大数据发展的"3445334"的总体发展思路，明确描绘了贵州省大数据产业发展蓝图；2017年印发《贵州省关于推动数字经济加快发展的意见》《贵州省数字经济发展规划（2017—2020年）》《贵州省"十三五"信息化规划》，率先从省级层面出台的关于推动数字经济发展的意见，明确了贵州省数字经济发展的基本思路和发展目标，到2020年，数字经济主体产业增加值年均增长20%以上，数字经济增加值占地区生产总值的比重达到30%以上。贵阳大数据交易所成为全国首个大数据交易平台，贵州省人民政府成立大数据发展管理局，着力推动大数据产业发展。贵州省牢牢把握了数字经济的先发优势，推动数字经济实现快速发展。

4. 贵州省各市州政府发展创新

在市州层面，贵阳市率先出台了《关于以大数据为引领加快打造创新型中心城市的意见》《关于加快建成"中国数谷"的实施意见》等指导性文件，制定了政府数据资源管理、数据共享、数字安全管理等方面的政策规范，黔东南州、铜仁市、贵安新区、毕节市、遵义市等先后出台了大数据产业发展规划、大数据产业发展行动方案、大数据融合发展实施考核方案等一系列政策措施；贵阳国家高新区、开阳县等区县政府发布了大数据产业发展的重点工程与产业行动计划，市州政府与区县政府实现联动，各级政府在推动大数据产业发展方面亮点纷呈。

(二) 数字经济的人才配套政策逐步完善

1. 国家层面数字经济人才配套政策

2016年，工信部印发《软件和信息技术服务业发展规划（2016—2020年）》，提出了创新大数据人才培养，实施大数据人才的优先发展战略，加快建设满足产业发展需求的大数据人才队伍。2017年，工信部发布《大数据产业发展规划（2016—2020年）》，人社部发布《关于印发"互联网+人社"2020行动计划的通知》，全面部署了大数据人才的培养和人才队伍的建设。

2. 贵州省级层面数字经济人才配套政策

近年来，贵州省积极对接国家大数据人才培养高级研修班、大数据急需紧缺人才培养项目，充分利用国家产业政策与人才政策资助数字经济人才优先发展；先后出台了《贵州省关于推动数字经济加快发展的意见》《贵州省数字经济发展规划（2017—2020年）》，明确提出加大数字经济人才引进力度、培育力度，强化数字经济人才基础保障。2017年贵州省瞄准大数据在"聚、通、用"中的关键技术瓶颈，面向全球发布了首批大数据技术榜单，面向全球"招才引智"，形成"战略、人才、项目、平台、转化""五位一体"的创新格局。

3. 贵州省各市州专项人才政策

贵阳市为推进大数据产业专业技术人才发展，印发《贵阳市关于加快大数据产业人才队伍建设的实施意见》《贵阳市大数据产业人才专业技术职务评审办法（试行）》，加快对大数据产业人才队伍建设的指导；制订了高校大数据人才培养奖励办法和大数据"十百千万"专业人才培养计划，系统推进大数据产业人才培养，各市（州）累计出台大数据人才政策相关文件30余部，各类专项大数据人才政策目的明确，推陈出新，促进数字经济人才供给能力不断提升。

二 数字经济聚才平台建设

(一) 招商引资平台

贵州省以创新创业平台为重要抓手,通过举办数博会、大数据创新大赛、组建专家委员会、建设大数据人才云平台、打造大数据人才基地等形式广泛聚集人才;坚持以立足"产业聚人才、引领产业育人才、做强产业留人才"为导向,相继引进富士康、阿里巴巴、惠普、微软、腾讯、京东、百度、浪潮等一批国内外知名企业来贵州发展,并培育打造出一批全国性的本土标杆企业,货车帮、朗玛、财富之舟三家企业集聚人才超过7000名,逐渐形成人才引领产业、产业集聚人才的良性循环。同时,在贵州省创建5个数字经济示范小镇,10个数字经济示范园区,10个数字经济示范景区,10个数字经济示范企业,促进各数字经济领域创新性集聚;开展大数据安全靶场、无人驾驶实验、区块链试验以及FAST大数据分析应用试验等重大改革创新,促进数字经济基础研究人才聚集。

(二) 科研平台

近三年来,贵州省先后发起、成立并获批了大数据国家工程实施室、国家统计大数据研究院、贵州省大数据精准医学实验室、贵州省公共大数据重点实验室、贵州省电子大数据重点实验室、贵州省信息与计算科学重点实验室、自由行大数据联合实验室、贵科大数据研究院等大数据科研平台,发起或设立了国家技术标准(贵州大数据)创新基地、贵州省大数据人才基地、大数据与物联网工程人才基地等,科研与人才集聚平台不断丰富。通过"提升政府治理能力大数据应用技术国家工程实验室""大数据协同安全技术国家工程实验室""贵州省公共大数据重点实验室"等28个重点科研平台,采取柔性引进与刚性引进相结合的方式,吸引一批大数据高层次人才到贵州发展。华为七星湖数据存储中心、腾讯贵安七星绿色数据中心、阿里云全球技术备案和技术支持中心、苹果亚洲数据中心,在集聚大数据人才、助力大数据成果转化与服务区域经济发展方面实现双赢。

(三) 全球引才平台建设

贵州省创新探索"智力收割机"模式,通过在国外设立外派机构的形式,吸引全球大数据人才。截至2018年,为汇聚全球大数据英才,贵州省分别在印度班加罗尔、美国硅谷、俄罗斯莫斯科三个城市设立了"云上贵州（班加罗尔）大数据协同创新中心""贵州大数据（伯克利）创新研究中心""贵阳高新（莫斯科）创新中心"，为积极汇聚、大力引进、柔性使用全球大数据高端智力服务贵州发展，提供专项服务便利。

三 自主供给能力

（一）高校人才供给能力

截至2018年，贵州省57所高校中信息技术大类专业在校生规模为8.67万人，2018年毕业生约为2.50万人，是贵州省数字经济专业技术基础人才供给主要渠道；贵州省132所中职院校信息技术大类专业在校生规模约为8.30万人，2018年毕业生约为2.80万人，是推动数字经济技能人才队伍供给的主力军。近两年来，省内13所高校获教育部批准开设"数据科学与大数据技术"专业，国家统计局共建大数据统计学院落户贵州财经大学，省内5所大学相继开设大数据研究生相关专业，与清华大学合作开设大数据全日制硕士研究生贵州班落户贵阳市高新区，贵州理工学院·阿里巴巴大数据学院、华为大数据学院实现招生2680人，贵州省高校不断深化数字经济人才培养的供给侧改革，增设、强化相关学科与专业建设，人才供给层次与质量不断提升，人才供给能力逐步增强。

（二）多主体参与人才培养

贵州省大力实施大数据"千人培养计划"项目，依托贵州省软件园，与国内外一流IT人才培养机构、企业合作，大力引进了NIIT、一览英才、北大青鸟、翼云等省内外知名培训机构，对高校、企业人才进行数据挖掘、数据分析、数据应用等方面的专业培训，2018年培训8000余人次；华为软件行业公共服务平台"华为软件云"投入运行，目前已对208家企业、5家高校750名学生提供了软件开发方面的"双创"服务，市场化人才供给渠道日益增多，为贵州省数字经济产业发展培养了大批专业技术人才和技能人才；成立国家大数据（贵州）综合试验区暨中国国际大数据产业博览会专家咨询委员会，为贵州在推动大数据与行业深度融合、人才培养等方面提供智力支撑；贵州省大数据发展管理局、省人力资源和社会保障厅等省直单位通过组织专题培训班、组织轮训等,加大了对省内在职人员数字经济专业知识的培训力度,推进数字经济人才发展。

除政府平台外,贵州省还充分运用市场化聚才引才平台,包括各类人才招聘网站、人才市场以及第三方人才咨询与服务机构,推进数字经济人才快速汇聚。2018年,依托中国国际大数据产业博览会而举行的贵州省第三届大数据招聘会,吸引了100余家知名大数据相关企业参会,提供了3000个以上人才需求,供大数据行业各类专业人才就业、择业。

(三)创新养育人才方式

贵州省教育厅、阿里云计算有限公司签署合作协议,通过采取"现场教学+在线实验"相结合的方式,为贵阳、遵义、安顺地区记录在档的在校大数据相关专业贫困学生提供免费培训及资格认证考试机会,帮助贫困生获取更多专业知识,为贵州省大数据产业发展储备更多专业人才。同时,为省内贫困区县具有大数据相关专业学历及从业经历的在职人员免费提供线上学习机会与考试资源。截至2018年底,已培训2000人次,进一步帮助大数据相关从业人员深入学习大数据相关实用技能,提升大数据专业知识,以大数据等现代信息技术助力脱贫攻坚,为贵州省数字经济巩固扶贫成果产业输送了大批技能人才。

第六节　贵州省数字经济专业技术人才发展问题

随着贵州省数字经济产业的蓬勃发展,数字经济规模快速扩大,数字经济人才规模逐步增长,人才对数字经济的支撑作用日益显现。但是,贵州省数字经济人才队伍的发展尚面临着诸多问题,这些问题影响数字经济人才队伍的发展壮大。

一　数字经济人才政策机制不健全

(一)政策合力不足

调查数据显示,有28.59%的用人单位认为贵州省的行业发展政策制约了企业人才发展。国家、省、市级政府在推动数字经济产业发展方面出台了系列政策,设立产业发展的专项资金与项目,并在产业政策中设计产业人才发展的路径，促进人才队伍发展壮大。无论是国家层面、省、市州或县级政府层面，数字经济产业专项资金均都不能用于人才队伍建设，所有人才开发资金只能来源于专项人才开发工程，产业发展与人才发展没有形成合力。

（二）配套政策不完善

调查数据显示，有43.87%的企业认为贵州省政府出台的人才引进政策与产业发展不配套，有77.56%的用人单位认为人才政策吸引力不足，有36.06%的用人单位对各级政府部门的人才服务效率的综合评价为一般或不够满意，人才政策对数字经济人才队伍发展的拉动作用偏弱。

（三）政策覆盖面窄

调查数据显示，有59.84%的用人单位不了解或不太了解贵州省、市、县相关的人才政策，各级人才政策宣传力度有待加强；有71.31%的用人单位没有享受过任何人才服务政策，有13.94%的用人单位享受过高层次人才职称评审政策，有12.7%的用人单位享受过高层次人才住房政策，有6.15%的用人单位享受过高层次人才科研服务政策，有7.79%的用人单位享受过高层次人才医疗待遇服务政策，享受过社保医疗、子女上学等服务的用人单位的占比则更低，政策宣传力度不足，人才政策覆盖受益面窄是制约人才发展的主要问题之一。

二 数字经济人才供需不匹配

（一）数字经济专业技术人才供需不均衡

近年来，我国大数据产业发展进入爆发期，由于成熟的人才培训体系尚未建立，直接导致人才短缺的问题日益突出。2018年，中国数字经济规模预计为32万亿左右，占全国GDP总量的36%左右，数字经济快速发展，导致数字经济人才争夺日趋激烈。2018年全国数字经济大学毕业生人数约为60万人，中职毕业生约为80万人，而2018年数字经济人才需求总量约为180万人，约有50%的毕业生毕业后未从事本专业相关领域，这使人才缺口超过80万人。充分就业后的缺口为30万人；这一供给与需求缺口现状，导致全国数字经济领域人才争夺更加激烈。

(二) 自主教育培养供给不足

调查数据显示，有54.1%的用人单位认为贵州省内人才培养和供给能力不足，是导致数字经济产业技术人才需求紧缺的主要原因。贵州省2018年数字经济领域大学毕业生为0.8万人，中职毕业生为2.8万人，抽样数据显示数字经济类大学毕业生留在省内工作的约为60%、中职毕业生留在省内工作的约为50%，实际有效的省内人才培养供给约为2万人，2019年贵州省数字产业化人才岗位需求量为6.25万人，缺口较大，省内教育自主培养供给不足，是制约人才需求的主要障碍。

(三) 用人单位培养意识淡薄且需求不理性

调查数据显示，对人才个性化服务不足（29.51%）、薪酬水平偏低（22.13%）、成长与发展机会偏少（18.85%）、单位福利差（14.34%）、单位文化吸引力不足（13.93%）、单位发展前景不明（10.66%）等因素是导致人才流失的内部原因；在人才发展方面，有64.34%的用人单位没有设立人才培养发展机构，有59.43%的用人单位没有书面或正式的培训计划或制度，用人单位自主培养意识偏弱，人才成长与发展机会偏少。在50家用人单位提供的技能型人才岗位中，有29.41%的岗位需要研究生学历，说明部分企业对人才需求学历要求缺乏理性；其次，有34.51%的用人单位提供的岗位薪水低于市场平均薪酬的20%以上，远低于市场平均水平的薪酬对人才求职产生挤出效应；有39.34%的用人单位只招聘有工作经验的人才，不招收应届毕业生，用人单位"重引进轻培养"的用人观也是导致部分岗位出现空缺的主要原因。

三 数字经济人才发展环境亟待完善

(一) 宏观留才环境效果不佳

人才资源流动是经济市场配置的结果。调查数据显示，有70.9%的用人单位受人才严重流失问题困扰，有52.86%的数字经济人才流向省外，有15.16%的用人单位对人才流失没有很好的应对措施；究其原因，除人才政策与产业政策制约外，地域偏（42.21%）、本地本行业薪酬待遇偏低（30.33%）、本地本行业发展态势不明（20.49%）等因素是导致人才流失的主要外部因素，留才的宏观环境有待改善。

（二）生活环境缺乏吸引力

调查数据显示，在造成人才流失的原因中，生活成本高（43.03%）、城市综合环境没有吸引力（30.32%）、医疗资源紧张（16.8%）是导致人才流失的三类主要环境因素；此外，子女入学不便、城市交通不便等也是导致人才外流的因素。

第七章

贵州省文化和旅游领域专业技术人才发展研究

党的十九大报告指出:"我国社会主要矛盾已经转化为人民日益增长的美好生活需要和不平衡不充分的发展之间的矛盾。"社会主要矛盾的变化,实际上反映了随着生活水平和人文素养的不断提升,人们也追求高品质、慢生活的精神乐趣,而旅游作为一种文化活动,其内在的文化元素逐步发展为提升旅游层次和品质的核心要素,促使广大人民群众投身旅游。提升旅游产业的规格层次和内在品质,不仅依赖于秀美的自然风光,而且依赖于悠久历史文化的渲染,即以人文意蕴赋予传统旅游资源新的内涵,开启互促共荣时代新篇。

文化是旅游的灵魂,旅游是文化的载体。在习近平新时代中国特色社会主义思想指引下,随着改革开放的不断深入,社会经济的不断发展,人民生活水平的持续提高,文化和旅游产业进入到快速发展的黄金时代。大力发展文化事业、文化和旅游产业,实现文化和旅游深度融合发展,不仅对经济结构调整、区域经济协调发展、扩大对外开放具有重要意义,同时也是建设富强民主文明和谐美丽的社会主义现代化强国、满足人民群众日益增长的多样化多层次的文化旅游需要、实现全面协调可持续发展的重要内容。推动贵州文化事业、文化和旅游产业繁荣健康快速发展,是协调推进"三大战略"行动、加快产业转型升级、培育新的增长极、提升发展软实力和产业竞争力的重大举措,是促进经济结构调整、发展方式转变和建设多彩贵州民族特色文化强省的内在要求,是优化供给、满足人民群众消费需求、提高人民群众生活质量、开创百

第七章 贵州省文化和旅游领域专业技术人才发展研究

姓富生态美的多彩贵州新未来的重要途径。

在整体把握贵州文化事业、文化和旅游产业任务及现有文化和旅游产业人才支撑情况的基础上，着眼于实现文化和旅游发展目标面临的障碍与困境、人才需求与供给状况，笔者将文化和旅游产业人才分为文化人才与旅游人才两大类，对文化事业、文化和旅游产业发展水平进行了分层抽样，对贵阳市、安顺市、黔东南州、黔西南州四个市（州）主管部门，以及用人单位进行了现场调研和深度访谈，在确保信息的全面性与真实性的基础上，深入了解贵州省文化和旅游人才发展的现状与困难。同时，结合贵州省文化与旅游产业发展统计系统数据、人才资源统计监测平台、网站统计数据、现场问卷调查样本数据、贵州省大中专招生就业的相关数据等，对获取的所有有效信息进行了处理、判断及系统分析。

第一节 研究背景

一 政策背景

目前，贵州省正处于打造文化和旅游强省的黄金时期，面临着诸多的挑战和机遇，文化产业和旅游产业在迅猛发展的同时，也逐渐暴露出文化和旅游人才匮乏、人才结构不够优化、人才供需不协调、人才服务机制不完善等问题。产业持续健康发展，人才是基础，更是保障。全面贯彻落实习近平新时代中国特色社会主义思想和党的十九大及十九届二中、三中全会精神，深入贯彻落实习近平总书记对贵州工作系列指示批示精神，认真贯彻落实中央《关于深化人才发展体制机制改革的意见》《国家中长期人才发展规划纲要（2010—2020年）》《贵州省"十三五"文化事业与文化产业发展规划》《贵州省"十三五"旅游产业发展规划》等文件精神，进一步深化贵州省文化和旅游领域供给侧结构性改革，推进文化和旅游融合发展，切实加强文化和旅游人才队伍建设，为贵州文化事业、文化和旅游产业持续健康发展提供更加坚强有力的人才支撑。

文化和旅游业包括文化业、旅游业以及文化和旅游融合产业。旅游是以休闲、商务等为主要目的的系列活动，相关产业包括住宿和餐饮业、交通运输业、旅游景区业、零售业和娱乐服务业；文化产业是以生产和提供精神产品为主要活动，以满足人们的多样化多层次文化需要作为目标，相关产业包括新闻、出版、广播电视、文化艺术、文物和博物馆、网络文化以及其他文化服务活动。

二　文化和旅游发展形势

自党的十八大以来，以习近平同志为核心的党中央高度重视文化和旅游工作。习近平总书记发表了一系列关于文化和旅游工作的重要论述，全面回答了事关文化建设和旅游发展的一系列方向性、根本性、全局性问题，进一步强化了对文化事业和旅游产业健康发展的科学指导。文化产业和旅游产业作为当今时代发展迅速的两大绿色产业，是新的经济增长极和提升区域竞争力的重要力量，在经济社会发展中起着至关重要的作用。文化产业和旅游产业不仅对经济结构调整、区域经济协调发展、扩大对外开放具有重要作用，而且是满足人民群众日益增长的文化需要、提高人民生活水平、构建和谐社会、实现全面协调可持续发展的重要途径。

（一）中国文化产业和旅游产业发展新变化

随着经济全球化和世界经济一体化的深入发展，人民生活水平进一步提高，世界文化和旅游业更是进入快速发展的黄金时代。旅游业是世界经济中发展势头最强劲、规模最大的产业之一，旅游产业对全球经济的增长贡献率超过了10%，其增速连续七年超过全球经济增速，已经成为全球经济增长最快的行业。随着国际旅游者对于文化和旅游目的地的选择日趋多样化，亚太地区已经发展成为游客全球第二的首选目的地，逐渐形成了欧洲、北美、东亚及太平洋地区"三足鼎立"的新格局。世界旅游组织发布的《2030年全球旅游展望研究报告》指出，到2030年，亚太地区将成为新增入境游客最多的旅游目的地，占据世界旅游市场的主要份额，并指出中国到2020年将成为全球第一大旅游目的地。2018年，我国旅游产业对GDP的贡献率达到11.04%，成为全球旅游产业对国家GDP贡献率最高的国家，中国文化产业和旅游产业已经成为国民经济发展的重要支柱产业。

（二）贵州省文化产业和旅游产业发展新态势

1. 贵州省文化和旅游发展的体制机制不断完善

《关于深化文化体制改革的若干意见》《"十三五"旅游人才发展规划纲要》颁布后，贵州省相继出台了《关于推进文化体制改革和加快文化产业发展的若干意见》《贵州省"十三五"文化事业和文化产业发展规划》《贵州省"十三五"旅游产业发展规划》《贵州省全域山地旅游发展规划》等相关文件，以"大文化""大旅游"助推"乡村振兴"为主线，以"文化＋大数据、旅游＋大数据、文化和旅游融合＋大数据"为抓手，深入挖掘贵州省丰富多彩的旅游资源与民族特色文化资源，将重大文化设施建设、基本公共文化设施建设列为"十三五"时期文化建设的重大工程与任务，重点实施文化建设"十大工程"，打造多彩贵州民族特色文化"十大品牌"；围绕建成"国内一流、世界知名的山地旅游目的地"战略定位，深入推进贵州省全域旅游，做大做强"山地公园省，多彩贵州风"大品牌，加强文化和旅游公共基础设施建设，实施重点文化建设工程，打造贵州民族特色文化和旅游品牌，贵州省文化产业和旅游产业发展体制机制、基础设施得到不断完善。

2. 文化和旅游产业快速增长

近三年来，贵州省文化休闲娱乐业、文化艺术服务业、广播电视服务业等文化相关产业保持10%以上的年均增速增长；贵州省4A级景区突破100家，旅游产业持续井喷，贵州省旅游总人数达到9.6亿人次，同比增长30.2%，实现旅游总收入9471.03亿元，同比增长33%，接待旅客人数排名全国第一，旅游收入排名全国第四。文化产业和旅游产业已成为贵州省经济发展的战略性、支柱型产业。

（三）贵州省文化产业和旅游产业面临的新任务

1. 文化和旅游发展带来的新挑战

随着人们对文化和旅游消费需求的增加，贵州省已逐步从传统景区与文化古迹建设为主导发展，转变为全域文化和旅游目的地建设为主导，"文化＋旅游"的不断融合发展，使得健康产业、体育产业、文化创意、休闲娱乐、会展商贸、设备制造、教育研学等丰富的新型业态渐成规模，文化产业和旅游产业正在按主题公园、红色旅游、影视旅游、节庆旅游、民族文化旅游、民俗风情旅游、遗址旅游等进一步细分，省内主题公园正在形成以区域性、地方性市场为主的垂直分工，文化和旅游小镇建设成为贵州省新时期文化产业和旅游产业发展的一个重要领域。文化和旅游产业升级发展给贵州省文化产业和旅游产业人才带来了新的机遇与挑战。

2. 文化和旅游人才争夺战制约产业发展

随着旅游业的快速发展，专业技术人才的需求规模大幅增长。旅游团队领队、旅行社计调、旅游咨询员、休闲农业服务员等成为旅游业新型职业，优秀的领队、导游、产品经理、咨询顾问等成为争相抢夺的对象，其中以资本驱动的互联网文化和旅游公司跨界竞争，使文化产业和旅游产业复合型人才一将难求。文化领域产品设计与创新、文化资源挖掘、文化创意设计、文化产品经营与推广等人才的缺乏，使文化和旅游产业人才成为了全国各类型文化产业争相招揽的对象。在人才争夺日趋激烈的背景下，如何解除人才危机、稳定和保留现有优秀人才、推进传统文化和旅游人才转型升级发展，是贵州省文化产业和旅游产业快速发展面临的主要挑战。

3. 贵州省文化和旅游人才队伍需要新担当

从贵州省文化和旅游人才队伍内外部环境来看，一方面贵州省文化和旅游人才队伍不断呈现出规模增大、素质提升、结构优化的发展态势，人才队伍内部竞争日趋激烈；另一方面随着经济社会不断发展，人民对文化和旅游消费需求的规模与质量快速提升，客观上也对文化和旅游人才队伍提出了更高要求。同时，完善公共文化服务体系和旅游公共服务体系、加强文化艺术创作生产、优化文化和旅游资源配置，促进脱困地区群众就业增收等任务，对文化和旅游人才的专业素养、综合能力等方面提出新挑战。人才发展与社会需求紧密衔接，加快推动文化和旅游人才体制机制创新，破除人才发展瓶颈和障碍，则变得更为紧迫。

第二节 研究综述

一 文化和旅游产业发展相关研究

文化产业和旅游产业是我国国民经济重要的战略性新兴产业，对经济社会发展的带动作用越来越显著。但目前文化产业和旅游产业面临着诸多困境，如翁钢民、李凌雁认为我国旅游与文化产业发展水平并不均衡，融合发展的耦合协调程度总体偏低，两极分化严重，空间集聚性明显，东南沿海为融合程度较高的增长极，旅游与文化产业都得到了较好的发展，而西部地区融合水平偏低，亟待进一步发展，且产业效率有待提高[1]。而"文化+旅游"产业融合能够显著提升两大产业的效率水平，但其对文化产业和旅游产业效率提升的作用效果却存在非对称性，冲破制度路径依赖与技术路径依赖的束缚，形成新的路径创造，才是实现文化产业效率解锁与效率变革的核心所在[2]。

随着社会经济发展、地方经济结构的调整以及都市圈、区域一体化发展战略的推进，传统的旅游和文化方式正在被悄无声息地改变着。张明之、陈鑫打破固有思维模式，突破了当前的行政区划的界限，提出"全域文化+全域旅游"的产业融合发展的新模式。"全域文化+全域旅游"是旅游产业发展的一种新的商业模式，其核心的盈利要素是全域文化，模式运行的平台是全域旅游，销售的产品是附加文化内涵的旅游服务产品，在旅游市场中参与竞争。这一商业模式符合产业融合的基本思路，其盈利模式在于文化的附加值或溢价成为旅游产业链重要的驱动力[3]。文旅融合的发展态势逐渐成为创新发展的重要经验，更是成为经济社会发展的战略选择；融合发展对产业结构优化、竞争力提升和市场结构、企业组织结构以及区域空间结构产生"1+1>2"的协同倍增效应[4]，更是将文化和旅游产业人才聚集、融合发展提上日程。

二 文化和旅游人才相关研究

旅游业作为服务型行业，以服务形式表现产品是其最大特色，而人是链接消费者和旅游产品、服务的关键纽带，是旅游服务提升和产品创

---

[1] 翁钢民、李凌雁：《中国旅游与文化产业融合发展的耦合协调及空间相关分析》，《经济地理》2016年第1期。

[2] 黄蕊、徐倩：《产业发展的效率锁定与效率变革——基于"文化+旅游"产业融合视域》，《江汉论坛》2020年第8期。

[3] 张明之、陈鑫：《"全域文化+全域旅游"：基于产业融合的旅游产业发展模式创新》，《经济问题》2021年第1期。

[4] 潘海岚：《〈西南民族地区文化产业与旅游产业融合发展研究〉简介》，《云南民族大学学报》（哲学社会科学版）2020年第4期。

新的源泉，是"人才兴旅"战略得以顺利实施的重要保障。刘佳等[1]通过借鉴结构偏离度计算方法与模型，以中国东部沿海地区11省域为例，分别从空间分布与产业部门两大角度共同测算分析旅游人才结构差异与演化态势，发现中国东部沿海地区的旅游人才空间与行业分布皆呈现偏离、区域分布不均、产业部门间存在差异，进而对当地旅游经济增长产生了不同影响。同时，文中还提出实行"梯度推移"策略，引导旅游人才向欠发达地区流动，不断推动旅游人才的跨区域合理配置，实现旅游人才空间结构优化、促进旅游人才资源跨部门有效流动与合理配置，充分发挥旅游人才结构优化对沿海地区旅游经济增长的拉动。

区域经济增长是多种影响因素相互作用的结果，其中人才作为知识与技术的核心载体，对区域经济活动发展的影响十分突出。但是，旅游业人才流失现象却是非常普遍，而旅游专业大学生对旅游业的职业态度是旅游业人才流失的重要影响因素。肖华茵、占佳[2]通过分析比较旅游专业大学生的职业期望与实际职业感知的差异，发现旅游专业大学生对旅游行业的工资福利、工作稳定性、培训机会和工作环境等外在职业价值因素的感知评价普遍偏低，与职业期望的差距最大，由此造成的职业心理落差是导致大学生放弃从事旅游业的主导因素。旅游人才职业心理落差大、从业心理基础不牢、职业技能准备不足、行业用人机制不完善等成为人才流失的重要触发点。

三 文化和旅游人才引培育相关研究

当前，文化与旅游产业发展面临着人才规模总量偏小、人才结构不优、高层次人才偏少、人才产业分布不均衡、人才创新创业能力不强、人才对产业发展的贡献与支撑度偏低、文化与旅游人才资源开发投入力度不足、人才开发平台规模偏少且层次不够丰富等一系列问题。为壮大文化和旅游人才队伍建设，在文化和旅游人才引进培养方面，严艳、王樱从专项基金的角度来分析文化和旅游专业人才的培养[3]，认为文化和

---

[1] 刘佳等：《旅游人才结构演化及其对区域旅游经济增长的作用研究——以中国东部沿海地区为例》，《青岛科技大学学报》（社会科学版）2017年第1期。
[2] 肖华茵、占佳：《基于大学生职业态度的旅游业人才流失分析》，《江西财经大学学报》2008年第2期。
[3] 严艳、王樱：《加强文化旅游人才队伍建设》，《中国人才》2015年第15期。

旅游领域的人才培养需要设立人才发展专项资金和旅游发展专项资金，从中列支经费用于开展文化旅游人才培训、竞赛、选拔等活动，建立人才培养示范和实训基地，奖励优秀文化旅游人才。胡建华、喻峰；姜蓝等；魏垚；张海燕等认为文化和旅游领域的专业人才需要靠校企合作以及政府的努力来完成文化和旅游专业人才的培养[①]，要全面渗透旅游文化，培养区域性的高职旅游人才，通过高职教育来培育一批新时代的文化和旅游领域的人才。刘雅婧、杜辉分析了在文旅融合的背景下文旅人才存在的问题并指出在专业人才培养方面要加强专业人才素质能力的培训和提升[②]。

在文化和旅游人才自主开发方面，徐瑞洋认为要保证文化和旅游专业人才的储备力量就要强化旅游人才开发的服务保障战[③]。各企业要从配置、培养、使用、激励等环节，本着增强企业竞争力和可持续发展的原则，整体性开发人才。营造安居乐业的人才氛围，积极发挥人才在推动产业发展中的巨大作用，能有效地开发文化和旅游的专业人才。周江林提出人才开发主要通过引进和培养两种方式，对于高素质的旅游人才，主要以从东部地区和海外吸引为主[④]。

上述研究为贵州省文化和旅游专业技术人才的发展研究提供了思路和方法。但是，由于旅游业的快速发展，对专业人才的需求规模大幅增长。旅游团队领队、旅行社计调、旅游咨询员、休闲农业服务员等成为旅游业新型职业，优秀的领队、导游、产品经理、咨询顾问等成为各大用人单位争相抢夺的人才，加剧了文化和旅游人才的短缺，然而现有文化和旅游人才素质偏低，因此文化和旅游产业人才的素质能力仍需要进

[①] 胡建华、喻峰：《民间文化与旅游人才培养的研究》，《企业经济》2005年第12期。
姜蓝等：《"旅游+"时代旅游人才培养模式探讨》，《合作经济与科技》2016年第2期。
魏垚：《"智慧旅游"背景下高职旅游专业人才培养模式分析》，《人才资源开发》2016年第18期。
张海燕：《在高职旅游人才培养中全面渗透区域旅游文化的思考》，《科教文汇（中刊）》2020年第8期。
[②] 刘雅婧、杜辉：《"旅游+文化"背景下旅游人才培养及教育对策研究——以导游专业人才培养为例》，《旅游纵览（下半月）》2020年第2期。
[③] 徐瑞洋：《基于国际旅游岛战略的旅游人才开发战略》，《中国商贸》2011年第6期。
[④] 周江林：《西部旅游开发与旅游人才队伍建设的几点思考》，《旅游学刊》2003年第S1期。

第三节 贵州省文化和旅游人才发展现状

一 总量状况

(一) 人才规模总量

贵州省文化和旅游相关产业从业人员规模突破百万，相关人才规模已达25.8万人。2018年，贵州省文化和旅游相关产业从业人员总量约为100万人，其中，文化相关产业从业人员总量约为45万人，旅游相关产业从业人员总量约为55万人。文化和旅游人才规模已达25.8万人，2015—2018年，人才规模累计增长67.76%。

(二) 行业分布

1. 文化和旅游人才规模分布

统计数据显示，2018年，贵州省文化人才规模为11.3万人，文化人才规模占贵州省文化和旅游人才规模的比重为43.80%。2015—2018年，文化人才规模累计增长率为7.44%，文化人才规模增长相对缓慢。旅游人才规模为14.5万人，旅游人才规模占贵州省文化和旅游人才规模的比重为56.20%（见图7-1），旅游人才规模在2015—2018年的累计增长率为138.34%，旅游人才规模增长相对较快。

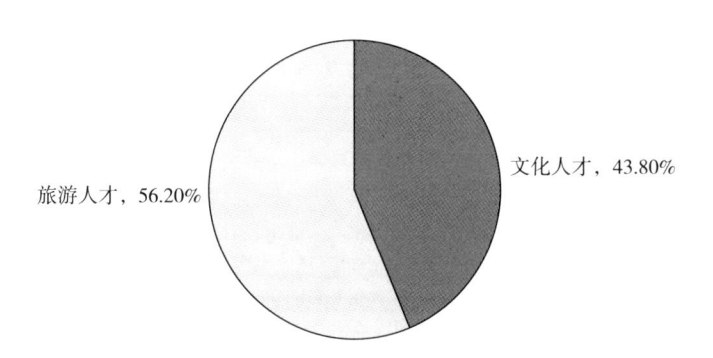

图7-1 贵州省2018年文化和旅游人才规模占比

2. 文化和旅游人才行业分布

2018 年统计数据显示，贵州省文化旅游人才在行业规模分布上，旅游产业人才占比最高，超过文化旅游人才规模的一半，规模 56.20%；文化产业人才规模占比次之，为 27.95%；文化事业人才规模占比最小，为 15.85%（见图 7-2）。

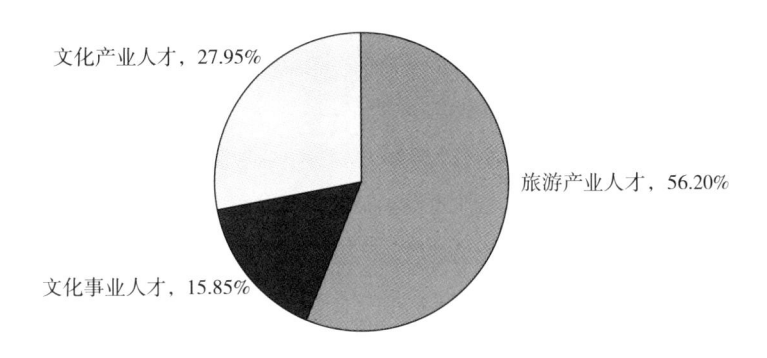

图 7-2 贵州省 2018 年文化和旅游人才行业分布

3. 旅游产业人才分布

2018 年统计数据显示，贵州省旅游人才在相关产业分布方面，旅游人才集中在酒店业，酒店业旅游人才规模占 38.05%；景区人才的旅游人才规模占 35.83%，旅行服务人才规模占 5.67%（见图 7-3），旅行服务的人才规模相对较小。

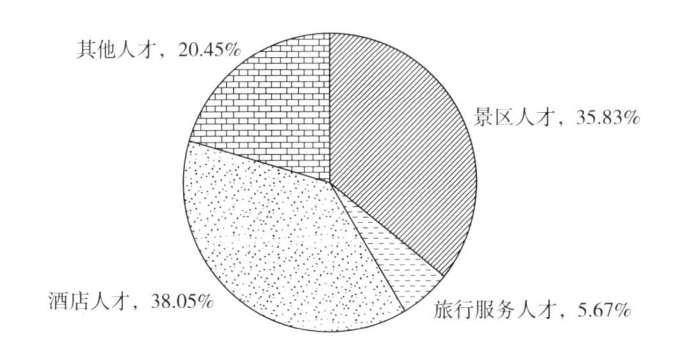

图 7-3 贵州省 2018 年旅游产业人才规模占比

4. 文化事业人才分布

2018年统计数据显示，贵州省在文化事业人才规模分布方面，群众文化事业人才规模占比最高，为39.00%，艺术事业人才规模占比为24.56%，图书馆事业人才规模占比为6.15%，文艺科研人才占比为0.15%，文物事业人才规模占比为14.77%，其中，博物馆人才规模占比相较最高，占比为10.50%，文物行政主管部门人才规模占比为2.14%，文物保护管理机构人才规模占比为1.92%，文物科研机构人才规模占比为0.15%，文物商店人才规模占比为0.06%（见图7-4）。

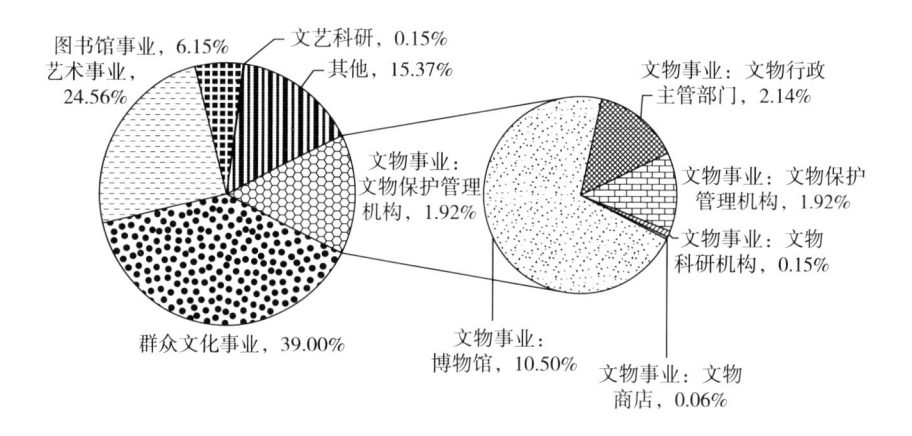

图7-4 贵州省2018年文化事业人才规模占比

5. 文化产业人才分布

2018年统计数据显示，文化产业人才在产业分布方面，文化娱乐业人才规模占比最高，为66.05%，艺术表演人才规模占比最低，为1.36%；文化产品制造业人才规模占比为7.91%，群众文化服务业人才规模占比为5.54%，文化产品批发零售业人才规模占比为4.67%（见图7-5）。文化娱乐业成为文化产业人才的主要聚集行业。

（三）地区分布

统计数据显示，2015年，贵州省文化和旅游人才规模占比排名前三的市（州）分别为贵阳市、遵义市、黔东南州，占比分别为44.52%、15.07%、7.60%，合计占比为67.19%，其中，贵阳市是贵州省传统的文化和旅游人才的主要集聚区域。2018年，贵阳市、遵义

```
文化娱乐业        66.05
文化产品制造业     7.91
群众文化服务业     5.54
文化产品批发零售业  4.67
艺术表演          1.36
其他             14.47
```

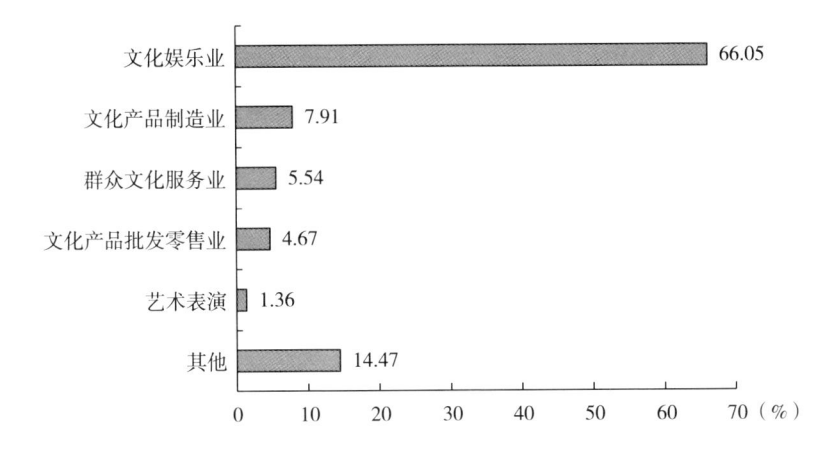

图 7-5 贵州省 2018 年文化产业人才分布

市、毕节市文化和旅游人才规模占比位居贵州省前三，占比分别是 25.14%、18.84%、11.21%，合计占比为 55.19%（见表 7-1）。贵阳市人才规模占比由 2015 年的 44.52% 下降至 25.14%，反映出文化和旅游人才由传统聚集区逐渐向贵州省各市（州）分散，贵州省文化和旅游人才队伍呈现多样化、均衡化、全域化发展态势。

表 7-1 2015 年和 2018 年贵州省各市州文化和旅游人才分布变动

地区	2015 年占比（%）	2015 年排名	2018 年占比（%）	2018 年排名	占比变动（%）	规模排名变化
贵阳市	44.52	1	25.14	1	-25.17	0
遵义市	15.07	2	18.84	2	5.23	0
黔东南州	7.60	3	7.70	7	0.70	-4
安顺市	7.27	4	8.13	6	1.50	-2
毕节市	6.29	5	11.21	3	5.78	2
黔南州	5.95	6	9.19	4	3.95	2
铜仁市	5.51	7	5.67	9	0.60	-2
黔西南州	4.76	8	8.43	5	4.32	3
六盘水市	3.04	9	5.69	8	3.08	1

(四) 类别分布

统计数据显示，2018年贵州省文化和旅游人才在类别分布方面，技能人才规模较大，企业经营管理人才和专业技术人才规模基本持平。经营管理人才、专业技术人才和技能人才规模分别为6.68万、6.36万、12.76万，占比分别为25.89%、24.64%、49.47%（见图7-6）。其中，技能人才规模占比相较于2015年提升了12.99%，增速最快。经营管理人才、专业技术人才规模占比相较于2015年有所下降，分别下降了3.57%和9.42%。

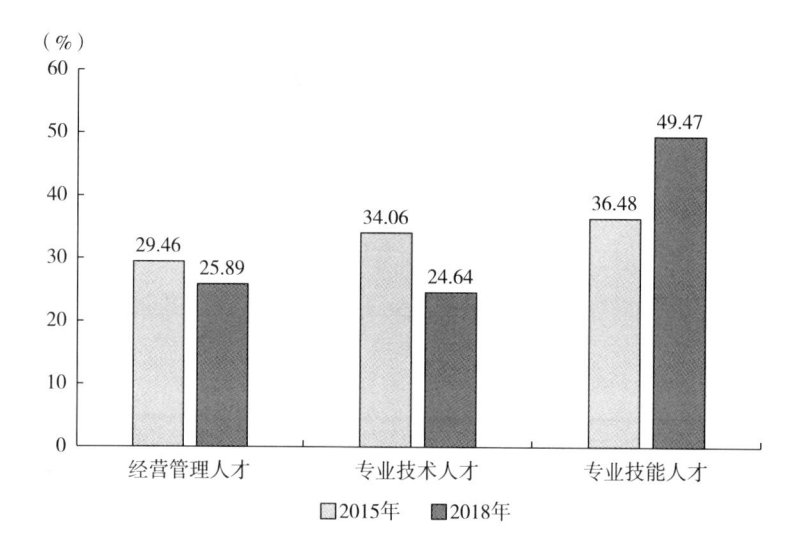

图7-6 贵州省2015年与2018年文化和旅游人才规模

(五) 层次分布

统计数据显示，2015—2018年，中级工及以上的文化和旅游人才规模快速增长，而初级工等基础人才规模占比下降到65.01%。其中，高级工以上的高技能人才规模占比由22.55%提升到27.92%（见图7-7），高技能人才队伍规模不断扩大，已提前达成国家《高技能人才队伍建设规划（2010—2020年）》规划的到2020年全国高技能人才规模占比目标（27%）。

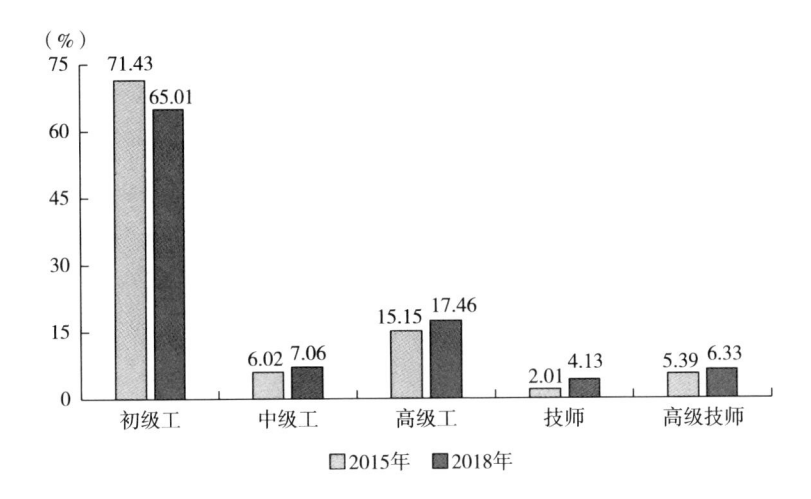

图 7-7 贵州省 2015 年与 2018 年文化和旅游人才层次分布

（六）年龄分布

统计数据表明，2015年，贵州省文化和旅游人才队伍中40岁及以下人才规模占比为62.87%，51岁及以上的人才规模占比为8.76%。2018年，40岁及以下人才规模占比为69.68%，较2015年增长了6.81%，51岁及以上人才规模占比为6.19%，较2015年占比减少2.57%（见图7-8），贵州省文化和旅游人才队伍在年龄结构上进一步呈现年轻化态势。

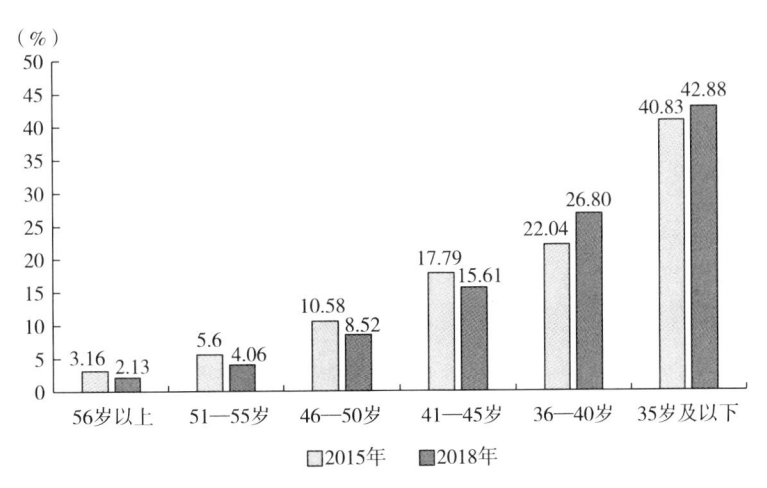

图 7-8 贵州省 2015 年与 2018 年文化和旅游人才年龄结构

(七) 学历分布

统计数据表明，2018 年，贵州省文化和旅游人才队伍中专及以下的人才规模占比从 2015 年的 27.54% 增长至 2018 年的 28.85%；大学专科的人才规模占比由 2015 年的 35.72% 下降到 2018 年的 30.24%；本科及以上的人才规模占比从 2015 年的 36.74% 增长至 2018 年的 40.90%，其中研究生学历和本科学历人才规模占比分别为 2.74%、38.17%，均呈增长趋势（见图 7-9），本科及以上学历的人才规模占比在不断增长，本科及以下学历的人才规模呈下降趋势，反映出贵州省文化和旅游人才队伍学历结构不断优化。

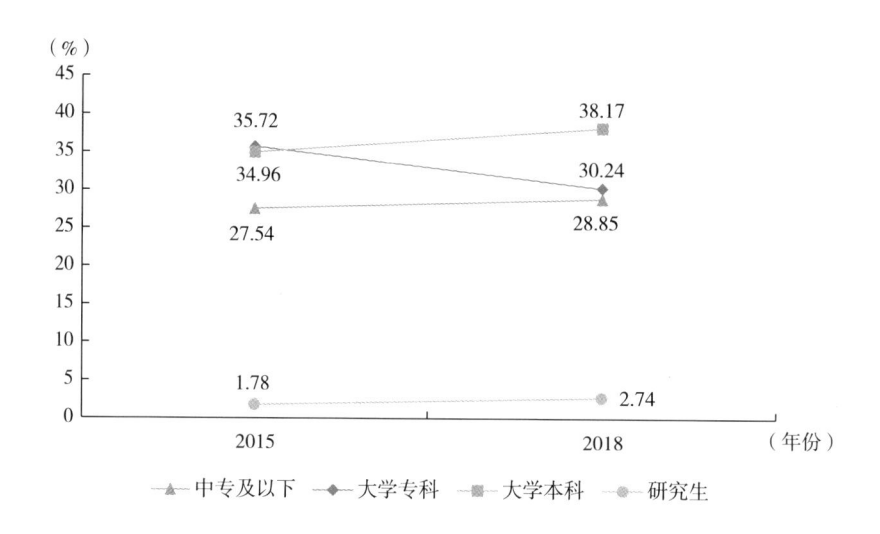

图 7-9　贵州省 2015—2018 年文化和旅游人才学历结构

二　文化和旅游专业技术人才状况

2015—2018 年，贵州省文化和旅游专业技术人才规模从 2.2 万人上升至 6.36 万人，占文化和旅游人才规模的 24.65%，其中文化领域、旅游领域专业技术人才规模占比分别为 40.25%、59.75%，文化和旅游专业技术人才规模总体呈平稳上升趋势。

（一）地区分布

贵州省专业技术人才地区分布数据显示，毕节市、贵阳市、遵义市文化和旅游领域专业技术人才规模占比分别为 22.87%、18.66% 和

14.50%（见图7-10），合计占比为56.03%，专业技术人才队伍区域梯度明显，区域分布呈梯队发展。除贵阳市外，安顺市、黔东南州等传统文化和旅游地区的创新型技术人才规模占比排名靠后，对传统旅游产业的创新支撑能力偏弱。毕节市发展势头迅猛，在全省文化和旅游专业技术人才占比中份额最多，约是安顺市的8倍。

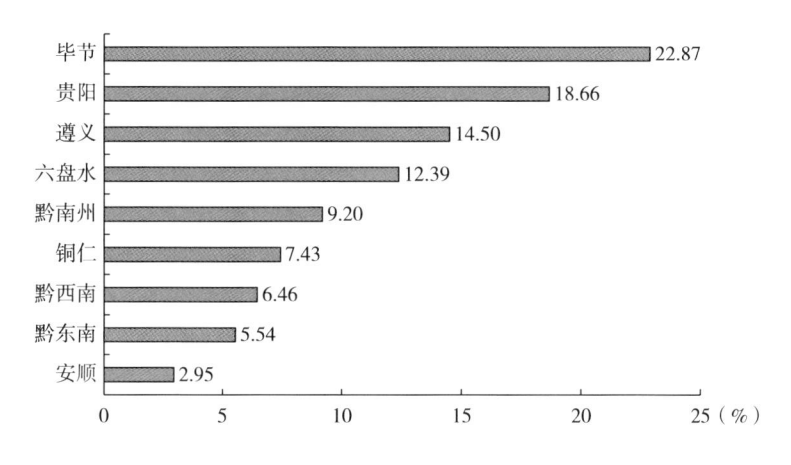

地区	占比（%）
毕节	22.87
贵阳	18.66
遵义	14.50
六盘水	12.39
黔南州	9.20
铜仁	7.43
黔西南	6.46
黔东南	5.54
安顺	2.95

图7-10　贵州省2018年文化和旅游专业技术人才地区分布

（二）年龄分布

贵州省专业技术人才年龄分布数据显示，从总量占比上看，最大的三个年龄阶段分别为35岁以下、36—40岁、41—45岁，其占比分别为50.93%、22.18%、12.11%，40岁及以下占比为73.11%，45岁以上的占比合计14.78%（见图7-11），文化和旅游专业技术人才总体呈年轻化趋势。

（三）学历分布

统计数据显示，2018年贵州省文化和旅游专业技术人才队伍学历水平提升较快，研究生学历人才队伍总量占比由2015年的1.41%增长到2018年的2.93%，增长了1.52%；本科以上学历人才队伍总量占比由2015年的32.66%提升到2018年的35.50%，增长了2.84%（见图7-12）。贵州省文化和旅游专业技术人才本科以上学历人才队伍总量上升较快，整体学历层次水平明显提升。

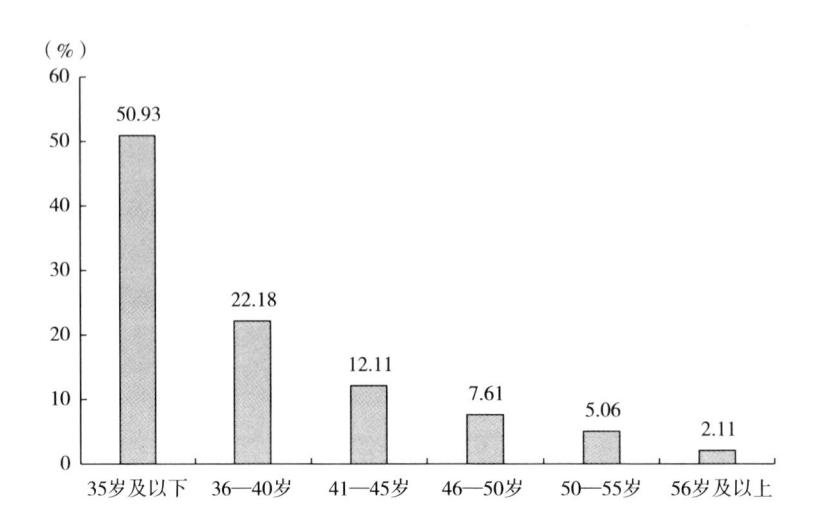

图 7-11 贵州省 2018 年文化和旅游专业技术人才年龄分布

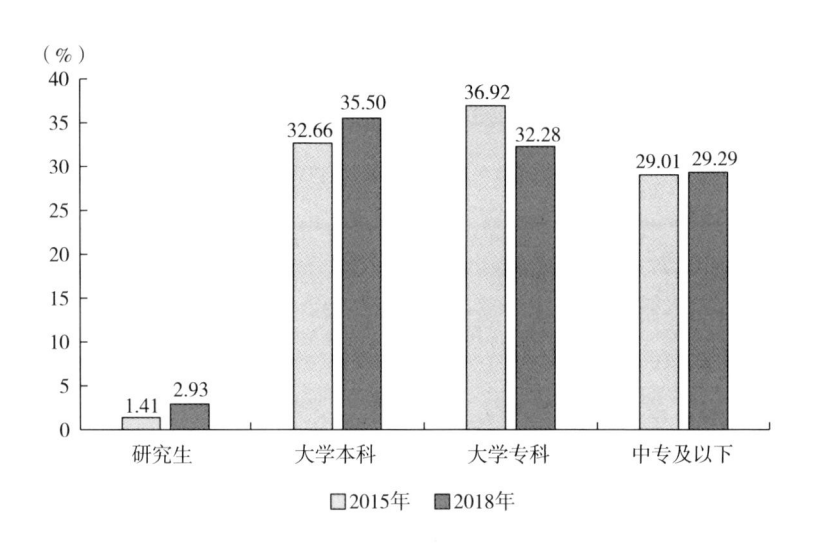

图 7-12 贵州省 2015 年与 2018 年文化和旅游专业技术人才学历分布

(四) 职称分布

统计数据显示，高级以上职称技术人才规模占比从 2015 年的 8.11% 下降到 2018 年的 6.39%，下降了 1.72%；中级职称人才规模占比也有所下降，由 2015 年的 27.51% 下降到 2018 年的 25.29%，下降了 2.22%；初级及其他技术人才规模占比由 2015 年的 64.38% 上升到

2018年的68.32%（见图7-13），贵州省文化和旅游专业技术人才整体层次结构有待优化。

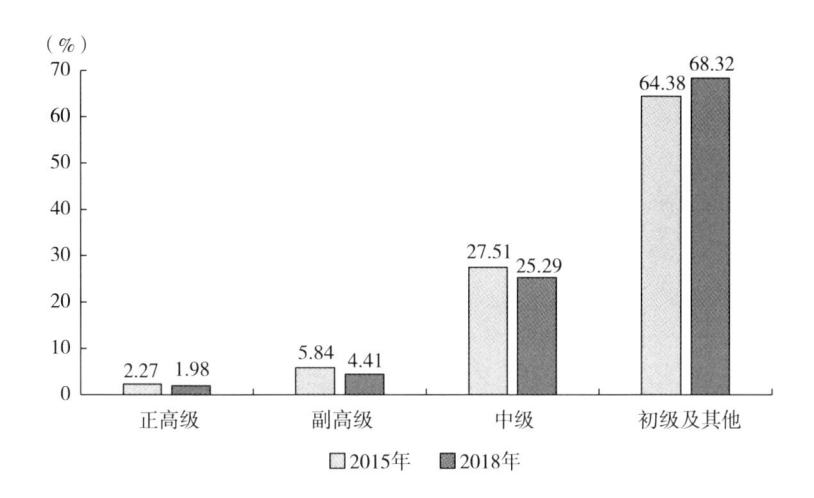

图7-13 贵州省2015年与2018年文化和旅游专业技术人才职称层次分布

第四节 贵州省文化和旅游人才需求分析

随着"互联网+""文化+""旅游+"时代的到来，文化事业、文化和旅游产业对创新型、复合型、专业化的人才需求更加迫切。面对新形势、新任务、新要求，做好文化和旅游人才需求分析，有的放矢地开展人才供给成为当务之急。

一 总量需求与分布状况

（一）需求规模

调查数据显示，2018年贵州省文化和旅游人才岗位空缺率为15.69%。分年度来看，2019年贵州省文化和旅游领域人才需求规模约为4.8万人，2020年预计需求约为5.2万人；分领域来看，到2020年，文化人才需求约为2.8万人，旅游人才需求约为7.2万人；分类型来看，2019年，贵州省文化和旅游经营管理人才需求量约为1.3万人，专业技术人才需求量为1.1万人，技能人才需求量为2.4万人，贵州省文化事业、文化和旅游产业对于技能人才需求高于专业技术人才的需求。

(二) 总体特征

1. 岗位类别需求

调查数据显示,2018年文化和旅游人才需求的人才类型分布上,经营管理人才、专业技术人才与技能人才岗位空缺率分别为16.29%、14.74%和16.95%（见图7-14）,贵州省文化事业、文化和旅游产业对各类人才需求均非常迫切。

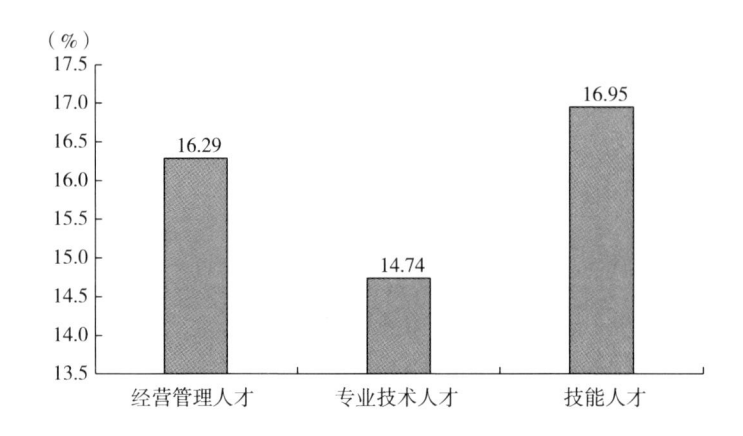

图7-14 贵州省文化和旅游人才各类岗位空缺率

2. 岗位年龄要求

调查数据显示,在对人才年龄的需求方面,47.10%的需求岗位要求人才年龄在35岁以下。同时,近45.7%的用人单位期望招入具有工作经验的从事文化和旅游行业的经营管理人才。

二 文化和旅游专业技术人才需求状况

(一) 学历分布

调查数据显示,贵州省文化和旅游专业技术人才岗位对研究生、大学本科、大学专科及以下学历的需求规模占比分别为28.13%、57.03%、14.84%,其中要求本科及以上岗位需求规模占比为85.16%,对专科及以下学历需求规模占比为14.84%（见图7-15）;相对于在岗人才本科及以上学历总量占比为38.43%的现状,对于高学历人才需求缺口还很大。

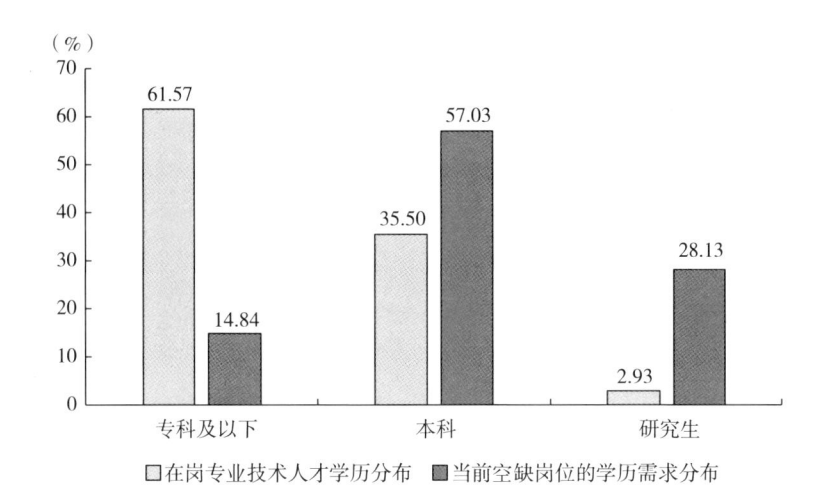

图 7-15 贵州省文化和旅游专业技术人才学历需求

（二）岗位薪酬分布

调查数据显示，年薪 5 万元以下的岗位需求规模占比为 28.57%，年薪 5 万—10 万元的岗位需求规模占比为 30.95%，提供年薪 10 万元以上的岗位需求占比为 40.48%（见图 7-16），部分岗位薪酬对省内人才具有吸引力。

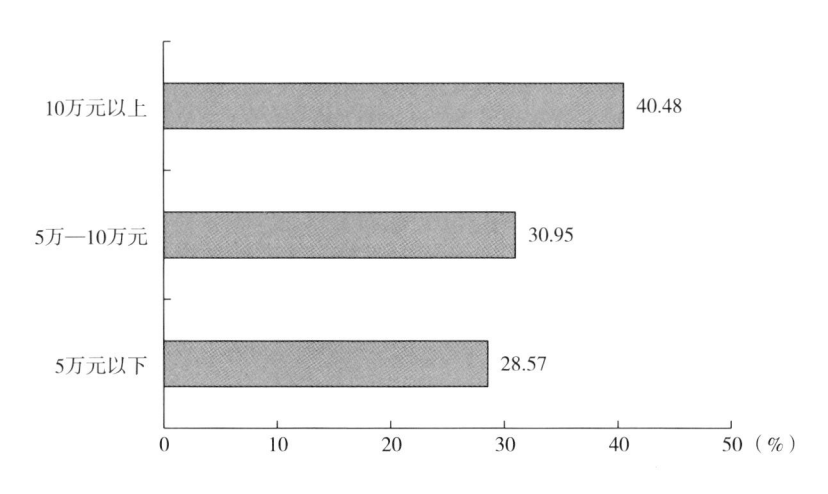

图 7-16 文化和旅游专业技术人才需求岗位薪酬区间

三 各层次人才需求分布状况

(一) 年龄层次状况

调查数据显示,在贵州省文化和旅游人才岗位需求的年龄要求上,47.06%的岗位对人才的年龄期望在35岁以下。

(二) 学历层次状况

调查数据显示,本科及以上学历人才岗位需求规模占比约为56.46%,其中研究生学历岗位需求规模占比为16.79%(见图7-17),高于现有的在岗研究生学历人才比例(2.74%);用人单位对空缺岗位人才的学历要求不断提升,低学历人才就业空间相对被压缩。

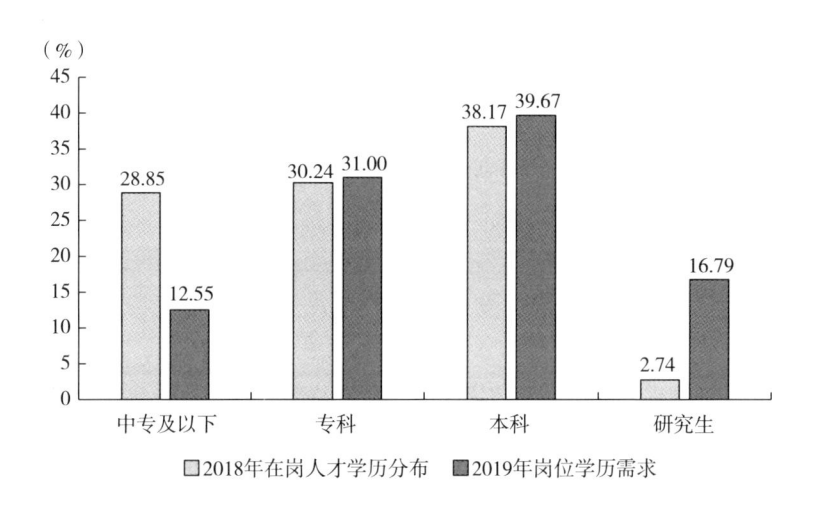

图7-17 2018年在岗人才学历与2019年岗位学历需求

(三) 职称层级状况

在人才岗位职称需求中,规模占比最高的是中级职称,达到45.83%,需求量最小的是正高级和初级职称,占总量比重均为12.50%(见图7-18),中级职称人才规模需求占比相对较高。

(四) 地域分布状况

1. 地区需求规模

调查数据显示,贵阳市、铜仁市、六盘水市对人才需求规模相对较高,占比分别为63.18%、8.21%、8.03%(见图7-19),贵阳市是人才需求的主体区域。

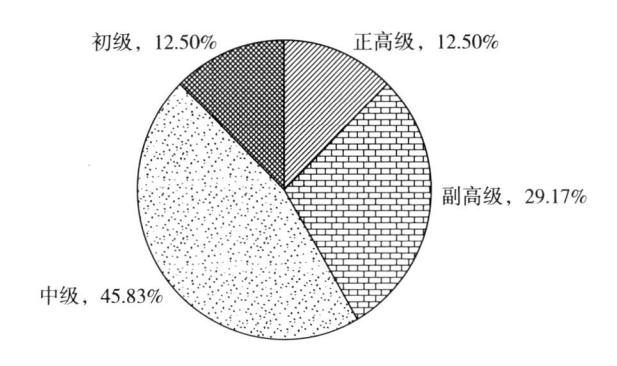

图 7-18　贵州省文化和旅游专业技术人才岗位职称需求

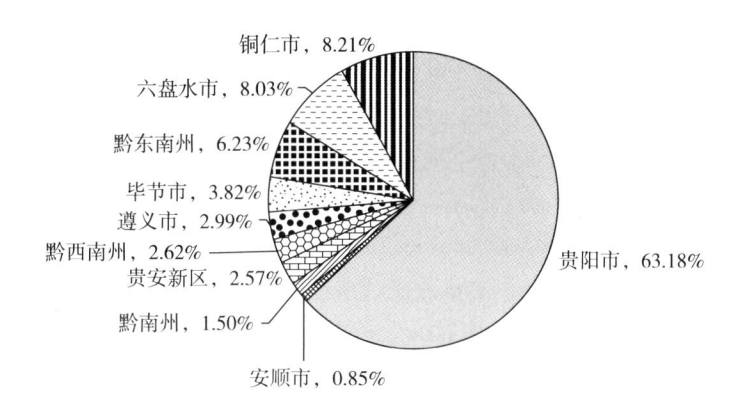

（初级，12.50%；正高级，12.50%；副高级，29.17%；中级，45.83%）

图 7-19　贵州省各市州文化和旅游人才规模需求

（铜仁市，8.21%；六盘水市，8.03%；黔东南州，6.23%；毕节市，3.82%；遵义市，2.99%；黔西南州，2.62%；贵安新区，2.57%；黔南州，1.50%；安顺市，0.85%；贵阳市，63.18%）

2. 地区需求类别

调查数据显示，经营管理人才需求规模占比前三位的区域分别为贵阳市、铜仁市、六盘水市，占比分别为18.67%、4.19%、3.84%；专业技术人才需求规模占比前三位的区域分别为贵阳市、毕节市、黔东南州，占比分别为32.29%、3.32%、3.32%；技能人才需求规模占比前三位的区域分别为贵阳市、六盘水市、贵安新区，占比分别为12.22%、2.79%、2.27%。总体来说，贵阳市作为贵州省的省会城市，对三类人才的需求均较大。

第五节 贵州省文化和旅游人才供给现状

一 政策供给

（一）政策供给状况

为推动文化事业、文化和旅游产业提质增效，中共中央、国务院和国家发改委、农业部、文化和旅游部等多部门先后出台了30多个政策文件，形成了以规划为指导、以重点领域和重点产业的重大突破为目标、以重大工程实施为抓手，多部门协同推进的工作机制，着力推进文化体制改革，文化与旅游业发展体制机制不断完善。同时在文化行业、出版印刷等产业发展，在乡村振兴、乡村旅游、旅游休闲、促进旅游投资消费、旅游产业用地、全域旅游示范区创建、旅游信息化建设、推广政府与社会资本合作等领域进一步加大工作力度，有效地促进了文化与旅游业引领性发展、科学化发展、规范化发展和多样化发展。

贵州省在"十二五"时期出台了生态文化和旅游创新区发展战略规划，在"十三五"期间先后完成文化与旅游业发展规划，发布了文化体制机制改革、旅游业供给侧结构性改革、全域旅游等指导意见，制定了向社会力量购买公共文化服务、公共文化机构法人治理结构改革、加强文物安全、乡村旅游标准等规范性文件，出台了非物质文化遗产保护条例、旅游条例等文化和旅游法规，实施了基层综合性文化服务中心建设、旅游"1+5个100工程"等"文化+大数据""旅游+大交通""旅游+大数据""旅游+大生态"等多个"文化+""旅游+"深度融合项目，文化和旅游人才事业发展环境持续优化，为文化和旅游人才队伍持续、快速、健康发展创造了良好的产业发展环境。

（二）宏观人才政策供给状况

中共中央、国务院印发的《国家中长期人才发展规划纲要（2010—2020年）》，原文化部出台了《全国文化系统人才发展规划（2010—2020年）》，原国家旅游局下发了《全国"十三五"旅游人才发展规划纲要》等，各部委制定了专业技术人才、技能人才发展规划等专项人才文件，形成了统筹各类文化和旅游人才队伍协同发展的格局。为进一步实施人才强省战略，贵州省人才工作领导小组和贵州省人力资源和社会保障厅分别印发《关于加强基层专业技术人才队伍建设的实施意见》《贵州省"百千万人才引进计划"实施办法》《贵州省事业单位人才助力脱贫攻坚三年行动计划》等人才政策文件,为文化和旅游人才的引进、培养工作提供了宏观指导。

(三)贵州省文化和旅游人才政策供给情况

国家层面先后出台了《全国文化系统人才发展规划(2010—2020年)》《"十三五"旅游人才发展规划纲要》,同时以专项通知方式要求各省市制订文化人才队伍建设 2018—2020 年三年发展规划,这些政策明确了文化和旅游领域人才建设的主要方向和重点任务,并提出了人才队伍建设的重点工程,文化和旅游人才发展的政策导向更加明晰,体制机制不断完善。贵州省发布了《加快文化体制改革和加快文化发展的若干意见》《关于加强贵州旅游人才队伍建设的意见》等相关文件,推进了贵州省文化和旅游领域的领军人才、经营管理人才、专业技术人才、技能人才、文化和旅游融合人才、宣传人才、文化创意人才、导游人才和乡村文化与旅游实用人才等重点人才队伍建设进程,为把贵州建成世界知名、国内一流的文化和旅游目的地和休闲度假地提供政策与制度保障。

二 招才引智供给

(一)政府平台搭建情况

贵州省委、省政府不断深化"人才强省"战略举措,近年来,随着文化和旅游产业的不断发展,贵州省在文化和旅游人才供给平台建设上主要在以下几个方面发力:利用每年一度的人才博览会、文化和旅游发展大会、文化和旅游招商引资平台等机会,促进贵州省文化和旅游类用人单位与全国中高端人才精准对接;通过人社部门、旅游部门组织的全国名校行、省内专场招聘会,为文化和旅游类用人单位搭建需求对接平台;充分利用政府部门在美国、俄罗斯等国搭建海外引才服务站,为贵州省引进、使用国际高端文化和旅游人才全程提供订制化服务;利用西部博士后服务团、专家院士贵州行、对口帮扶城市的人才交流挂职等平台,以全国高端人才柔性服务助推贵州文化产业和旅游产业发展,努力打造文化和旅游人才新高地。

（二）市场化平台建设情况

一是全国性招聘网站，如智联招聘、前程无忧、中华英才网、58同城等全国性大型市场化招聘网站，成为当前文化和旅游类用人单位招才引智最主要的渠道来源；二是区域性、专业性人才网站平台，如贵州省人才市场、贵州人才网、贵州文化人才网、贵州旅游人才网等省内招聘平台，为各类文化和旅游企事业单位持续、精准输送专业储备人才及高端精英；三是行业猎头公司，如从事旅游行业猎头服务的埃摩森、沃锐等，从事文化行业人才猎头服务的安励等公司，为贵州省文化和旅游中高端人才供给提供了有益补充。

（三）高层次人才引育情况

为进一步加强高层次人才供给，贵州省将文化事业、文化和旅游产业高层次人才纳入"百千万人才引进计划""百人领军人才""千人创新创业人才"认定评审范围；将引进和培养的文化创意、旅游资源开发、非物质文化传承等方面的专业人才，优先纳入省级高层次人才引进计划、创新型人才遴选培养计划、"黔归人才计划""高技术人才培养工程"及"优秀企业家培养工程"等优惠政策范围。推进"旅游英才"培训计划，遴选培训1000名旅游专业人才；贵州省文化旅游部门与东北师范大学协议开设了研究生课程和攻读硕士学位进修班，推进高层次旅游管理人才培养。贵州省民族文化、文物博物、非物质文化遗产、演艺等项目得到国家文化和旅游部门以及省委宣传部、省财政、省发改委、省科技等部门的扶持与资助，为文化产业和旅游产业集聚了一批高层次创新型人才。

三　人才培养平台供给

（一）基础人才培养培训平台

贵州省在充分利用现有教育资源的基础上，采用"请进来，送出去"等多种形式，切实做好文化和旅游基础人才的"育、选、训、带、引"。一是学校"育"一批，抓好民族民间文化进校园，在贵州省中小学开设民族民间文化教育课，在民族职业技术学校开设旅游专业；二是民间"选"一批，对有代表性的民族民间歌师、技师进行命名，纳入民间人才管理；三是重点"训"一批，以旅游从业人员为重点，加强旅游基本知识、接待礼仪、导游业务、农家乐服务标准等知识培训；四是能人"带"一批，发挥民间工艺能人的示范带动作用，培养人才；五是通过外部"引"一批，加强文化和旅游人才的引进工作，贵州省基础人才培养平台基本形成。

（二）高校人才供给情况

截至2018年底，贵州省超过30所高等院校开设本（专）科层次文化类和旅游类专业，其中四所院校开设硕士层次文化和旅游管理专业，其中文化类毕业生约为1万人，旅游类毕业生约为0.7万人，相较于其他专业，文化、旅游类毕业生超过半数在贵州省内就职。贵州大学、贵州师范大学、铜仁学院等民族文化、旅游管理类11个项目获批为贵州省一流大学建设项目。此外，贵州省旅游学校与省旅游培训中心共同承担贵州省旅游管理服务人才的教育培训工作，是国家认定的"全国旅游教育培训基地"，培养了大批合格旅游管理服务人才。

（三）用人单位自主培养平台情况

一是引导用人单位积极参与产、学、研人才培养平台构建，促进文化和旅游的科学研究、人才培养与社会服务融为一体；二是引导用人单位主动承担国家、省、市、县文化和旅游人才专项培训、专项教育培训项目，在促进用人单位师资队伍建设的同时，为本地区培养文化和旅游人才；鼓励用人单位自主设立培训机构，积极与国内外旅游人才培训机构建立合作关系，为贵州省旅游行业培养出更多创新创意型、服务技能型、管理经营型等各类别的旅游人才；三是遴选一批用人单位，大力推进中青年技术骨干业务能力培养计划，推进内部讲学"学术沙龙"等丰富多彩的学术活动，促进内部知识与技术共享；四是推动单位与省内外高校合作，开展订单式、批次培养计划，逐步逐批提升本单位所需人才；五是制定《自主培养高层次人才管理办法》，引导与鼓励在岗职工积极利用业余时间进行专业学习与学历晋升。

四　人才聚集与使用平台供给

（一）文化创意平台建设

通过贵州省委宣传部及贵州省文化和旅游部门组织的"三个一"工程项目、多彩贵州文化创意设计大赛，一年一届文化产业三个"十佳"（十佳人物、十佳企业、十佳品牌）、旅游商品"两赛一会"等平台，吸引、培养与评价各类中高端文化和旅游人才；同时，贵州省积极开展"贵州工匠""民间艺人"等人才的挖掘、评选活动,一大批民族文化工艺匠才、非遗传承人脱颖而出;部分地方还借助文化资源优势,积极发展文化和旅游创业项目,进一步激活了文化和旅游业人才创新创业活力,为贵州省传统文化、民族文化、红色文化、山地文化人才发展迎来了新机遇。

(二) 文化和旅游研发平台

2015—2018年,贵州省发改委、科技厅、人社部、文化和旅游部门在贵州省范围内设立了多家工程实验室、研发中心,立项资助了文化创意、动漫设计、民族文化、文化+大数据、山地旅游、旅游+大数据类多个基础研发、应用研究、产业化培育等科创园区和重点项目,设立多家文化类专业技术人才继续教育基地,还设立了多家文化和旅游人才基地,通过研究中心、开放式实验室等研究者支持团队,与国际国内一流文化和旅游高端人才建立友好协作关系,为省内外高层次文化和旅游人才提供了集聚交流平台与事业发展平台。

(三) 专项文化和旅游资源开发平台

贵州省推进"4个10"重点文化产业项目,通过重点文化产业项目、产业发展基金培育项目、文化产业示范基地项目,集聚各类文化产业化人才;深入实施贵州省旅游"1+5个100工程",开展100个精品旅游景区创建工程,100个旅游景区提升工程,100个旅游景区培育工程,100个以上省级以上旅游度假区创建工程,100个旅游名城、名镇、名村和100个旅游温泉项目建设工程,为贵州省旅游人才聚集搭建事业发展平台。

第六节 贵州省文化和旅游人才发展困境

一 文化和旅游人才建设外部环境有待提高

(一) 专项资金匮乏

贵州省在推动文化旅游产业发展方面出台了系列政策,推进公共文化机构体制改革,设立了文化旅游产业投资基金和项目,并且在产业政策中设计了产业人才的发展、培养路径,进而壮大文化旅游产业人才队伍。但是,文化旅游产业发展专项资金用于产业人才队伍建设的甚少,产业人才队伍建设资金只来源于专项人才开发工程,文化旅游产业政策与人才发展没有形成合力。

(二) 政策拉力不足

调查数据显示,有16.28%的用人单位认为文化旅游产业政策制约了企业人才发展。在造成人才引进困难的众多因素中,除了60.47%的用人单位认为待遇偏低以外,有37.21%的用人单位认为文化旅游产业人才引进服务政策没有吸引力或是不配套,政策吸引力不足占18.60%,对文化旅游人才的个性化的服务不足占29.46%。有37.21%的用人单位对各级政府部门的人才服务效率的综合评价为一般或者是不满意,人才政策对文化旅游人才队伍产生的拉力作用较弱,最终也影响了人才队伍建设的整体水平。

(三) 用人单位人才发展受限

用人单位人才发展机制调适是人才队伍成长的必然要求,也是顺应人才发展的必要选择。但是,目前用人单位的人才发展机制却有待跟进,根据调查数据显示,有31.78%的用人单位认为单位人才培养和成长机会不足,单位发展前景不明的占13.18%。用人单位人才培养方面,收入偏低占46.51%,培训开展较少的占30.23%,个人成长机会有限的占18.60%,个人能力无法发挥的占13.95%。可见,用人单位人才发展机制对人才的培养和成长具有较大的拉动作用。有50.39%和34.88%的用人单位认为提供人才培养机会和新平台是防止人才流失最有效的措施。显然,人才发展机制问题依然有待重视。

二 文化和旅游人才自主培育匮乏

(一) 自主培养供给能力有待强化

近三年来,贵州省文化产业以10%左右的增速快速增长,旅游业以30%以上速度高速增长,均高于贵州省GDP增速;文化旅游产业的快速增长,创造了大量的就业机会,也带来了大量人才需求。根据调查数据显示,预计在2019年贵州省文化旅游人才缺口率为15.69%。人才需求规模约为4.8万人。其中,旅游相关产业的人才需求规模约为3.4万人,文化相关产业人才需求规模约为1.4万人,贵州省每年毕业生供给约为2万人,缺口接近3万人,贵州省文化旅游专业人才自主培养供给能力不足。

（二）人才缺乏稳定性

调查数据显示，在文化领域，文化产品创意设计、文化产品研发与展销等人才长期缺乏；在旅游领域，旅游景区规划设计、旅游产品开发、导游，尤其是外语导游岗位长期紧缺，部分小语种导游更是稀缺，严重阻碍了贵州旅游市场国际化进程；此外，旅游行业高级管理人才往往更倾向于自主创业，旅游产业用人单位基层员工因为待遇低、工作强度大导致人员流动频繁，而中高层经管管理者因为自主创业较多，流失率也相对较高，从而导致旅游行业企业规模小、分布散，人才队伍梯队建设困难。

（三）用人单位人才开发乏力

调查数据显示，42.63%的用人单位倾向于招聘已有工作经历的员工，不招聘应届毕业生，仅11.63%的企业倾向于招聘应届毕业生；因人才培养周期长、培养成本高，使大部分用人单位秉承"重引进、轻培养"的用人理念，人才发展短视化现象明显，人才引育结合的科学发展理念缺位。

此外，调查数据显示，在人才引进困难的内部因素方面，综合薪酬偏低（占33.48%）、单位人才培养与成长机会不足（占18.55%）、对人才的个性化服务不足（占17.19%）、单位福利较差（占12.22%）、单位文化吸引力弱（占10.86%）等因素成为人才引进最基本的障碍。在人才引进困难的外部因素方面，本地本行业待遇水平偏低（占31.71%）、人才引进服务的政策没有吸引力或不配套（占19.51%）、省内人才培养与供给不足（占11.79%）等因素成为人才引进的主要外部因素。其中，用人单位提供的保障薪酬和人才服务的不足，已经成为人才供给乏力的主要原因。

三 文化和旅游人才发展环境受限

（一）人才认知偏差严重

文化产业是创意型、知识密集型产业，而旅游产业则偏向劳动密集型，就业人员大多文化程度不高，对于产业发展认知不足。从调查数据看，认为该文化或旅游行业产业发展前景不明的占比为23.13%、个人成长机会有限的占比为13.48%；此外，很多大学生认为旅游行业是服务行业，社会地位偏低，导致大量毕业生不愿从事旅游行业，也导致大量文化旅游人才跳槽至其他行业；此外，因省内文化旅游行业待遇不高、成长机会有限，导致部分人才流向了文化旅游业发达省份。

（二）人才引进服务环境待优化

人才是文化旅游产业创新发展的动力源泉，但文旅行业从业人员大多工资待遇较低，生活没有很好的保障。据调查数据显示，有31.20%的单位认为本地本行业待遇水平偏低是影响单位引才困难和单位人员流失的主要原因，19.20%的单位认为，人才引进服务的政策没有吸引力或配套措施不够，47.14%单位没有享受过任何人才服务政策。文化旅游行业需求的人才层次、学历要求不高，而目前大多引才政策只针对高学历、高技能人才，与该行业所需求人才期待的政策不匹配，致使文化旅游人才引进出现障碍。

第八章

贵州省卫生健康领域专业技术人才发展研究

第一节 研究背景

习近平总书记指出："没有全民健康，就没有全面小康。"人民健康是民族昌盛和国家富强的重要标志。推进健康中国建设，实施健康中国战略，是全面建成小康社会、基本实现社会主义现代化的重要基础，是全面提升中华民族健康素质、实现人民健康与经济社会协调发展的国家战略，是积极参与全球健康治理、履行可持续发展议程国际承诺的重大举措。

人民的健康水平，关乎社会的健康发展。随着工业化、城镇化、人口老龄化进程加快，人民生活水平不断提升，人民更加追求生活质量，关注健康安全，必然带来层次更高、范围更广的全面健康需求，卫生健康事业发展任重道远，加强卫生健康人才队伍建设迫在眉睫。贵州省高度重视卫生健康事业发展，明确提出"健康贵州"建设目标，先后出台了多项卫生健康方面的规划和制度，聚焦提升基层医疗卫生服务能力、创新医疗卫生人才使用和激励机制、大力实施医疗对口帮扶、全面开展远程医疗服务等任务，围绕人才引进、院校培养、岗位培训等提出一系列政策措施。

人才是具有一定专业知识或专门技能，进行创造性劳动并对社会作出贡献的人员，是人力资源中能力和素质较高的劳动者。由于卫生健康人才领域分布广泛，人才边界存在交叉重叠。为准确把握卫生健康核心领域人才状况，本书将卫生健康人才对象界定为医疗卫生、公共卫生和医药产业三个领域的人才，并对其规模总量、行业分布、结构分布、地区分布等方面进行系统分析。笔者依据人口与经济发展水平进行了分层抽样，对贵阳市、毕节市、黔东南州、黔南州四个市（州），及89家用人单位进行了现场调研和深度访谈，准确把握卫生健康人才发展的现状与困难，确保信息的全面性与真实性。同时结合国家卫生信息网络直报系统、人才资源统计监测平台、网站统计数据、现场问卷调查样本数据、贵州省大中专招生就业的相关数据，对所有获取的有效信息进行了处理、分析、判断。此外，由于数据原因，教育领域和贵安新区的卫生健康人才状况暂未纳入本书统计范围。

一 全球卫生健康事业发展新态势

全球老年人口每年以2%的速度增长，比人口整体规模增速更快，预计在今后很长一段时期内，老年人口规模将继续比其他年龄阶段人口规模增速更快。据世界卫生组织近年公布的一项全球性调查结果表明，全世界符合真正健康标准的人口仅占总人口的5%，医院诊断患有各种疾病的人口占总人口的20%，其余75%的人口处于亚健康状态，健康问题日益突出，引起全球各界关注。随着经济全球化深入发展，传染病疫情、生物恐怖安全等跨国散播的公共安全威胁越发严峻，卫生健康事业已成为全球关注热点。生物科技的重大突破，以重组DNA为核心的现代生物技术的创立和发展，为生命科学注入了新的活力。互联网技术的发展，特别是移动互联技术与卫生健康产业的结合，为卫生健康事业发展带来了新的发展契机和空间。

二 中国卫生健康事业发展新变化

经济保持中高速增长为维护人民健康奠定坚实基础，消费结构升级为发展健康服务创造广阔空间。我国卫生健康事业快速发展，医疗卫生服务体系不断完善，医疗卫生资源迅速增长，基本公共卫生服务均等化水平稳步提高。2018年，我国医疗卫生机构达到99.74万个；卫生机构床位数840.41万张；每千人口拥有卫生技术人员数6.83人、执业（助理）医师数2.59人、注册护士数2.94人。同时，中国仍面临着工业化、信息化、城镇化、市场化、国际化深入发展，以及人口快速老龄化带来的新挑战；部分传染病和慢性非传染性疾病对人民群众健康的严重威胁，环境污染、职业危害、食品与药品安全等公共卫生问题进一步凸显，使我国卫生健康事业发展任务更加艰巨，加强卫生健康人才队伍建设迫在眉睫。

三 贵州省卫生健康事业迎来新发展

贵州省高度重视卫生健康事业发展，明确提出举贵州省之力、集贵州省之智，打造健康贵州，密集出台了《中共贵州省委贵州省人民政府关于大力推动医疗卫生事业改革发展的意见》（黔党发〔2015〕18号）、《中共贵州省委贵州省人民政府关于加快推进卫生与健康事业改革发展的意见》（黔党发〔2016〕27号）、《省人民政府办公厅关于印发〈贵州省乡村两级医疗卫生人才综合培养试点实施方案〉的通知》（黔府办函〔2016〕102号）等多项政策，精准构筑基本医疗保险、大病保险、医疗救助网络，加快推动基于大数据的智慧医疗建设，通过"互联网＋健康医疗"探索服务新模式、培育发展新业态，更好地满足人民群众多层次多样化的健康需求。2018年，贵州省每千人口拥有床位数达到6.82张，每千人口拥有卫生技术人数达到6.82人，每千人口拥有执业（助理）医师数达到2.26人，每千人口拥有注册护士数达到3.03人，近五年来保持年均10%以上的增长速度。公共卫生机构人员近四年以年均10%左右的速度增长，婴儿死亡率呈下降趋势，人均预期寿命已达74.19岁，与国家平均水平差距快速缩小；医疗卫生机构达到2.81万家，民营医疗卫生机构占比达57.44%，市场化供给水平快速提升，各市州区域间的卫生健康资源差距快速减小。

四 贵州省卫生健康人才发展面临新任务

贵州省卫生健康领域供给侧结构性改革的重点是扩规模、调结构、补短板，在全面增加医疗卫生资源有效供给，优化资源配置的战略背景下，卫生健康人才发展面临规模增大、素质提升、结构优化的发展压力。在经济快速增长的态势下，贵州省人民群众对医疗卫生资源的需求规模与质量快速提升，保障卫生健康人才发展与社会需求的紧密衔接，如何破除人才"瓶颈"，促进人才体制机制创新、消除发展障碍，则变得更为紧急与迫切。医药、饮食、旅游、养老与卫生健康的深度融合，中医药健康养生服务产品需求层次丰富多样，发掘贵州省中医药和民族医药特色，给贵州省卫生健康人才带来了新的机遇与挑战。如何以全民健康巩固全面小康，推动贵州省卫生健康事业高质量发展，是贵州省人民群众赋予卫生健康人才的时代使命与历史责任。

第二节 研究综述

一 卫生人才培养相关研究

卫生人才培养是解决卫生人才供需平衡和提高人才质量的重要内容。杨佳等[1]采用多阶段分层随机抽样法，选取北京、浙江、山西、安徽、贵州和云南6个省市乡镇卫生院的医务人员进行问卷调查，发现卫生人员对于继续教育内容需求主要以全科医学、临床医学为主，全科医学知识、西医专业知识、疾病预防控制是最需要补充的专业知识。由于培训时间较长，乡镇卫生院人手少，工作任务繁重，再加上缺乏对乡镇卫生院继续教育的有效监督，使一些乡镇卫生院和医务人员都不重视培训。再加上继续教育内容的设计脱离了培养目标和农村卫生工作的实际需要，缺乏实践性和针对性，使继续教育效果不理想。而且从乡镇卫生院继续教育现状和需求来看，目前对乡镇卫生院卫生人员的继续教育现状与其需求之间存在着一定的差距，很难调动培训对象参加培训的积极性。吴琳等[2]对浙江省基层卫生专业技术人员配置现状进行分析并采用灰色模型预测发展趋势，建立模型预测浙江省基层卫生专业技术人员数和定向人才培育规模。结果显示，在未来几年专科层次定向培养人才规模会逐渐减少，而本科层次的定向培养规模仍会有所增加，培养总人数将呈逐年增长趋势。该政策代偿毕业生学费以降低个人前期成本，并给予薪酬、编制、职称晋升倾斜，具有一定的科学性和可行性。杜建等[3]通过借鉴国外优秀经验，立足我国国情，对人才培养供需平衡机制与提升人才培养质量展开研究，结论表明医药卫生人才培养供需机制的建立

---

[1] 杨佳等：《我国乡镇卫生院卫生人才继续教育现状及需求分析》，《中国全科医学》2014年第25期。
[2] 吴琳等：《应用灰色模型预测浙江省基层卫生专业技术人员配置》，《预防医学》2019年第5期。
[3] 杜建等：《我国医药卫生人才培养战略研究》，《中国工程科学》2019年第2期。

需要跨部门的宏观统筹与调控，同时还需要充分考虑经费投入与医生就业特征。指出将毕业后从事教育的医学生作为"社会人"与培训基地对接，采用医学院"严进严出"和医生准入的高门槛等质量要求限制培养数量等以提升卫生人才培养质量。刘恒旸等[1]认为缺乏适宜的基层卫生人才竞争力提升模式是受生物医学模式的影响，医学院校以培养专业型、研究型的医学人才为办学目标，力争为高一级医院提供优秀的卫生人才，而忽视了基层医疗卫生机构对全科型人才的需求。尽管国家已出台全科医生培养制度并且投入大量资金，但全科人才的培训过程仍然存在流于形式的问题，培训人员的竞争力得不到真正的提高。

二 卫生人才流动相关研究

促进卫生人才合理流动与配置，实现人尽其才。李连君等[2]对新医改形势下公立医院人才流动现状进行研究，发现公立医院人才跨区域流动与当地社会经济发展密切相关，公立医院人才跨区域流动主要因素有薪资待遇和专业发展前景等，随着员工年龄增长，员工的流动性趋于稳定，但年龄较小的员工的流动性较强。李丹等[3]对公立医院卫生人才流失现状进行实证研究，结合本地区的实际情况，对卫生人才工作稳定性及流失情况进行调查，分析得出：个人发展、薪酬福利和执业环境这3项是卫生人才离职的主要原因，明显高于其他各维度所占比例；人事调动和家庭因素在卫生人才离职原因中也占较大比例。卫生人才流失会对公立医院造成极为严重的影响，人才流失甚至集体跳槽等现象会对流出医院的效益造成极为严重的影响，导致流出医院直接的效益损失，间接成本大幅提高，甚至团队不稳或管理断层[4]。戚珊珊等[5]通过对天津市公立医院人才流动现状及诱因进行分析，天津市卫生系统公立三甲医院

---

[1] 刘恒旸等：《分级诊疗视域下城乡卫生人才竞争力协同提升的现状与思考》，《中国全科医学》2016年第28期。
[2] 李连君等：《新医改背景下公立医院卫生人才的流动现状与对策》，《海南医学》2020年第16期。
[3] 李丹等：《潍坊市公立医院卫生人才流失的现状分析及对策研究》，《中国医院管理》2010年第6期。
[4] 黄振中、范水平：《利用医院信息系统实现临床医师的绩效评价》，《医院管理论坛》2003年第6期。
[5] 戚珊珊等：《天津市公立医院卫生人才流动问题研究》，《中国医院》2019年第12期。

的整体人员管理情况并不乐观，人员总数虽然在逐年增长，但是行业整体人才队伍发展日趋缓慢，人才队伍活力越来越小。执业环境不佳已经是医疗行业中一个普遍存在的问题，医生从过去的高社会地位职业变成了高危职业。卫生工作人员长期处于高强度工作状态，连续工作时间极长，并且无法得到充分休息。高强度的工作和无法充分休息使公立医院医务人员工作、精神压力巨大，医务人员抑郁症患病率、猝死率年年升高。郝志强等[1]对贫困地区卫生人才队伍建设现状及存在的问题加以分析，发现贫困地区卫生人才在得不到有效供给的同时，卫生人才还不断流失。贫困地区医疗卫生机构与东部发达地区相比薪资水平、发展空间、科研条件、职称晋升等都难以保障，卫生人才流失严重，总量严重不足。

三 基层卫生人才相关研究

由于各种因素的制约，我国基层卫生发展状况较落后，基层医疗卫生服务体系与居民不断增长的健康需求间的矛盾日益突出，加强基层卫生人力资源管理，解决基层卫生人才问题，已成为基层卫生发展当务之急[2]。农村卫生人才短缺、结构不够合理，人才竞争力急需增强。目前乡镇卫生院和社区卫生服务机构的服务能力普遍偏低，实用型人才缺乏，高素质人才难以引进[3]。基层卫生人才待遇低、就业环境差，流失非常严重[4]，人才竞争力的有效性不能持续。卫生人才宁愿冒着失业的危险参与城市医疗机构的激烈竞争，也不愿进入基层工作，导致基层医疗机构人才严重短缺。决定卫生人才流动的迁移利益正是基层和城市预期收入之差，卫生人员是通过比较迁移利益和迁移成本的大小进行迁移决策的。影响预期收益的不仅指工资收入，还包括福利情况、居住环境等方面的因素。[5]

---

[1] 郝志强等：《我国贫困地区卫生人才队伍建设现状及对策研究——以 G 省为例》，《中国卫生政策研究》2020 年第 7 期。

[2] 胡叶：《基层卫生人才现状分析与发展研究》，《人力资源管理》2013 年第 5 期。

[3] 唐柳：《浅析加强湖南省卫生人才能力建设》，《中国卫生人才》2012 年第 10 期。

[4] 杜金等：《我国医疗卫生服务城乡分割和上下分割的现状分析及解决思路探究》，《中国农村卫生事业管理》2014 年第 7 期。

[5] 程蕾：《基于托达罗模型的基层医疗机构卫生人才短缺问题分析》，《中国医院管理》2013 年第 7 期。

张静等[1]通过对全国31个省、市、自治区的8462所医疗卫生机构的2011—2015年度卫生计生人才规划监测评估、医改监测以及2012—2016年国家卫生和计划生育统计年鉴数据分析,梳理各地城乡卫生一体化中关于人才流动配置现状,经过各地一体化的探索实践,虽然在一定程度上引导了优质人才下沉基层,但是仍然存在流动配置效率不高、供需不匹配、分工协作能力弱、效果不明显等问题,目前来看,人员编制是发挥卫生一体化人才配置效力的一个"矛盾点"。因此,如何弱化编制管理,将管人用人自主权下放到各机构或医联体,是实现城乡卫生一体化中人员合理流动配置的关键一环。吴春英、周良荣[2]认为贫困地区应利用编制大力吸引人才,通过健全相关的保障制度留住人才,改革医学教育培养更多高质量的乡村卫生人才。同时各级政府部门应当立足地区实际,通过采取多种措施增强贫困地区乡村卫生的"软实力"建设,为乡村卫生人才提供相应的优惠待遇,使他们能够安心扎根于乡村并更好地服务于乡村,为广大老百姓提供安全满意的医疗卫生服务。周徐红等[3]通过研究医务人员满意度发现专项奖励越高的地区,医务人员的满意度越好,偏远农村社区卫生服务中心的医务人员满意度达良好水平,一般农村和城郊结合社区卫生服务中心的医务人员满意度均为一般水平。在受益医务人员中,全科医师、公共卫生及其他医师对激励政策的满意度明显高于其他卫生技术人员,说明薪酬仍是医务人员工作生活的重要关注点,建议建立长效机制,保证财政投入的长远可持续,严格专款专用,做到奖金发放及时、公平合理,以提高医务人员的工作积极性以及扎根服务基层卫生服务的决心。

---

[1] 张静等:《城乡卫生一体化下人才流动配置的现状研究》,《中国医院》2017年第8期。
[2] 吴春英、周良荣:《湘西贫困地区乡村卫生人才队伍建设的现状分析及对策》,《中国医药导报》2014年第33期。
[3] 周徐红等:《卫生人才激励机制改革背景下医务人员满意度研究》,《中国全科医学》2017年第19期。

第三节 贵州省卫生健康人才发展现状

一 总量状况

2018年,贵州省卫生健康人才规模为33.29万人,近三年规模累计增长32.58%。其中,医疗卫生、公共卫生、医药产业三类人才规模分别为24.54万人、1.82万人、6.93万人,近三年规模累计增长率分别为30.95%、17.42%、43.78%(见图8-1),贵州省医药产业人才规模快速增长。

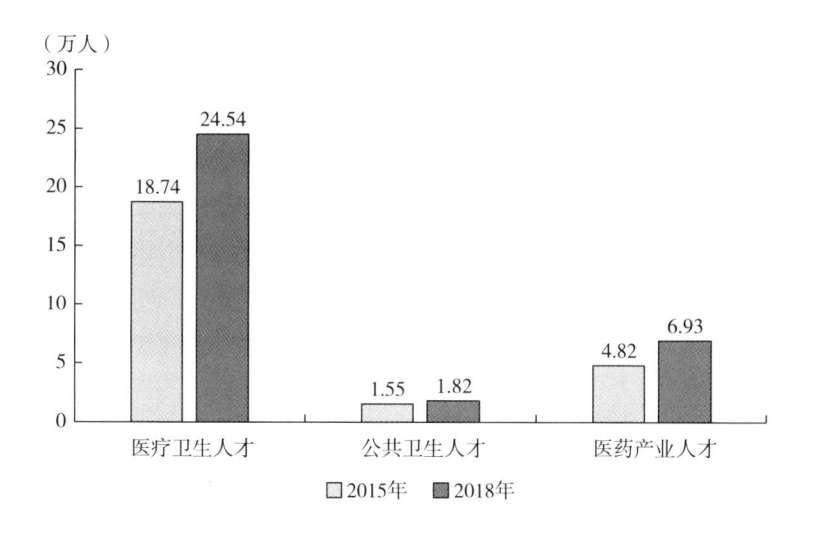

图8-1 贵州省2015年与2018年卫生健康人才规模分布

(一)医疗卫生人才规模

2018年,医疗卫生人才规模为24.54万人,近三年规模累计增长率为30.95%。其中,2018年贵州省执业(助理)医师规模占比为30.56%,每千人口拥有执业(助理)医师数为2.26人;注册护士规模占比为42.14%,每千人口拥有注册护士数为3.03人;药师(士)规模占比为3.63%(见表8-1);医疗卫生人才整体规模呈上升趋势,但执业(助理)医师、药师(士)等人才规模增长速度低于医疗卫生人才平均增长速度。

表8-1　　贵州省2015年与2018年医疗卫生人才规模分布

岗位	2015年 总量（万人）	2015年 占比（%）	2018年 总量（万人）	2018年 占比（%）	三年规模累计增长率（%）
执业（助理）医师	5.73	30.58	7.50	30.56	30.89
注册护士	7.27	38.79	10.34	42.14	42.23
药师（士）	0.73	3.90	0.89	3.63	21.92
技师（士）	0.96	5.12	1.26	5.13	31.25
管理人才	1.99	10.62	2.58	10.51	29.65
其他人才	2.06	10.99	1.97	8.03	-4.37
合计	18.74	100.00	24.54	100.00	30.95

（二）公共卫生人才规模

2018年，贵州省公共卫生人才规模为1.82万人，近三年规模累计增长率为17.42%，低于医疗卫生人才规模增长速度。其中，2018年执业（助理）医师、注册护士、药师（士）和技师（士）类人才规模占比分别为35.16%、31.32%、2.75%、9.89%（见表8-2）；近三年，公共卫生管理人才规模呈下降趋势，执业（助理）医师规模增长较为缓慢。

表8-2　　贵州省2015年与2018年公共卫生人才规模分布

岗位	2015年 总量（万人）	2015年 占比（%）	2018年 总量（万人）	2018年 占比（%）	三年累计增长率（%）
执业（助理）医师	0.61	39.35	0.64	35.16	4.92
注册护士	0.34	21.94	0.57	31.32	67.65
药师（士）	0.03	1.94	0.05	2.75	66.67
技师（士）	0.14	9.03	0.18	9.89	28.57
管理人才	0.29	18.71	0.24	13.19	-17.24
其他人才	0.14	9.03	0.14	7.69	0.00
合计	1.55	100.00	1.82	100.00	17.42

第八章 贵州省卫生健康领域专业技术人才发展研究

（三）医药产业人才规模

2018年，贵州省医药产业人才规模为6.93万人，比2015年增长了44.07%；其中，技能人才规模占比为54.55%，专业技术人才规模占比23.95%，经营管理人才规模占比为21.50%（见图8-2）。近三年规模变化情况显示，技能人才、专业技术人才规模占比均有增长，医药产业经营管理人才规模占比略有下降，增长速度低于医药产业整体人才规模增长速度。

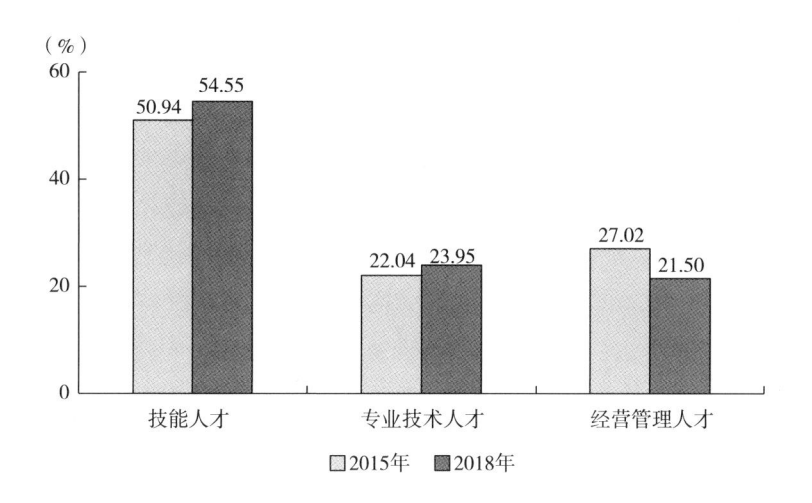

图8-2 贵州省2015年与2018年医药产业人才类别分布

二 卫生健康人才状况

（一）医疗卫生专业技术人才

本书将执业（助理）医师、注册护士、药师（士）等人才纳入医疗卫生领域专业技术人才统计分析。贵州省医疗卫生专业技术人才总量为18.87万人，在医疗卫生人才总体规模中占比最高，为76.32%。

1. 学历分布状况

贵州省医疗卫生专业技术人才学历层次主要集中在大学专科，占比为43.46%，其次是大学本科，占比为28.84%（见图8-3）。从增长情况来看，中专及以下学历占比快速下降，其他学历人才规模占比均有所提升。

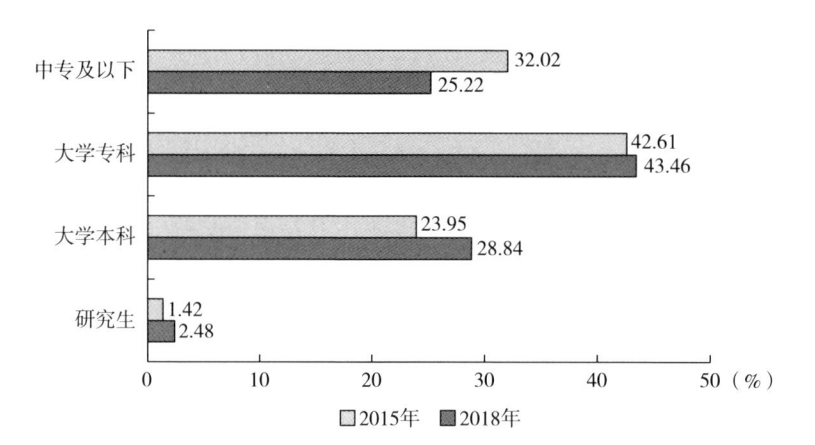

图 8-3 贵州省 2015 年与 2018 年医疗卫生专业技术人才学历分布

2. 年龄分布状况

2018 年,贵州省医疗卫生专业技术人才中,35 岁及以下占比最高为 48.82%,其次是 36—45 岁、46—55 岁,占比分别为 30.38%、16.93%(见图 8-4),各年龄段占比随年龄增长占比逐步降低,呈"金字塔"结构。从规模增长速度看,除 46—55 岁年龄段外,其他年龄段的医疗卫生专业技术人才均有所增长。

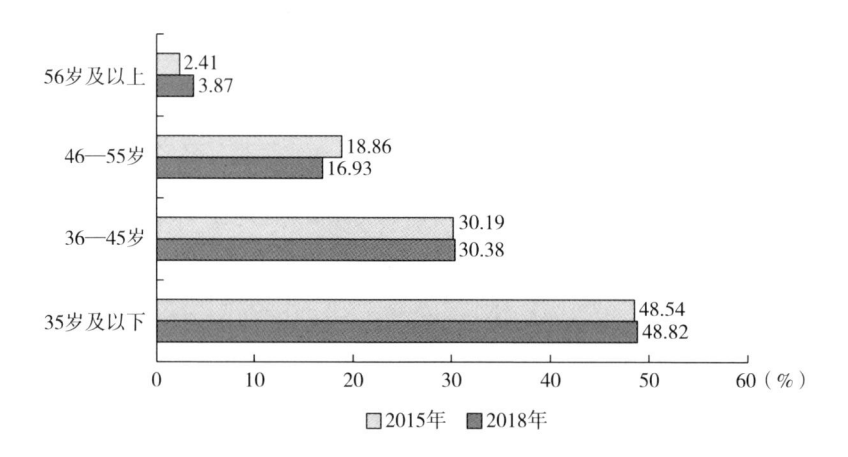

图 8-4 贵州省 2015 年与 2018 年医疗卫生专业技术人才年龄分布

3. 地区分布状况

2015年与2018年相比，除了贵阳市、毕节市、黔东南州、六盘水市、黔西南州医疗卫生专业技术人才占比呈上升趋势，其他市州占比均呈下降趋势。其中，规模占比最高的是贵阳市，为21.43%，其次是毕节市、黔东南州，占比分别为16.67%、12.68%（见图8-5）。

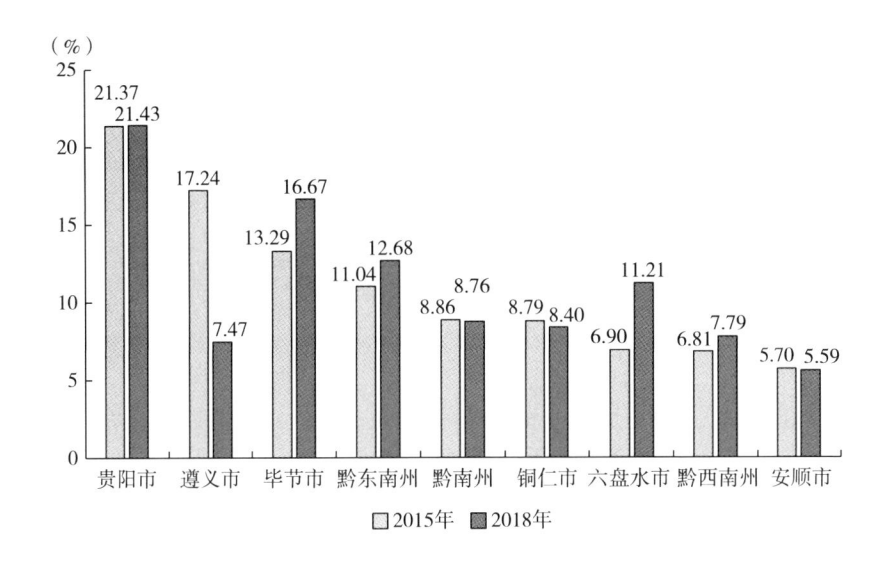

图8-5 贵州省2015年与2018年医疗卫生专业技术人才地区分布

4. 职称分布状况

2018年，贵州省医疗卫生专业技术人才职称分布中，其他类占比最高，为47.54%。近三年规模占比变化显示，正高级、副高级、其他类专业技术人才规模占比呈上升趋势，中级、助理/师级职称专业技术人才规模占比呈下降趋势；高级职称人才规模占比由2015年的6.31%上升到2018年的6.77%（见图8-6），高级职称人才规模呈增长趋势；中级职称占比下降，人才梯队建设有待加强。

（二）公共卫生专业技术人才

1. 学历分布

2018年，贵州省公共卫生人才中大学专科及以下学历人才规模占比为62.07%，大学本科及以上学历占比为37.93%。在规模变化方面，研究生学历、本科学历规模占比分别从 2015 年的 1.37%、30.09% 增长到 2018 年的 2.59%、35.34%（见图 8-7）。

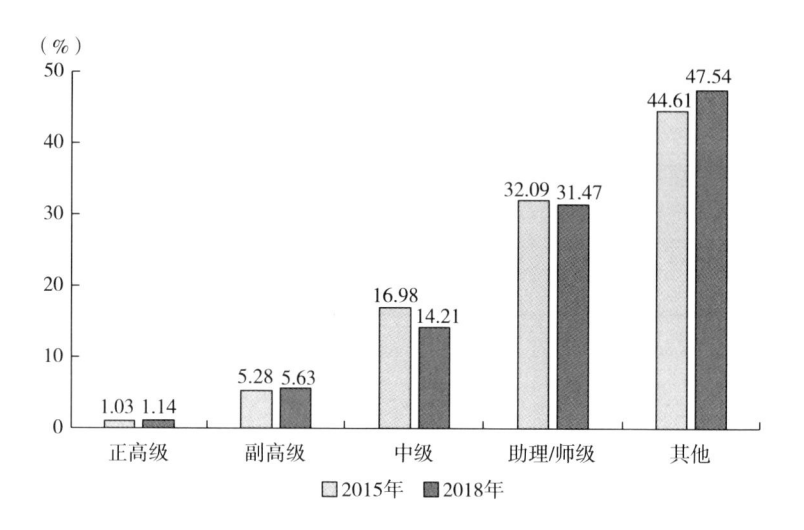

图 8-6 贵州省 2015 年与 2018 年医疗卫生专业技术人才职称分布

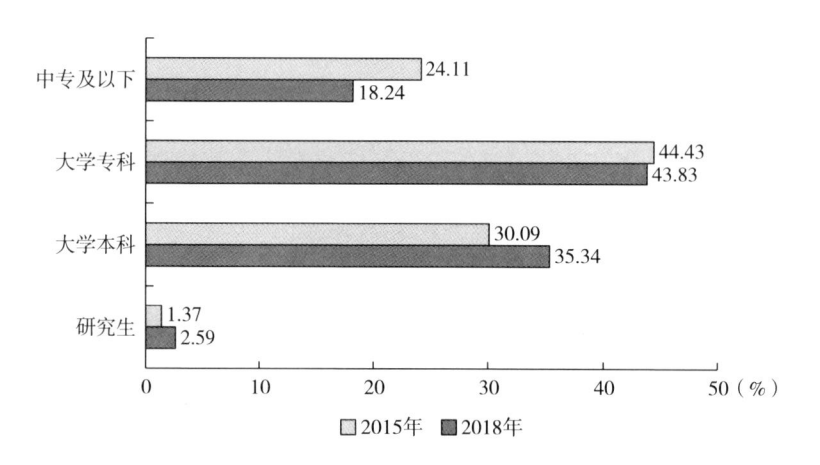

图 8-7 贵州省 2015 年与 2018 年公共卫生人才学历分布

2. 年龄分布

贵州省 35 岁及以下的公共卫生人才规模占比从 2015 年的 27.12% 增长到 2018 年的 32.80%，在所有年龄中占比最高。此外，56 岁及以上的公共卫生人才规模占比由 8.46% 上升到 12.87%（见图 8-8），规模增长速度较快。

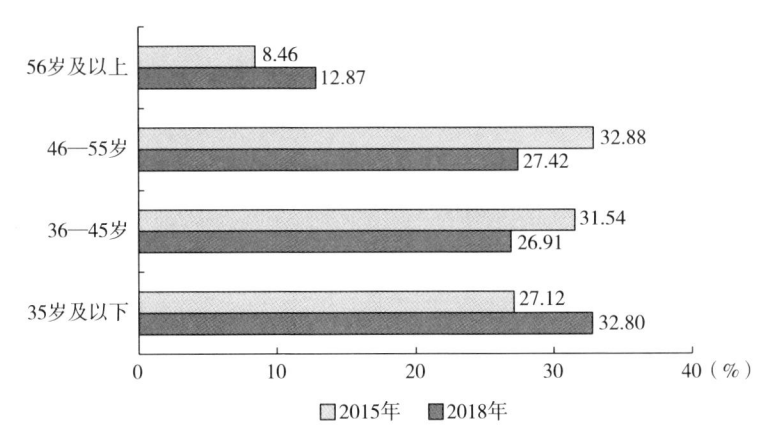

图 8-8　贵州省 2015 年与 2018 年公共卫生人才年龄分布

3. 职称分布

贵州省在公共卫生人才职称分布方面，正高级、副高级职称占比分别为 0.86%、5.75%，合计为 6.61%，比 2015 年的 4.68% 增加了 1.93%。此外，主要包括未评定职称、乡镇公共卫生与医疗卫生兼职等其他类人才规模占比最高，为 46.42%；其次是助理/师级，占比为 30.14%（见图 8-9）。

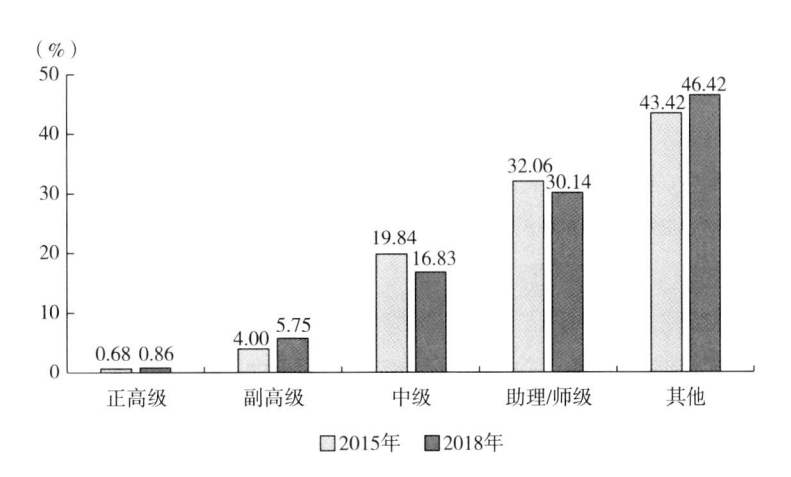

图 8-9　贵州省 2015 年与 2018 年公共卫生人才职称分布

(三) 医药产业人才

1. 地区分布

贵州省在医药产业人才地区分布方面,贵阳市、遵义市、黔南州位居前三,分别占比为27.55%、16.57%、11.90%(见图8-10)。占比最低的三个地区分别为六盘水市、铜仁市、黔西南州,累计占比为16.08%。

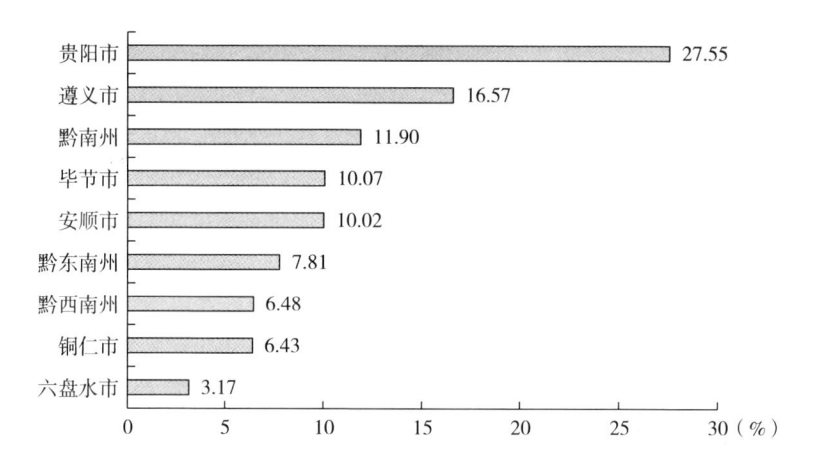

地区	占比(%)
贵阳市	27.55
遵义市	16.57
黔南州	11.90
毕节市	10.07
安顺市	10.02
黔东南州	7.81
黔西南州	6.48
铜仁市	6.43
六盘水市	3.17

图8-10 贵州省2018年医药产业人才地区分布

2. 类别分布

贵州省医药产业人才规模快速增长,规模总量从2015年的4.82万人增长到2018年的6.93万人,三年规模累计增长了43.78%。在类别分布方面,2018年医药产业人才类别中经营管理人才、专业技术人才、技能人才占比分别为21.60%、24.10%、54.30%(见图8-11),技能人才占比最高。

3. 产业分布

2018年,贵州省在医药产业人才分布中,第三产业医药批发零售业人才规模最大,占比为63.78%,其次是第一产业的中药材种植业,占比为20.39%(见图8-12)。

图 8-11 贵州省 2015 年与 2018 年医药产业人才类别分布

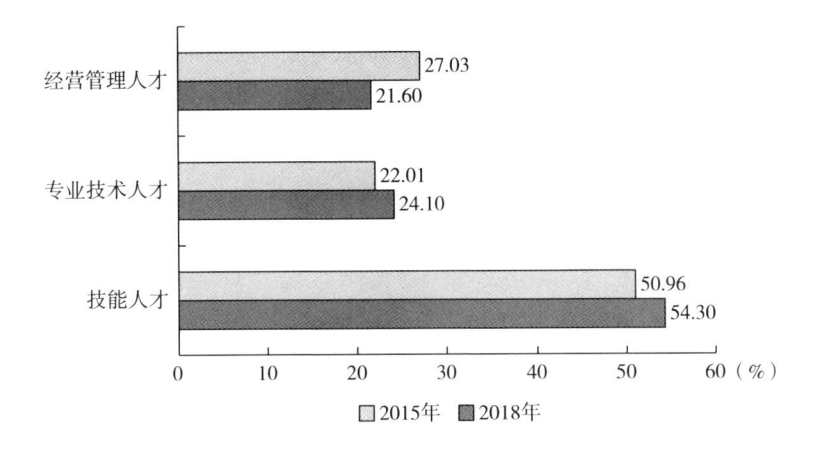

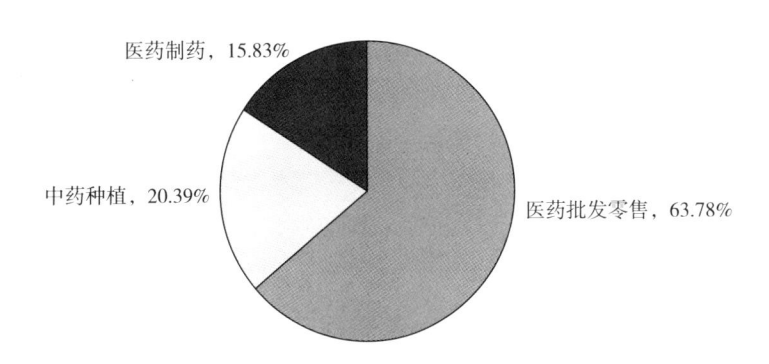

图 8-12 贵州省 2018 年医药产业三产人才分布

三 卫生健康部分领域人才状况

(一) 高层次人才规模

2018 年,贵州省卫生健康人才中,高级职称卫生健康人才规模约为 1.35 万人,研究生学历卫生健康人才规模约为 1.26 万人,高级职称和研究生学历等高层次人才总量约为 1.8 万人。此外,在高层次人才中,有国医大师、国家卫生健康突出贡献中青年专家、贵州省核心专家等高端人才 275 人,博士 580 人。共有 54 名院士及 1116 名核心专家作为柔性引进人才加入医疗卫生援黔专家团。对照贵州省其他行业,贵州省卫生健康高层次人才规模占比较大。

(二) 中医人才规模

近三年贵州省中医人才规模以年均 12.21% 的速度快速增长。2018 年,贵州省中医人才规模为 1.21 万人,其中执业医师与执业助理医师分别为 1.01 万人、0.20 万人。从各市州增长速度来看,黔东南州年均增长速度最快,为 20.34%,其次是铜仁市、毕节市,年均增长速度分别为 16.20%、14.73%(见图 8-13)。2018 年年底,从各市(州)拥有中医人才规模占比情况来看,遵义市、贵阳市、毕节市位居前三。

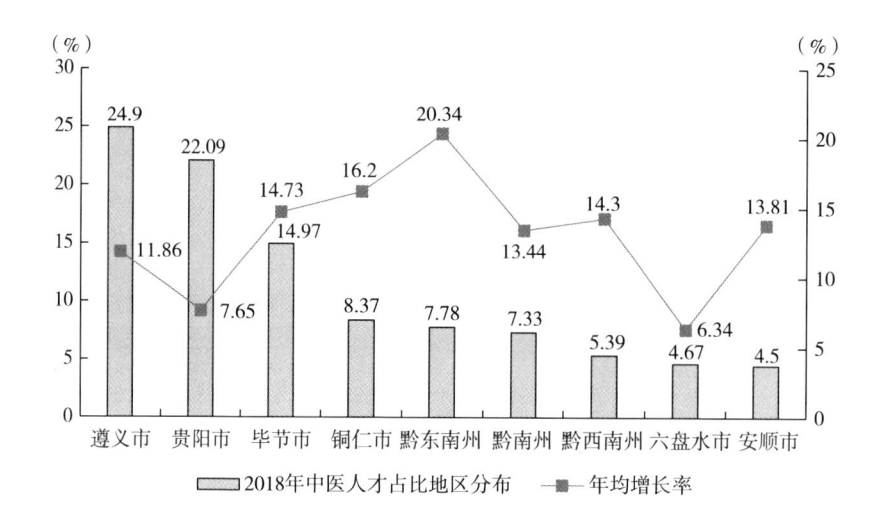

图 8-13 贵州省 2018 年中医人才地区分布与年均增长率

(三) 基层卫生人才规模

近三年,贵州省乡镇卫生人才规模以年均 8.84% 的速度增长,其中,社区卫生服务中心卫生人才规模约为 0.77 万人,年均增长速度为 23.38%;卫生院卫生人才规模约为 4.89 万人,年均增长速度为 7.10%(见图 8-14)。

(四) 村卫生室人才规模

2018 年,村卫生室人才规模保持在 3.70 万人左右,近三年以年均 0.80% 的速度小幅下降,但乡村每千人口拥有村卫生人才数以 2.70% 的年均增长率稳步增长;近三年,贵州省行政村以年均 6.60% 左右的速度减少,乡村居住人口约以年均 3.00% 的速度减少,是贵州省村卫生室人才规模减小、每千人口拥有村卫生人才数量增长的主要原因。

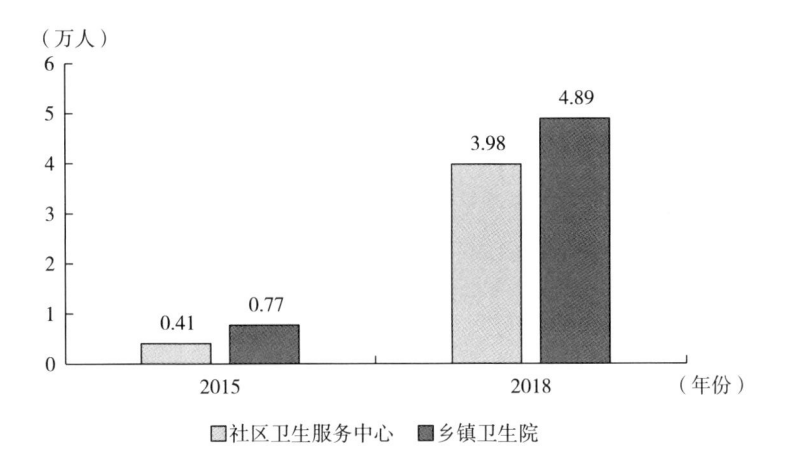

图 8-14 贵州省 2015 年与 2018 年基层卫生人才规模机构分布

第四节 贵州省卫生健康人才需求分析

一 卫生健康人才总量需求状况

（一）需求总量

按照国家《"十三五"全国卫生计生人才发展规划》，到 2020 年每千人口拥有卫生技术人员数要达到 9 人、执业（助理）医师数达到 2.50 人、中医（助理）执业医师数达到 0.40 人，注册护士数 3.14 人、医护比不低于 1∶2，公共卫生人才数 0.83 人，每万人口有 2 名全科医生，农村每千人口至少有 1 名乡村医生。到 2020 年，预计贵州省常住人口总量 3640 万人，则未来卫生人员缺口为 8.2 万人；按现有人才规模占比核算，到 2020 年贵州省卫生人才合计缺口约为 6.09 万人；其中医疗卫生人才需求数约为 5.2 万人，公共卫生人才需求数约为 0.89 万人；其中，执业（助理）医师、注册护士的需求数分别约为 0.95 万人、0.53 万人；此外，执业（助理）医师类中医（执业）医师需求规模约为 0.26 万人。

按国家规划目标要求，到 2020 年卫生事业人才岗位累计空缺率约为 18.76%，主要分布在县级和乡镇卫生机构；此外，医药产业人才岗位空缺率约为 6.43%，未来两年各类人才需求总量约为 1.30 万人，卫生健康人才需求规模总缺口约为 7.39 万人。

（二）需求分布

从贵州省卫生健康三大领域人才需求类别来看，医疗卫生人才需求规模最大，占比为 82.97%，其次是公共卫生人才需求，占比为 12.37%（见图 8-15）。

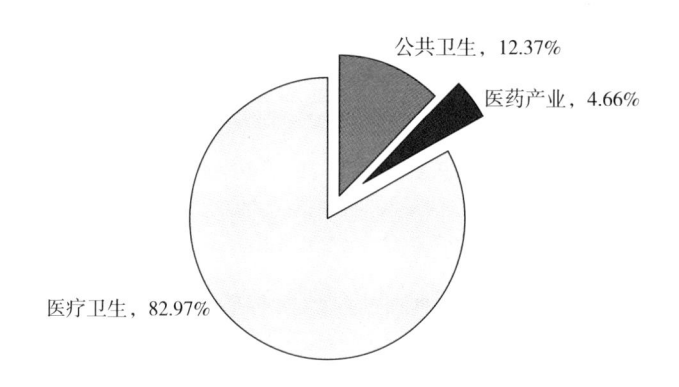

图 8-15 贵州省卫生健康人才需求分布

（三）需求层次

1. 人才年龄层次需求

医疗卫生领域用人单位提出年龄要求的岗位占比为 85.05%；公共卫生和医药产业领域用人单位提出年龄要求的岗位占比相对较低，均低于 20%。

2. 人才学历层次需求

在需求人才的学历结构方面，对大学本科学历人才的需求规模最大，占比为 62.85%，其次是大学专科学历，需求规模占比为 20.94%，研究生学历人才需求占比为 14.53%（见图 8-16）。

二 卫生健康专业技术人才需求状况

（一）专业技术人才需求规模

专业技术人才需求规模最大，占比高达 88.91%，虽然引进力度逐步加大，但与预期尚有差距。此外，技能人才需求规模占比仅为

5.92%，卫生健康管理人才与技能人才需求规模占比大致相当。

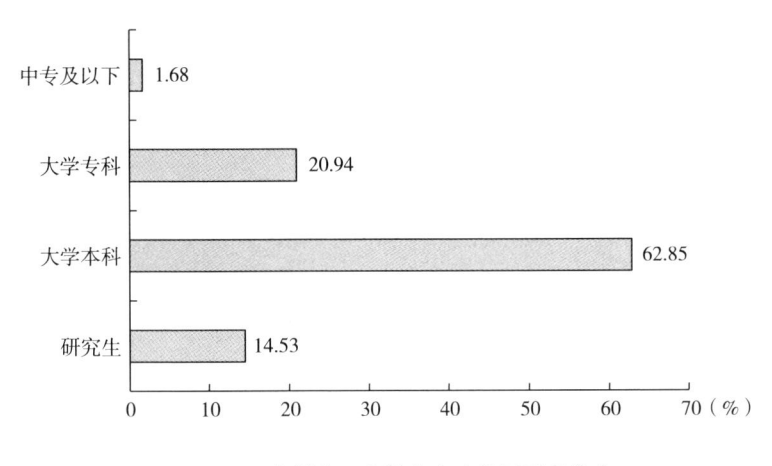

```
中专及以下  1.68
大学专科    20.94
大学本科    62.85
研究生      14.53
         0  10  20  30  40  50  60  70 (%)
```

图 8-16　贵州省卫生健康人才学历需求分布

(二) 大学本科学历需求规模

卫生健康专业技术人才大学本科学历需求规模最大，占比为69.71%；其次分别是研究生学历和大学专科，占比分别为22.35%、7.66%；中专及以下的需求规模最小，仅占0.28%（见图8-17）。

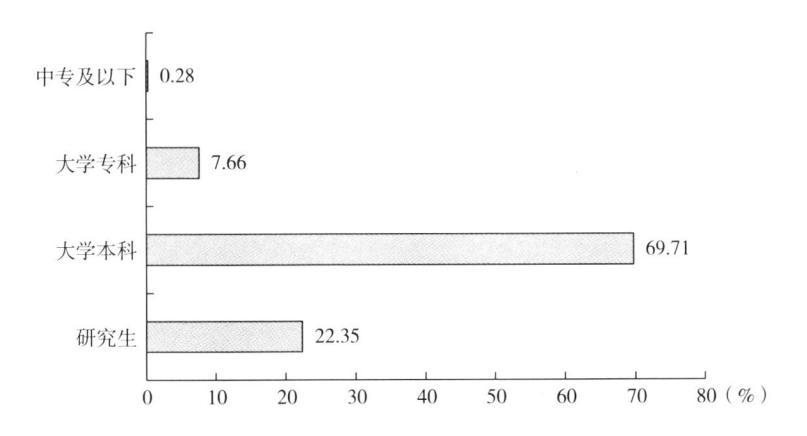

```
中专及以下  0.28
大学专科    7.66
大学本科    69.71
研究生      22.35
         0  10  20  30  40  50  60  70  80 (%)
```

图 8-17　贵州省卫生健康专业技术人才学历需求分布

第五节 贵州省卫生健康人才供给分析

一 卫生健康人才政策供给

国家出台了《"健康中国2030"规划纲要》《国家"十三五"卫生与健康发展规划》《国家中医药事业发展十三五规划》等系列引领性文件，加快了卫生健康体制改革、推行人才强卫战略的进程，提出统筹和强化各类卫生健康事业协同发展。贵州省委、省政府先后出台了《中共贵州省委贵州省人民政府关于大力推动医疗卫生事业改革发展的意见》（黔党发〔2015〕18号）、《中共贵州省委贵州省人民政府关于加快推进卫生与健康事业改革发展的意见》（黔党发〔2016〕27号），制定了《贵州省新医药产业发展规划（2014—2017年）》《贵州省基层医疗卫生服务能力三年提升计划（2016—2018年）》《贵州省护理事业发展规划（2016—2020年）》《贵州省"十三五"卫生计生事业发展规划》《贵州省"十三五"中医药发展规划》（黔卫计发〔2016〕85号）等系列文件，对卫生健康重点发展领域、医药及中医药产业重点发展方向、基层卫生事业发展目标与路径、卫生健康发展的重点任务与工程作出具体安排，贵州省卫生健康事业发展机制与政策不断完善。

国家层面出台《国家中长期人才发展规划纲要（2010—2020年）》《医药卫生中长期人才发展规划》《中医药人才发展"十三五"规划》，为全国健康卫生人才提出了目标要求，指出了发展路径；同时，贵州省还出台了《关于加强基层专业技术人才队伍建设的实施意见》（黔人社厅通〔2013〕334号）、《贵州省支持事业单位专业技术人员助力脱贫攻坚三年行动计划》（黔委厅字函〔2018〕19号）、《贵州省三级医院对口帮扶贫困县级医院工作方案》（黔卫计发〔2016〕22号）、《贵州省2017年度万名医师支援农村卫生工程项目实施方案》（黔卫计办函〔2017〕50号）、《贵州省乡村两级医疗卫生引才奖励实施办法（试行）》（黔府办函〔2016〕102号）、《贵州省进一步加强乡村医生队伍建设方案》（黔府办函〔2015〕199号）等系列文件，为壮大基层卫生健康人才队伍、提升贫困地区卫生健康人才素质、提升基层健康卫生服务供给能力提出了具体目标与任务要求；出台的《医疗卫生援黔专家团工作方案》（黔卫计发〔2016〕54号）、《贵州省卫生专业技术高级职务任职资格申报评审条件（试行）》（黔人社厅通〔2016〕398号）等系列文件，推进"银龄计划"等行动，充分挖掘了贵州省内外人才资源潜力，促进了各类高层次人才与急需紧缺人才引进与培养，推动卫生健康人才结构不断优化。近年来，随着各类卫生健康人才政策不断出台，卫生健康人才激励机制不断完善，卫生健康人才队伍趋于稳定，卫生健康事业人才发展体制机制不断优化，具有核心竞争力的卫生健康产业人才集群正在加快形成。

二 招才引智平台供给

（一）卫生事业平台

近年来，随着我国医疗卫生事业的不断发展，贵州省在卫生健康人才供给平台建设主要体现在三个方面：一是在人才博览会专门开辟了卫生健康人才专区，促进贵州省用人单位与全国中高端卫生健康人才精准对接；二是人社部门、卫生健康部门组织的全国名校、省内专场招聘会，为卫生健康类用人单位搭建需求对接平台；三是利用西部博士后服务团、专家院士贵州行、对口帮扶城市的人才交流挂职等平台，促进全国高端人才柔性服务贵州卫生健康事业发展。

（二）引才平台

将大健康产业高层次人才纳入"百千万人才引进计划""百人领军人才""千人创新创业人才"认定评审范围；将引进和培养的药物创新、医疗器材核心软硬件开发、中医药传承及中药材种植等方面的专业人才，优先享受省级高层次人才引进计划、创新型人才遴选培养计划、"黔归人才计划"、高技术人才培养工程、"优秀企业家培养工程"等优惠政策范围。持续推进医疗卫生援黔专家团工作，截至2018年年底，共聘请了54名院士作为首席专家、1116名高层次人才作为核心专家，帮助贵州提升医疗卫生技术水平。截至2018年，贵州省大健康领域的科技创新人才团队近60个，聚集培养了一批高层次创新型人才。

（三）基层医疗卫生人才培养平台

基于《贵州省"十三五"卫生计生事业发展规划》，贵州省在人才培养平台建设方面开展了以下工作：一是依托援黔专家团，加大与专家的联络对接，建立人才招录与培养的"绿色通道"；二是通过开展农村订单定向医学生免费培养工作，加快充实基层卫生人才队伍，本科学历定向医学生按照"5+3"模式进行培养，专科层次按"3+2"模式进行培养；三是大力实施"千人支医"计划，针对乡镇卫生院医生、乡村医生、乡镇卫生院院长开展培训，提高乡镇卫生人才水平；四是抓好住院医师和助理全科医生规范化培训，加大基层医疗机构对全科医生转岗培训力度；五是推进"黔医人才计划"工作，促进基层医疗卫生人才素质与能力提升。

（四）用人单位自主培养平台

用人单位自主平台建设主要体现在以下五个方面：一是积极参与产学研人才培养平台构建，促进科学研究、人才培养与社会服务一体化发展；二是主动承担国家、省、市、县卫生技术人才规范化培训、专项教育培训项目，促进了用人单位师资队伍建设，也为本地区培养了大批卫生健康人才；三是部分用人单位自主设立培训机构，大力推进中青年技术骨干业务能力培养计划，推进内部讲学"学术沙龙"等丰富多彩的学术活动，促进内部知识与技术共享；四是部分单位与省内高校共同制订订单式、批次培养计划，逐步逐批提升本单位所需人才；五是用人单位通过制定《自主培养高层次人才管理办法》，积极引导和鼓励在岗职工提升专业能力与素养，不断提升学历水平。

（五）区域人才共享平台

原贵州省卫生计生委、省发展改革委、省人力资源和社会保障厅和贵州保监局联合制定发布了《贵州省医师多点执业管理办法》，推动了医务人员的合理流动，促进了不同医疗卫生机构间的人才交流，实现了医疗卫生资源的合理配置，促进贵州省医疗卫生服务能力的整体提升；此外，积极推动实施跨层级医疗卫生机构对口帮扶，推进区域内医联体、医共体建设，推动优质医疗卫生资源下沉。

（六）专项卫生健康项目平台

启动实施国家健康医疗大数据西部中心建设项目、省妇幼保健院、儿童医院、护理职业技术学院、中国医学科学院肿瘤医院（国家癌症中心）贵州分院（分中心）建设项目、国家卫生健康委西南培训中心建设项目、省医学科学院建设及大健康产业园项目、西南中药材产业园及商贸城建设九大项目，进一步实现专项平台对人才的聚集效应。以中药食材、药材种植、药业研发生产、饮片加工、民族医药技术创制、中医养生、生物科技等为重点，引导设立了大健康产业园、智慧生态循环经济扶贫产业园、中药材基地、现代医药产业实训基地、生产研发基地项目、国家工程研究中心、生物科技园、医药研发中心、医药生产基地等24项医药健康重大工程项目，实现了产业项目对人才聚集的带动作用。

（七）人才交流挂职平台

2016年以来，国家卫生健康委（原国家卫生计生委）与贵州省政府共同实施了医疗卫生援黔帮扶计划，通过"援黔医疗卫生对口帮扶""医疗卫生援黔专家团""黔医人才计划"等形式，大力提升贵州医疗卫生服务能力；此外，通过对口帮扶城市资源，实现卫生健康人才交流挂职，促进贵州省卫生健康人才充分吸收发达地区专业技术，提升专业能力水平，为推动全民健康，打造健康贵州，实现贵州与全国同步进入小康社会奠定了坚实基础。

三 高校人才培养供给

（一）高等院校人才培养供给

从医学医药院校的学生规模来看，在贵州省内高等医药院校中，招生人数以年均12.30%的速度增长，医学类在校生规模约为11万人。近三年，共培养输出医学大类毕业生约为7万人；在中等职业医药卫生学校中，近三年培养的应届毕业生规模约为6.90万人，2018年在校学生规模约为6.40万人。

2018年贵州省内高校人才培养梯队分为两类：第一类为培养博士、硕士研究生等高层次人才高校，主要为贵州医科大学、遵义医科大学、贵州中医药大学三所学校，其中贵州医科大学是贵州省唯一一所培养博士研究生的高校，三所院校每年培养研究生约为1000人；第二类为大学本科生高校，包括培养研究生和大学本科的三所院校，以及三所独立学院或民办高校，共有6所高校培养大学本科毕业生，每年输送各类大学本科学历卫生健康人才约1.26万人。

（二）职业院校应用人才培养

贵州省有6所专科或高职院校，每年培养护理类、技能型、应用型卫生健康人才1.30万人，年均增长率达22.17%；2018年贵州省医药卫生类12所中等职业学校毕业生总数2.69万人，年均增长率为19.52%；2018年，贵州省职业类大中专院校共计输出3.99万人，医学医药类职业院校应用人才培养能力逐步提升。

（三）医学医药类学科建设

2017年，贵州省高校新增12个大健康类大学本科专业，贵州省209个一流大学重点建设项目（含培育）中有65个为大健康类项目，占比为31.10%；2017年，贵州省27个第一批国内一流学科建设项目中，有8个卫生健康类学科，占比为29.63%，贵州省对卫生健康类教育投入逐步加大，卫生健康类学科建设水平逐步提升。

（四）科研平台建设

近年来，贵州省发改委、科技厅、卫生健康委在贵州省范围内设立了多家工程实验室、研发中心，立项资助医疗、公共卫生、民族医药、中医药、制药类多个基础研发、应用研究、产业化培育等重点项目；设立多家医疗卫生类专业技术人才继续教育基地，设立了多家卫生健康人才基地，通过临床研究中心、开放式实验中心等研究者支持团队，与国际国内一流实验室建立友好关系，为省内外高层次卫生健康人才提供了集聚交流与事业发展平台。

第六节　贵州省卫生健康人才发展问题

卫生人才是卫生事业发展的保障，在促进卫生事业发展中发挥了重要作用。近年来，卫生人才队伍规模快速壮大，整体素质大幅提高，但是在人才发展的体制机制、人才需求、人才供给方面仍然存在诸多不足。

一　卫生人才发展不足，流动配置效率低

（一）产业发展与人才发展协同不足

贵州省卫生健康事业产业化、集成化趋势不够明显，卫生健康产业市场空间有待进一步拓展；卫生健康产业高层次、高水平人才比较匮乏，卫生健康产业过分依赖眼前利益、本地市场和既有人才，向前看、拓市场、强人才等发展思路没有构建，贵州省卫生健康人才队伍发展不充分不平衡的矛盾依然突出。乡村卫生健康人才能力水平偏低,服务能力明显不足;卫生健康事业人才政策呈现"重引进、重产业,轻培育、轻平台"现象,产业发展与人才政策之间缺乏高度整合与融入,产业与人才缺乏协调发展机制;产业发展与平台建设缺乏合力,科研平台资源配置没有向基层倾斜,导致基层医疗机构、民营医院、中医医院等用人单位长期存在高层次人才引才难、留才难现象。

(二)人才流动与市场化机制配置不匹配

人才资源流动是经济市场配置的结果,内外部机制问题是促使人才流动的主要因素。医疗卫生人员具有社会责任大、培养周期长、职业准入严、工作风险大等特点。目前,薪酬水平、结构组成、个体差异、人才发展又与其特点不尽相符。据调查数据显示,综合薪酬偏低、单位人才培养与成长机会不足、单位福利较差、对人才的个性化服务不足、单位文化吸引力弱、照顾家庭等是影响医疗人才流动的内部因素;地域偏远、生活成本高、本地本行业待遇水平偏低滞后、人才引进服务的政策没有吸引力或不配套、省内人才培养与供给不足等是影响医疗人才流动的外部因素。其中高级技术人才、中级技术人才、各类人才均流失严重,基层卫生人才逐渐朝着高级医疗机构和卫生管理机构流动,而高级医疗机构和卫生管理机构的卫生人才则流出省外,也有部分公共卫生人才因为报酬原因而选择主动离职。

(三)用人单位的人才发展机制不健全

对国家、省级、市、县区卫生健康人才队伍建设政策不熟悉,导致各级人才培养公共资源供给效率偏低;由于卫生健康人才培养周期长,用人单位作为用人主体,普遍存在重引进、轻培养问题,奉行拿来主义;在高层次人才引进后,缺乏后续跟踪关怀与再培养再教育机制,导致人才干事激情衰减,消磨了人才的优势与特长;部分人才政策存在落实难与执行难;用人单位的人才评价体系、选拔任用、激励保障机制不健全,存在用人观念僵化、人才开发滞后、管理机制不健全、学历与知识结构不合理、学科带头人欠缺等诸多问题,直接制约了本单位人才队伍发展壮大。

二 卫生人才供需匹配效果不佳

(一) 人才需求缺口大

1. 宏观需求

贵州省宏观卫生健康人才需求问题主要表现在以下五个方面：一是贵州省内居民卫生健康意识大幅提升，对卫生健康人才提供的服务规模与水平需求逐步提升，现有人才队伍并没有适应新社会需求；二是贵州省整体医疗卫生水平偏低，对高层次、高水平专业技术人才需求长期存在；三是数字化、便捷化、个性化卫生健康服务需求大幅增长，与当前卫生健康人才供给不匹配，卫生健康人才需求缺口较大；四是贵州省贫困地区、基层乡镇卫生机构存在大量空编情况，2018年，对基层卫生技术人员的需求量就已经超过4万人，基层卫生机构普遍存在"优秀人才引进困难，引进后留住更难"的现象，基层人才需求难以得到有效满足；五是到2020年贵州省有7.7万人才需求缺口，现有贵州省内人才自主培育能力难以匹配。

2. 医疗卫生人才需求

贵州省医疗卫生类用人单位的人才需求问题主要表现在以下四个方面：一是部分事业单位用人需求不够客观理性，为了提升资质或其他目的，盲目拔高岗位学历要求，存在人才资源浪费现象；二是对高层次人才需求强烈，但单位用人机制、薪酬待遇等机制不匹配，制约了高层次人才引进，造成需求长期得不到有效满足；三是用人单位需求不明显、不具体，导致"引不为用"，造成人才资源闲置现象；四是大部分医疗机构的科室带头人或骨干、影像、麻醉、检验等人才岗位处于长期空缺，这些领域人才需求长期难以得到满足。

3. 公共卫生人才需求

贵州省公共卫生人才需求主要有以下四个问题：一是人才需求得不到有效反馈。公共卫生用人单位严格按照编制聘人，但编制数量往往小于实际业务所需的人才规模，用人单位即使有人才需求也得不到有效反馈；二是人才引进与需求不匹配问题。主要因为公共卫生单位人才招聘自主权弱，人才引进由相关人社部门统一招考，存在引进人才与需求不匹配现象；三是特殊岗位需求难以满足。公共卫生工作种类多样，项目管理、财务、人力资源等专业岗位、特殊岗位需求申请难以通过人事部门审核，导致特殊人才需求难以满足；四是高级专业技术人才岗位长期空缺。因为待遇原因难以引进，引进后也难以留住，从而导致高级职称专业技术人才岗位长期空缺，需求长期得不到满足。

4. 民营医疗机构人才需求问题

截至2018年，贵州省民营卫生机构规模总量已经超过公立机构。与公共医疗机构相比，民营医疗机构优秀高层次人才较少，且依赖于公共医疗机构在技术方面给予指导，或借助外包服务来发挥作用。同时，因政策、资金、需求等方面的限制，民营医疗机构往往还扮演的是公共医疗机构的蓄才平台，一旦有机会优秀人才就可能跳槽或流出。此外，民营医疗机构能够聘请部分退休或即将退休的医生，或是招聘部分尚处"毕业—就业—择业"期间的青年医学生，中间梯队的医疗人才不多，导致专业技术人员断层，人才可持续发展动能不足，人才集聚效应难以体现。

（二）人才供给环境有待提高

1. 卫生人才缺口大

2018年，贵州省卫生人才总量为26.36万人，满足贵州省卫生服务供给的基本国家标准，在考虑人才分布充分均衡状况下，卫生人才总量缺口为6.4万人，医药产业人才缺口为1.3万，执业（助理）医师缺口为0.9万，注册护士缺口为0.53万，卫生人才总量不足，核心原因是卫生人才供给不足。

从统计数据来看，贵州省卫生健康人才需求量较大，2018年需求缺口为6.49万人，不仅如此，部分专业技术人才或从业资格人员，明显不及全国平均水平。尽管卫生人才数量逐年增加，但人才总量不足的现状并未得到根本性的改变。即便在省直属单位或具有医学院校的城市及其辖区范围内，依然面临大量的卫生人才需求，其中，部分人才需求同样存在紧缺性，包括本地（本校）培养的人才，也可能不选择留在本地（附属医院）。

2. 高层次人才引进难

高层次、高水平卫生技术人才是稀缺性资源，成为全国各医疗卫生机构争夺的对象。受到经济发展水平、人才政策、薪酬待遇、事业发展平台、子女教育等主客观因素的影响，贵州省在高层次人才引进方面存在困难，基层医疗卫生机构和公共卫生管理部门的高层次、高水平卫生人才极为稀缺，部分公共卫生服务机构人员编制严重不足，很多基层卫生机构存在专业卫生人才年龄断层现象。此外，公共卫生管理部门整体人员年龄偏大，存在新引进的高层次人才被排斥现象，部分公共卫生机构普遍存在现有人才难以适应或支撑新形势下人们对公共卫生服务的需求。

3. 人才"逆向流动供给"

人才流动本是市场化机制人才的主动选择行为。虽然国家、省、市出台了多项政策引导卫生人才向基层流动，促进基层卫生人才资源供给。现状却是逆向流动供给，乡镇优秀卫生人才资源流向区县级卫生机构，区县级流向市州级，市州级流向省级卫生机构，省级优秀人才却流向省外，卫生人才流动呈现逆向流动供给，基层卫生资源被抽空，自主培养的优秀基层卫生人才不断流失，制约着基层卫生事业发展。

4. 卫生资源供给失衡

卫生资源是聚集卫生人才发展壮大的载体。当前，科研平台、人才培养平台、产学研平台、人才基地等人才聚集平台一般配置给资源密集、人才密集的卫生机构。受限于卫生资源分配模式，无论是国家还是地方层面，卫生人才队伍聚集平台与中心都建在资源富集的城市，乡镇卫生机构便成为卫生资源配置领域的薄弱地区，造成了不同区域发展差距大，基层卫生人才供给失衡。

5. 中医人才供给不足

由于中医培养周期长，其继承主要靠师传、私塾、自学等方式，加之医家各承家技，许多通过传统方式学习中医的人才，由于没有中医学类理论基础，难以拥有执业医师资格。许多老中医的经验和特色诊疗技术、方法濒临失传，再加上县及乡镇卫生机构在招聘时不注重中医药人才，导致中医药人才流失加剧，中医人才发展进程明显受困。

（三）人才供应结构与社会需求不匹配

1. 高校自主培养规模

统计数据显示，贵州省到2020年有7.7万的健康卫生人才需求缺口，而贵州省高校供给的毕业生仅有2.69万人，两年自主培养供给的人才全部在省内对口就业，也仅有5万人左右的规模，存在2.7万人左右的缺口；此外，贵州省高校培养的医学医科类研究生仅有1000人左右，博士仅有一所高校，培养人数不足百人，省内高校自主培养规模难以匹配贵州省对卫生健康人才的需求。

2. 毕业生就业不对口

调查数据显示，贵州省毕业生中，仅有35%左右的医学或药学院校毕业生从事卫生健康工作，大部分医学院毕业生并没有从事卫生或医药工作，造成了大量培养资源浪费；同时，贵州省内高校培养的硕士生约有50%没有在省内就业；一方面是省内卫生健康人才缺乏，另一方面是大量毕业生没有从事卫生健康工作，或流向省外，导致贵州省人才培养供给与需求之间存在缺口。

3. 人才培养模式陈旧

受传统教育理念及陈旧教育模式的影响，高等医学院校长期以生物医学模式为主，并将医学理论和临床技能教学作为侧重点，在课程设置方面并没有及时从"生物—心理—社会"的模式进行调整与调适。此外，人文社科与综合类课程内容安排有所欠缺，导致近年来强化医学生人文素质教育和综合素质培养的呼吁日益增强。在传统的生物医学模式的影响下，医学生将主要精力置于医学专业知识体系的培训，缺乏系统的人文教育和综合素质的培养，医学生在进入医疗卫生机构后，往往表现出缺乏与患者接触的常识和技能，导致医患关系紧张、不接地气等现象时有发生。

4. 专业发展有待优化

在高等院校普遍扩招的大背景下，医学院校扩招大多限于医学临床类专业，淡化了医学特色，在护理、公共卫生管理、药学等专业的扩招力度相对较小，造成人才供给缺口；同时，高校在专业设置方面脱离基层医疗卫生事业发展实际，导致这些专业的医学生并不适应医疗卫生人才队伍建设的需求；此外，医学知识层次、临床技能、专业方向等均与医疗卫生事业的现实发展存在出入，致使卫生人才专业学不致用，供给缺口得不到有效弥补。

5. 培养平台与需求不匹配

贵州省高等医学院校教师队伍的医学知识体系与临床能力结构相对全面，然而却缺乏基层医疗卫生服务经验，高等医学院校对全科医生等综合型人才的培养缺乏师资方面的有力支撑。同时，高等医学院校的合作医疗机构往往是城市区域内的各大医院，这种形式下的合作渠道、培训方式、指导专家的安排与规划均与医疗人才的培养存在差异。兼具教学能力和社会实践经验的双师型教师是高等医学院校教育管理人员结构的短板，缺乏与基层医疗卫生机构的沟通与合作，人才培养平台脱离医疗卫生事业发展的实际需求。

三　卫生人才成长环境亟待完善

贵州省卫生健康人才成长与发展环境问题主要表现在以下四个方面：一是工作强度大，挤压个人学习成长时间，卫生人才工作强度较大，面临加班值班的现象，同时难以把握培训学习机会，制约专业技术水平提升；二是用人单位担心优秀人才流失，不愿派遣优秀人才外出学习交流或挂职；三是部分单位考核评价体系尚未建立，优秀人才因得不到公平评价而无法脱颖而出；四是编制原因，导致人才晋级晋职受阻，制约工作激情，最终可能选择离开；五是基层医疗人员少，身兼多职导致个人没有学习机会。

贵州省公共卫生事业的发展使卫生人才选择的机会不断增加。基层卫生机构因为基本生活环境，或是子女教育环境、配偶工作环境等原因导致不愿长期待在基层，基层专业人才难以保留；此外，部分基层医疗机构偏远，交通不便，乡村地区文化娱乐设施不足，周边生活配套设施得不到保障，卫生人才难以安心、稳心、用心工作，促使基层人才外流；在医药产业中，由于医药种植生产地点偏远，环境艰苦，导致难以留住高学历、高层次、高水平人才。

第九章

贵州省专业技术人才创新发展研判

当前,贵州省既面临推动科学发展、实现后发赶超、实施乡村振兴的重大战略机遇,又面临发展变革带来的严峻挑战。经过长期的努力,贵州省专业技术人才队伍建设从理念到地位、从机构到机制环境、从队伍规模到整体水平等方面都发生了深刻的变化。但是,仍然存在专业技术人才总量不足、增长速度缓慢、部分领域人才流失严重、高技术人才紧缺、专业技术人才创新创业环境建设滞后和专业技术人才对科教兴黔的支撑力度不够等问题。

第一节 贵州省未来人才发展环境的总体判断

贵州省经济经过十多年的高速发展,现在处于新旧动能转换、脱贫攻坚衔接乡村振兴的关键时期,"大数据、大健康、大旅游"等战略全面实施,城镇化的全面推进,为未来贵州省人才发展环境带来了以下变化。

一 全省城镇化影响判断

目前,贵州省城镇化率预计接近50%,与全国(约为60%)约有10%左右的差距;到2035年,全国城镇化率预计达到75%,贵州省的经济增长超过全国平均水平,城镇化率将超过65%,届时预计有超过600万农村人口拥入城市,按人口循环理论,从全省其他城市流向贵阳市的人口有望超过300万人,后者有望成为最大受益者。

二 省会城市的人才集聚效应判断

2017—2019年高层次人才引进状况显示,贵阳市引进的高层次人才规模占全省总规模比例超过50%；人口流动数据显示，全省流出为900万人，而贵阳市是唯一一个净流入的城市；根据全球、全国各省份的发展状况来看，当经济发展迈过中等收入陷阱（人均GDP超过1.2万美元），区域中心城市对人口的虹吸效应将持续增长，人口占比将超过区域的20%，按全省人口数据核算，有望超过800万，而其他地级市的高素质人口将可能持速流入贵阳市。尤其是贵州省委十二届八次全会提出实施"强省会"五年行动，加快构建以黔中城市群为主体，贵阳贵安为龙头，贵阳—贵安—安顺都市圈和遵义都市圈为核心增长极，其他市（州）区域中心城市为重点，以县城为重要载体，黔边城市带和特色小城镇为支撑的新型城镇化空间格局，省会贵阳的人才聚集效应将会进一步凸显。

三 "一孩"政策与高教扩容效应判断

2020年到2035年，在1965年至1973年"婴儿潮"高峰期间出生的人口将逐步退出劳动力市场，一孩政策效应导致的劳动力持续减少将不可避免。然而由于出生人口的减少，高等教育的普及，新进入劳动力市场的劳动者素质有望快速提升，人才占劳动力人口比将快速提升，全国悄然进行的"抢人才大战"将演变成"抢人大战"。

四 产业转型升级影响

过去十年贵州省人才呈现粗放式发展，追求规模增长粗放式是为了满足全省经济高速增长需求。当前，全省经济由高速增长转向中高速增长阶段，对人才质量的需求开始体现，全省人才发展由粗放发展转向量质并重，即在追求规模增长的同时，也在追求人才层次与素质提升。

五 外出回流人口影响

统计监测显示，省外务工回流已经临近拐点，随着回流人口加大，省外务工与省外回流人口规模接近，预计将在近三年内出现拐点。2018年，贵州省拥有超过800万省外务工人员，这些经过市场经济洗礼、规范化职业素养与技能训练的人才，将为贵州省三次产业发展带来专业、优质的人才资源，由于他们习惯了都市生活，贵阳市迎来人口回流红利。

六 传统工业转型升级影响

传统产业因为"三低"（技术含量低、准入门槛低和附加值低），导致生产经营困难，贵阳市以传统方式进行种植的农业，以化工、建材、采矿等传统原材料加工为主要的工业深陷"不转型则等死"的急迫境地，传统产业转型升级迫在眉睫。转型背后是新市场、新技术、新生产模式、新设备，相应也需要新的经营管理人才、创新型技术人才、能够操作与检修新设备的技能人才，不适应创新需求的传统人才将被社会所淘汰，传统人才的转型发展势在必行。

七　消费升级影响

由于互联网的便利性和成本优势，店铺式销售的标准化消费品将被线上所替代，迫使传统百货公司开始向体验式、休闲娱乐等综合型消费转型。依靠传统买进卖出、赚取差价的传统商业将日趋消亡，传统的商业人才面临着失业风险，急需转型升级发展。电商助推中低端、标准化商品全国差异化程度大幅降低，只有地域性、定制化、特色化、体验式的中高端消费品更能体现地域特色与优势，成为过境旅客消费的首选。随着过境旅客的快速增长，将助推贵州省中端消费品产业快速发展，而中低端消费品将被线上消费挤压，并将持续萎缩，中高端消费行业人才需求有望增长。新的消费观念和需求推动传统产业不断转型升级，新兴需求的强势拉动，促使产业结构的转型升级，进而推动人才不断转型升级。

八　新兴产业发展影响

新兴产业与传统产业相比，具有高技术含量、高附加值、资源集约等特点，通常新兴产业的标准、业务流程还有待开发，先驱企业往往获得先发优势，推动新兴产业的人才规模快速增长，迅速集聚人才，成为占据新兴产业先发优势的关键因素。

九　三产融合发展影响

三产融合发展已经是未来发展趋势。推进产业融合也是形成城乡一体化、促进农业增效、推动农民增收和实现农村繁荣的必然路径，这对推动工业、农业与服务行业融合发展且懂技术、生产与市场的复合型人才需求量更加旺盛。

十　数字经济融合发展影响

数字经济与以制造业为主体的实体经济融合发展在引发诸多组织、业态、模式变革的同时，也形成了大量新兴领域的人才需求，促使高素质人才的结构性短缺成为制约融合发展的"瓶颈"。当前，大多数人才分布在传统的产品研发和运营领域，深入掌握工业大数据采集与分析、先进制造流程及工艺优化、数字化战略管理、制造业全生命周期数据挖掘等领域专业技术人才的总量相对较少。同时，在互联网、大数据、人工智能等新兴领域，也严重缺乏深入了解传统制造业运作流程与关键环节，能够在细分垂直领域深度应用新一代信息技术进行数字化、网络化、智能化改造的跨界人才。

十一 体验经济发展影响

文化旅游等体验经济是服务经济的延伸，是农业经济、工业经济和服务经济之后的第四类经济类型，强调顾客的感受性满足，重视消费行为发生时的顾客的心理体验。在推动消费品市场繁荣发展的过程中，具有短周期性、互动性、映像性与高附加价值的体验式经济，有望成为贵州省经济发展的下一个风口。这对能够将消费过程剧场化设计的专业人才需求更迫切，体验设计人才将被竞相争夺。

十二 线上线下融合影响

随着经济发展水平的快速提升，人们对个性化需求开始凸显。随着电商行业发展的不断完善以及实体零售业加快转型蜕变，线上线下由竞争转向合作、优势互补，乃至深度融合，这助推了创新创业人才规模快速壮大。尤其是新冠肺炎疫情发生以来，加速的顾客线上行为的线上迁徙，也为销售线上线下融合带来新突破，线上线下融合的人才服务"组合拳"将进一步加强和完善。

十三 交通发展影响

目前贵阳市坐高铁到重庆、成都、昆明、长沙均在3.5小时之内，到武汉、广州、南宁、南昌、香港也在5小时之内，机场旅客吞吐量增长率达到11%，交通的便利性助推过境旅客大幅增长。2018年，旅游总人数达18846.25万人次，增长26.7%，连续三年增长率超过20%，这加大了对旅游人才的需求。根据国际经验表明，当人均GDP达到1万美元时，消费需求将从生存型、数量型向发展型和享受型转变，旅游产业将由休闲游向度假游升级发展。当前贵州省的旅游业主体成分为观光游，拥有少量的休闲游，度假游产业尚未形成气候。为应对未来度假旅游产业发展，观光游将可能迎来拐点，休闲与度假将可能成为主流，贵州省旅游和产业人才将面临升级发展，对旅游人才需求将呈现量质并重态势。

十四　人口老龄化影响

目前，人口老龄化问题已经成为国家和地区发展较为严重的社会问题，虽然"二胎"政策已放开，但短期内人口老龄化的问题依旧突出，老龄人口的康养、服务有待完善，随着全国人口老龄人口数量的加剧、医保与养老保险统筹推进，贵州省可以发挥多元化气候与人文地理优势，具有多元化养老需求的独特优势，贵州健康养老产业有望迎来爆发式增长，健康养老人才规模有望快速增长。

第二节　贵州省专业技术人才发展方向

当前，各地人才开发政策创新仍在升温，在人才试验区建设火热的背后，折射出体制机制亟须改革、可复制的系统性经验缺乏、地域地情带来的差异化影响和市场活力不足等严峻现实，社会普遍期待着人才体制机制的改革与创新。

专业技术人才发展创新是适应、服务与引领经济社会发展的过程。从目前来看，贵州省专业技术人才发展创新的主要目标是实现从"数量到质量、从近期到远期、从形式到内容、从一元到多元"的四大转变。

一　加快政府职能转变

（一）界定地方政府的角色定位

发达国家主要依靠市场的力量，通过需求与供给的相互作用，注重发挥价格机制的作用，目前我国的地方人才管理创新属于地方政府推动型。政府的力量是纵向的，市场的力量是横向的。提高各地区的市场化水平，有利于形成自动生发机制，推动各地区人才资源开发不断发展壮大。新公共管理与政府角色定位需要明确政府角色，政府应该做什么和不该做什么，需要对中央政府、地方政府和基层政府的角色进行准确定位，中央政府对各地区提供支持，应当给各地区相对宽松的环境，减少对试验区的行政干预，让试验区按人才管理的客观规律来管理和使用人才等方面入手。

(二) 提升市场化水平

市场化水平是为了进一步厘清政府职能,明确政府与市场的边界,市场化水平与区域营商环境的关系密切,要素市场的体制机制健全度可以作为衡量市场化水平,一般从以下两个方面提升人才的市场化水平:①让用人主体充分发挥引才用才的主体性作用;②政府部门逐步从"前台引导"向"后台服务"转变。要深化政府部门的管理改革,真正实行政企分开、政资分开、政事分开、政社分开,最终建立起符合市场经济体制的人才市场机制。

(三) 政府职能转变

政府职能的转变可从以下几方面着手:

(1) 职能下放。

可简单理解为减少审批,提升试验区的管理自主权,中央要下放一批职能到省、自治区、直辖市,省、自治区、直辖市也应将能够下放的职能下放一批到市县,市县授权试验园区管委会,管委会也可以授权给企业行使以前由政府承担的相关职能。

(2) 加强政府购买社会服务。

基于人才的差异化需求,为了提升服务效率,政府应当通过购买服务的形式,充分调整第三方组织与市场资源来全方位服务于各类人才发展需求。

(3) 取消不必要的行政审批。

除国家法律法规规定的行政审批以外,其他阻碍人才流动的行政审批应当尽量取消,在此基础上,不断完善和优化审批材料和审批流程,有效提升审批服务质量和效率。

(4) 制定试验区权利与责任清单。

弄清楚各级部门必须承担哪些责任、必须做哪些事情,哪些地方不能碰。如果能突破就是创新,否则就会触碰"高压线"。制定试验区权利与责任清单,有利于规范各级部门的行政行为和更好地发挥市场的资源配置作用,提升企业行为的自主性,也有利于提升试验区市场化水平。

二 促进人才队伍稳健发展

《关于深化人才发展体制机制改革的意见》(中办2016年9号文)

提出"要加大对从事原创性基础研究人才支持力度，建立健全对青年人才普惠性支持措施"等指导意见，目的是推进人才队伍稳健发展。专业技术人才的稳健发展需要评价机制从以下两个方面进行创新：

（一）基础研究与应用研究人才均衡发展

基础研究人才是应用研究的基础。应引导应用型专业技术人才积极满足市场与社会需求的满足，支持基础性研究人才关注原创性和革命性创新，研究长周期创新。基础研究是科技竞争力的基础，应用研究能促进基础研究成果的转化，两者均衡才能兼顾短期与长期需求。

（二）形成地域梯队、层次梯队与年龄梯队

人才队伍稳健发展，需要在地域内形成人才流动与循环的生态机制，同时还需构建高层次人才引领、中低层次人才追随与支撑的梯队；此外，人才队伍的稳健发展还应关注人才队伍的年龄结构，以老带新的方式培养年轻的人才队伍，以老带新培养年轻的人才队伍，完善人才队伍的年龄梯队，实现老中青人才结构分布的合理，保障人才队伍的稳定与传承。

三 加强人才内涵建设

截至2017年，贵州省专业技术人才总量已经达到134.73万，数量规模不小，但层次结构、地域结构与产业结构存在分布不均，存在"一般人才总量多、高层次人偏少，事业单位人才多、企业人才少，中心城市多、偏远地区与基层少，公有经济多、非公经济少，传统产业多、新兴产业少""五多五少"不良现象。关注内涵建设，促进人才层次、质量与结构优化提升，是贵州省专业技术人才的基本目标之一。

四 推动服务产业发展

（一）强化地方特色产业

强化各个载体应具备的科技孵化特色功能，引导载体间的竞争由同质到异质，由无序到有序，明确人才的使用方向。因此，城市应强化特别社区特色，清晰定位特别社区的功能，各个特别社区应聚焦重点发展的高新技术产业、新兴产业和现代服务业领域，立足区域资源禀赋、产业基础和建设条件，有重点、有方向地发展当地的特色主导产业，避免在人才消费的结点中出现同质竞争。农村应发掘地方特色产业，集聚农村实用人才和产业人才发展特色产业，培育能服务于地方特色产业发展的技术及技能人才，引导人才向特色产业方向集聚。鼓励各地开展多种类和多层次的人才开发政策创新，避免一味"求高求全"和同质竞争的弊病，最终形成结构合理、错位发展、协同成长、优势互补的产业和人才协同布局。

（二）创新人才评价激励机制

构建以品德、知识、能力、业绩和贡献等要素作为衡量标准的人才评价快捷通道，逐步增加专利、技术转让、成果转化等职称评定要素权重。在身份、学历、资历等方面不具备申报专业技术职务任职资格社会化评审条件的特殊专业技术人员，可破格评定专业技术职称。经认定并持相关证明材料（如人才服务绿卡）的创新创业人才，申报专业技术职称，可不受资历、工作年限等条件限制。开展职务科技成果股权和分红权激励政策，对做出突出贡献的科技人员和经营管理人员实施期权、技术入股、股权奖励、分红权等多种形式的激励。

（三）减少人才外流和利用国外人才

要想克服人才外流的困扰，必须加快人才环境建设，尤其是对人才软环境的建设。建立现代企业人才激励机制，完善人才服务体系和人才相关法律法规。日本在国际人才竞争中"不求人才为我所有，但求人才为我所用"的策略对我国很有启发。目前，我国在发展程度上和发达国家存在较大差距，期望在国际人才竞争中占据优势、大量引进海外人才显然不切实际。但如果结合贵州自身发展条件，并在采用国际合作研究、邀请访问学者等手段的基础上，可以实现对海外人才的有效利用[①]。

五　创新体制机制

（一）构建协同治理机制

人才协同治理是社会组织发展变革的方向。现代公共治理的核心内容是治理的主体需要在交错复杂的环境中进行协作。[②] 人才的管理与发展需要向协同化治理的方向迈进，需要加强多主体的合作，要达成一种

[①] 张燕：《论我国人才管理改革试验区的经验及启示》，中国企业运筹学第十届学术年会论文集，2015年。

[②] 鹿斌、周定财：《国内协同治理问题研究述评与展望》，《行政论坛》2014年第1期。

良性的治理结构，需要不同治理主体进行合理分工、合作努力，不同主体之间要形成一种良性的"伙伴关系"。①而社会组织是政府和市场之外的重要治理主体，人才管理工作层层分配，最后还是要落实到组织的层次上完成。在管理过程中，组织担负着满足需求、搭建政府与人才之间沟通的桥梁、参与政策制定、回应市场等多重任务，组织能在政策落实、手续办理、信息咨询、项目申请等方面，替代政府来为高层次创新创业人才提供"保姆式""管家式"服务。所以人才，尤其是高层次人才，首先要把自己看作政府的"合作伙伴"，形成一种合作治理的社会治理模式②，而不是被动的接受者和执行者。

人才资源是第一资源，优质的人才更是稀缺资源，组织只有主动参与到人才治理的过程中，积极响应政府号召，根据市场的导向和自身的需要，在人才教育、培养、引进等环节发挥自己的一线优势，发现人才，吸引人才，才能留住人才。人才管理过程中存在多种问题，如人才管理主体单一；政府在管理过程中过度干预，角色失位；市场与社会组织还没有完全发挥出自己的引导作用，各自对自己职责范围界定不清。这决定了人才治理也是协同治理的重要组成部分，实现人才的协同治理具有深远意义，促使社会组织发展变革，加快政府转型，满足市场需求，推进社会主义市场经济加快发展。构建协同机制，需要政府将自己与市场主体、社会组织视作地位平等的主体；同时，需要政府积极为市场主体、公民社会组织提供平等的参与机会；另外，政府要注重发挥各治理主体的优势，统筹各方力量，方可实现协同治理。

(二) 构建促进区域人才发展的共享机制

总结国内外人才特区与人才试验区建设经验，研究制定深化有利于贵州省人才管理改革试验区体制机制改革的若干措施，在集聚人才、释放活力、优化环境等方面，提出系统化改革试点举措，可研究制订《贵州省人才管理改革试验区促进云贵渝湘人才协同发展行动计划》，探索建立区域人才协同创新机制和人才交流服务平台，深化区域人才交

---

① 周红云：《中国社会组织管理体制改革：基于治理与善治的视角》，《马克思主义与现实》2010 年第 5 期。

② 张康之：《行政伦理的观念与视野》，中国人民大学出版社 2008 年版，第 349 页。

流与合作，推行高层次人才资源共享机制。

（三）破除海外人才引进体制机制障碍

继续落实当前人才特区支持政策，调整和优化政策体系及分工落实机制，拓宽人才政策的覆盖面，加大引进海内外高层次人才力度，深挖试验区"先行先试"的政策潜力，细化落实"新四条"政策，围绕建立集聚人才体制机制，推动人力资源服务业扩大开放，外籍高端人才永久居留、签证办理、外籍人才创新就业等方面的政策突破，围绕释放人才创新创业活力，放宽外籍人才境内投资、跨境投资、外汇管理、进口税收等方面的政策限制，围绕优化人才发展环境，探索和推动实施人才联合培养、人才职称评审、科技成果转移转化、科技金融等方面的政策。

（四）破除国内人才流动的五大体制障碍

正如沈荣华所述，我国人才流动还存在户口、编制、档案、子女上学、出入境管理等方面的"拦路虎"。要着力解决有关问题，必须推行市场化改革的改革之道，这有助于让市场更好地主导行业人才的发展与聚集，也是当前人才政策创新的重要方向。对人才试验区而言，才能又好又快地推动行业人才队伍建设。

（五）人才引进备案制代替审批制

审批制是通过对人才引进的准入实行行政审核，但是审批制往往程序烦琐，审批时限较长，人才引进备案制能充分给予用人单位更多的自主权，建议在所有的人才管理改革试验区取消人才引进审批制，实行人才引进准入制、备案制，给予用人单位充分自主权。加快户籍、编制、档案管理等相关制度改革，突破人才流动中的地区、部门、所有制、身份、城乡等制度性障碍，极力优化、减少人才审批程序，努力运用市场手段推进人才试验区建设。

（六）强化人才工作绩效考核制度

完善人才工作目标考核机制，加大督促检查力度，强化结果运用，确保各项人才政策措施落实到位。实施《高层次人才绩效考核试行办法》，对引进的高层次人才进行动态管理，设定阶段性工作考核和业绩目标。加强对高层次人才实绩情况的追踪、评估和考核，营造、鼓励和支持人才创新创业的良好环境，实现绩效考核常态化。

（七）支持高校与科研院所改革政策

进一步扩大高校办学自主权和科研机构法人自主权，以及决策、用人和经济自主权。放宽高校用人自主权，鼓励并授权有条件的高校自主评定副高及以下专业技术职务任职资格；对引进的高端人才可采用合同制，实行协议年薪制。积极探索高校科研改革发展与科研院所科研体制改革试点，大力推进科技创新和成果转化。推进省属科研院所改革重组，引导和推进有条件的转制科研院所深化产权制度改革，建立现代企业制度。支持公益类科研院所建立现代院所制度，探索建立健全法人治理结构。

第十章

贵州省专业技术人才发展对策

人才作为衡量一个国家、区域综合实力的重要指标，其竞争力的强弱直接影响到一个国家或区域的竞争力。党和政府历来重视人才工作，科教兴国、人才强国战略的提出，把人才放在国家发展全局的重要位置，尤其是党的十八大以来，创新驱动发展战略更是被放在国家发展全局的核心位置。贵州省在专业技术人才发展中，虽然取得了一定的成效，但是，仍有许多有待完善的地方。对此，提出关于贵州省提升专业技术人才竞争力的对策建议。

第一节 强化政府引领作用

一 推进人才工作立法先行

推进人才工作法治化建设，是全面推进依法治国和建设社会主义法治国家的应有之义，也是实施人才强国战略，为实现中华民族伟大复兴的"中国梦"提供有力支撑和保障的必然选择。推进人才工作法治化，可以为在贵州创新创业的各类人才中营造科学、规范的法治环境，以此吸引更多的高层次人才集聚贵州，同时，也为国家层面人才工作法治环境的优化总结经验和建议。

理念引导，营造良好的人才发展法治环境。发达国家集聚人才的经验表明，最好的人才环境，是一个规则公平且程序透明的法治环境。法治是现代公共治理的核心理念，人力资源开发与管理则是现代社会治理体系的重要内容，实现良好的人才法治环境是实现社会治理体系与能力现代化的重要环节。

立法先行，构建具有贵州特色的人才法规体系。依靠法治力量，建立法律保障体制机制。要充分发挥地方立法权，把贵州省在培养、引进、使用、激励、服务、保障等方面已成形的、具有贵州特色的人才政策体系上升为地方法规体系，率先形成一套规范完备、公平公开、科学高效的人才治理体系，在制度层面抢占新一轮发展的战略制高点，这也是打造贵州人才制度优势、增强贵州人才竞争能力的必要举措。

依法行政，增强人才工作法治意识。各级人才工作部门是人才政策法规的重要执行者。各级人才工作部门、全省人才工作者要以高度的政治责任感和服务人才、服务发展的满腔热情，不断提高法治意识和依法行政能力，合法通过法律的方式、手段行使职权，尊重市场经济规律和人才成长规律，充分发挥用人单位主体作用，积极与各相关部门通力合作，着力在营造良好的人才发展环境、优化服务人才意识、强化人才工作保障上下功夫，切实提升贵州省对人才集聚的内生动力。

二 加大人才资金投入力度

（一）加大财政投入力度

加大全省人才发展的财政性资金投入力度，确保对专业技术人才发展的定时定额定量财政投入；各级政府要优先保证对人才发展的投入，人才专项投入作为各级财政的重点支出，应根据推进改革的需要和确需保障的内容统筹安排，优先保障。省市县三级财政应加大人才专项资金投入力度，保障人才发展重点工程和实施重大项目。这一政策不仅包括政府在教育、医疗、社会保障、环境保护等人才生活环境优化方面的开支扩大，也包括削减内资企业所得税、实施更高的居民个人所得税起征点，改善人才发展环境等方面的支出。

（二）构建多元投入渠道

设立人才发展基金，建立健全以政府投入为引导、用人单位投入为主体、社会和个人投入为补充的多元化人才投入机制，全面构建专业技术人才优先投入机制。加大财政资助项目中专业技术人才培养绩效评价力度，通过财政投入引导各级主体积极参与专业技术人才开发，积极推进科研"项目+人才""基地+人才""工程+人才"等模式的资金支持政策。鼓励和支持企事业单位和社会组织设立人才发展基金，鼓励和支持企业、高等院校和科研院所按照总支出、销售额的一定比例设立人才基金，支持人才资源开发。

（三）实施教育财政扩张政策

教育水平的改善和教育质量的提高是提升人才竞争力的基础。中国人才发展要以发达国家为基准，积极推动义务教育和职业教育的快速有效发展。要以中国经济社会发展需求为基础，按照适度超越的原则，有效促进大学教育和研究生教育量与质的全面提升。适应科教兴省与创新驱动战略的需要，以提高人才的创新能力为核心，以高层次人才和青年创新人才为重点，加快建立学校教育和社会实践相结合、国内培养与国际交流合作相衔接的开放培养体系，着力培养开发一大批创新型专业技术人才队伍。

（四）建立健全资金灵活使用和保障体制机制

建立人才专项资金使用督察机制，推动各级政府编制人才专项资金使用计划与督察机制，确保不低于本级财政收入3%的人才专项资金用好用足；健全人才中介机构引才补助政策机制，充分调动人才中介机构引才积极性，推动市场化与精准化引才，分摊用人单位引才成本；设立战略新兴产业人才发展专项基金和创业引导基金，吸引各类优秀人才创新创业；加强创新创业人才项目启动经费资助和留学人员来黔创新创业的专项资助力度，吸引国内外各类人才来黔创新创业。

三 搭建公平开放政策环境

公平透明的政策环境是民营企业稳定发展的重要因素，支持民营企业发展，一个重要的原因是使民营企业享受有公平公正的市场环境，受到政府部门一视同仁的对待。面对全球人才争夺战的白热化，政府应为人才的发展提供一个低税费、少管制、多鼓励、能者上的制度软环境；搭建一个公平、非歧视性的竞争平台，推进在新技术、新管理和组织领域里实现人才的开放竞争；对优惠政策和激励机制进行系统调整，最大限度地减少不公平竞争现象。

四 加强人才引进平台建设

（一）优化引才政策环境

1. 政府要树立正确的政绩观

政府不能只考虑人才引进的考核指标，从而忽视了培养、开发、使用、服务、激励、评估环节的作用，对于人才的培养开发有利于改善人才素质、加快产业升级、提升人才聚集能力。尤其是经济文化比较落后的地区，政府更需要树立强烈的人才意识，用好用活各类人才资源，人才引进较困难的情况下，应该充分盘活现有的人力资源，发掘、培养潜在人才，因材施教，继续完善后续的人才发展培养计划，寻觅人才求贤若渴，举荐人才不拘一格，使用人才各尽其能。

2. 优化专业技术人才引进环境

统筹省际人才柔性引进与使用服务平台，拓展对口援助、定点帮扶、挂职交流、人才租赁等引才途径，优化高层次人才引进服务流程，建立省内急需与急缺的高层次人才目录索引，分类制订引聘计划，构建并实施差异化高层次专业技术引才服务机制；推动行业协会构建在外省工作的黔籍专业技术人才库，积极推进"黔归计划"，定期推送省内行业发展与人才需求资讯，积极促进在外省就业的黔籍专业技术人才返黔就业。

（二）强化用人单位引才的主体意识

1. 编制政府引才行为责任清单

厘清政府在不同用人单位中的角色与责任，明确政府与用人单位引才边界，打造战略新兴产业政府主导、传统产业政府引导的引才模式，构建政府引才工作从主导到引导的常态化过渡机制。

2. 设立新兴产业引才专项奖补基金

设立新兴产业引才专项奖补基金，建立分类、分期、分批奖补机制，引导人才中介机构主动服务用人单位，引导用人单位充分挖掘用人需求，推动战略新兴产业的用人单位引才主动化、精准化与市场化。

3. 加大用人单位科研平台建设资助力度

加大对用人单位高层次人才的科研平台前期建设、后期资助与监管力度，改变当前"重申报、轻建设"的不良现状，提升科研平台引才与聚才力度。

4. 增加用人单位自主权

加大技术性强、专业门槛高的政府部门与事业单位的引才自主权与薪酬分配权，全面推进此类用人单位引才备案制，鼓励用人单位构建高层次人才薪酬市场化动态调整机制。

5. 引导用人单位精准引才

构建引才服务与成效监测融合机制，通过建立分类、分期、分批引才奖补政策，引导用人单位创新引才机制；充分利用对口帮扶、交流挂职、博士后服务团等政策，拓宽引才渠道，推进按需引才与精准引才。

（三）创新引才机制政策

1. 创新引才平台建设政策

依托重点企业与开发园区，支持"一带、一核、三圈、五基地"发展，分地域、分行业、分类别、分级别构建专业技术人才学习与发展平台，支持与服务于各类产业发展政策；加强院士工作站、博士后科研工作站、留学人员创业园、工程技术研究中心、科研院所、企业技术中心和企业工程中心等专业技术人才智力平台建设。

2. 建立专项人才引进工程

通过产业转移、企业并购、设立分支机构、搭建研发平台、孵化创新创业、促进科研成果转化、促进联合开发等多种模式，支持各类创业服务平台积极引进黔归人才、创业投资和创业辅导等人才，快速提升服务水平、完善服务功能，积极吸引国内外人才到全省创新创业；研究制订"企业硕士引才"计划，提升重点产业人才竞争力。

3. 加强科技创新型人才平台建设

研究制定加强创新型科技人才平台建设的政策措施，完善创新型科技人才和优秀青年科技人才培养体系。鼓励高新技术开发区、经济技术开发区、留学人员创业园、高等院校、重点企业、重点研究机构、重点实验室吸引和聚集人才，加快培养一批在国内具有领先水平的技术专家，培养一批掌握核心技术、关键技术和共性技术的工程技术人才。

（四）打造柔性招才引智样板

1. 鼓励设立跨域产学研融合平台

建议出台专项政策，鼓励本地高校、市场主体与科研机构跨省设立产学研融合平台，搭建以用为本的柔性引才平台，充分利用省外高层次人才资源。

2. 推动交流引智

通过构建人才交流平台，加强与国内外著名高校、科研院所、知名人才机构和产业园区的对接联系，建立常态化信息沟通和交流机制。设立柔性引智专项行动计划，选派骨干人才到省外知名高校、科研院所进修、交流挂职，挖掘并充分利用省外人才智力，推动贵州省经济社会发展。

3. 设立省外人才工作站

通过在"北上广深"等一线城市及江苏、陕西、湖北等高等教育强省设立人才工作站，畅通与当地校友会、老乡会、商会等组织的交流渠道，大力宣传与推广黔归计划，帮助引猎高端人才。

4. 加大候鸟型人才引进力度

通过设立夏季疗养计划、避暑计划、学术交流计划、夏季引才计划，根据需求精准筛选省外高层次人才带家属到省内休闲、避暑，同时支撑省内人才需求，打造休闲、避暑与引智于一体的柔性引才平台。

5. 设立"银龄人才工程"

加强离退休人才引导工作，建好"银发人才"队伍，组织、促进广大离退休人才积极发挥优势和作用，推动贵州高质量发展中各展所长、各尽所能。同时，充分利用本省自然资源，通过养老、旅游、休闲、避暑等形式引进省外高层次退休人才，服务贵州省经济社会发展。

6. 创新柔性引才模式

对于地方领导干部而言，应当树立强烈的人才意识，寻觅人才求贤若渴，发现人才如获至宝，举荐人才不拘一格，使用人才各尽其能。坚持不求所有、但求所用，建立"星期天工程师""假日专家"等柔性引才机制，吸引领军人才、高端人才开展科技创新、技术服务、项目合作、领办（创办）企业。

五 加大人才资源开发力度

构建专业技术人才多极化发展的职业通道；探索国际通行的产权、期权、股权激励制度，形成人才与资本结合、人才与技术贡献结合的分配导向；加大用人单位技术人才工资收入分配宏观调控力度，完善事业单位专业技术人才岗位绩效工资制度；加大对人才参与科技研发、项目承包或创业、兼职、流动等活动的法律保护力度；鼓励用人单位在制定企业年金（职业年金）方案时加大对专业技术人才的倾斜力度。分类推进党政事业单位人事制度与社会保障改革，为专业技术人才全社会流通破除体制障碍；充分发挥市场配置人才资源的基础性作用，持续推进人力资源市场体系建设，大力发展人才服务业，培育省级专业人才市场，促进专业技术人才合理有序流动。

六 统筹推进区域专业技术人才协调发展

探索设立贵州省区域人才开发专项资金，服务于"一带一路"的国家战略，通过重点产业、重点项目、创新创业平台建设、项目申报等方面制定优惠政策，引导人才向产业聚集区与人才急需紧缺地区流动；加强统筹规划和分类指导，组织专业技术人才区域交流、挂职政策，促进专业技术人才到重点地区开展科技项目对接、提供技术服务活动，推动区域人才流动和智力共享，形成错位发展、优势互补、合作共赢的格局；支持贵安新区、遵义新浦新区等人才管理改革试验区先行先试，建立健全容错纠错机制，完善地区引进人才的优惠政策，在重点区域与重点产业率先试行"硕士进企业计划"，不断扩大地区急需紧缺人才引进专项资金规模，推动专业技术人才快速聚集。

七 引导专业技术人才支撑民营经济发展

设立民营企业专业技术人才开发专项资金，支持民营企业在高层次人才引进与培养方面享受与国有企业同等待遇；建立以政府为主导、以民营企业为主体的产学研战略联盟，支持民营企业与高等院校、科研院所联合培养高层次人才和创新团队；研究制定引导专业技术人才向民营经济集聚的相关政策，突破专业技术人才向民营经济流动的体制、机制障碍，引导民营企业加大在专业技术人才投入力度；制定促进民营企业申请科研项目资助、基地建设等方面的倾斜政策或专项政策，鼓励支持民营企业在高等院校、科研院所设立人才基金，联合成立研发机构，共享专业技术人才；扩大民营企业专业技术人才职称专业评审种类，规范民营经济专业职业评审标准，推动民营经济职称与社会化职称评审互融互通。

八 加大高层次专业技术人才开发力度

（一）建立高层次人才开发优先投入机制

加大落实财政性资金投入力度，确保对高层次人才发展的定时定额定量财政投入。同时可以设立人才发展基金，建立健全以政府投入为引导、用人单位投入为主体、社会和个人投入为补充的多元化人才投入机制，全面构建高层次人才优先投入机制，继续完善对高层次人才的引进和培养机制，特别是加大对省内缺乏高学历和高级职称专业技术人才的引培力度。

（二）优化高层次人才评价与选拔机制

人才培养选拔工作意义重大，除了精准辨识出潜在人才，因材施教，继续完善好后续的人才发展培养计划也十分重要。应大力推进以行业协会为主导的高层次人才资格准入制度和职业能力水平认定制度，构建高层次人才多极化发展的职业通道，形成人才与资本结合、人才与技术贡献结合的分配导向，提升具有高级职称的专业技术人才比重。

（三）促进多元主体参与高层次人才开发

整合政府、事业单位与市场主体等教育资源，建立以重大人才工程为引领、区域行业人才工程为支撑、社会力量广泛参与的人才培养体系，逐步提升具有研究生学历的高学历专业技术人才比重。同时改革人才培育模式，促进教育公平，构建结构合理、主体多元的人才培养教育模式，加大教育投入，形成有利于创新型高层次人才成长的发展环境。

1. 构建差异化与精准化政策优势

通过对周边省份的奖励资助、职称评审、子女教育、配偶安置、医疗保健、住房保障分析比较，出台具有比较优势和组合优势的贵州省引才政策。注重高层次人才质与量的提升，提高高层次人才资源的利用效益，充分发挥"简化考试程序招聘和考核招聘"渠道在引进高层次人才和短缺人才、特殊人才上的积极作用。优化高层次人才引进服务流程，建立省内急需与紧缺的高层次人才目录索引，分类制订引聘计划，构建并实施差异化高层次专业技术引才服务机制。

2. 加大科研平台支持力度

加大科研平台奖补资助金额，推进建立科研平台滚动投入支持体系；针对新引进的不同层次人才，建议建立省地两级科研平台配套支撑政策体系。深化产、学、研合作，积极引进国家级科研院所、重点高校设立独立法人的研发机构，鼓励企业通过集成创新和引进消化吸收再创新。支持区域产业园区申报建设省级及以上的人才基地，建立创新创业孵化器和科技成果转化平台。鼓励企业建立与高校、科研院所合作共建研发平台，共同承担国家、省科技重大专项和科技计划项目。加强各项高层次人才在各类创新承载平台作用的发挥，达到"人尽其才"的效果。

3. 统筹各类人才项目

加大推进省委组织部、人力资源与社会保障厅、科技厅、教育厅等部门人才平台与项目资助统筹，避免重复资助，拓宽资助范围、提升资助质量，进而提高人才专项资金利用效率。既要通过多种途径大力培养本土高层次专业技术人才，又要以项目为载体加快引进急需紧缺人才和高端人才，开发利用好省内外与国内外两种人才资源。

4. 设立人才服务工作站

推动本地政府在人才密集的大学城、科技园区设立人才工作站，建立"人财制一体性"的规范建站机制，使人才工作站规范化、制度化；建立"政企站联动式"的高效运行机制，确保人才工作站运行实效；建立"引育用多元化"的精准服务机制。积极优化人才服务模式，不断强化人才服务理念。变被动等待、接受服务为主动上门服务，为高层次人才提供奖励资助、职称评审、子女教育、配偶安置、医疗保健、住房保障等政策红利。

5. 促进政策红利分配均等化

改进当前人才政策中住房、配偶工作、子女上学、奖助项目等政策红利主要配置给政府与事业单位等体制内高层次人才的现状，推动体制内外高层次人才政策红利分享与均等化。

九 提升人才服务效能

（一）优化高层次人才政治激励

推进建立各级党委联系服务专家的制度，探索建立高层次人才政治激励机制，对于引进不同层次的人才，按照属地管理原则，优先推荐为相应级别的人大代表、政协委员，可列席各级党委政府常务会议，推荐进入各级新型智库，聘请其为各级相关领域的首席专家或名誉顾问；吸引与聘请在国内外有较大影响的企业家、知名学者、专业人才担任各级政府、各相关产业领域的引才顾问。

（二）提升人才工作队伍专业服务能力

加强各级人才服务机构和人才工作队伍建设，建立单位负责人的人才工作常态化培训机制，加强各级人才工作队伍培训力度。

设立专家服务中心。在大学城、科技园等高层次人才密集区域，设立专家服务中心，打造一站式人才现场服务平台。

编制人力资源服务业发展规划。编制全省人力资源服务产业发展规划，通过系统规划、正确引导与专项投入，推进贵州省人力资源服务业快速发展，提升引才服务的市场化效率。

加强人才工作宣传力度。强化人才政策、工作动态、人才成果、人才典型的宣传力度，营造良好的人才工作环境。

（三）建立高层次人才服务信息系统

建立全省高层次人才服务信息系统，统筹全省高层次人才引进、培育、子女上学、配偶安置、奖补资金发放、科研资助、融资创业等服务项目，推进高层次人才的一体化与一站式服务，提升人才服务的及时性和有效性。

（四）推动建立人力资源服务产业集群发展

人力资源服务产业能有效解决区域用工需求，促进区域经济发展，推进人才中介机构、人力资源服务机构聚集并形成产业集群发展，建立人力资源服务产业园，建立人才引进服务资源共享平台，提升高层次人才引进与服务效能。

第二节 充分发挥评价对人才发展的"指挥棒"作用

人才评价涉及体制机制改革的社会化系统工程，人才评价的体制创新需要加强顶层设计，解决好"为什么评、谁来评"两个基本问题。解释"为什么评"的问题需要从指导思想、基本目标两个角度来分析，解释"谁来评"的问题则涉及政府的角色与职能、评价主体与责任体系的构建等多方面的问题。

评价机制中形式与内容的兼顾涉及程序公平与结果公平、人才标准化评价与差异化评价等多个方面。研究关注形式是尊重程序公平，关注内容则涉及结果公平与正义。当前的评价过于拘泥于形式，关注英语、计算机、论文等标准化的评价形式，对人才的经济贡献、社会贡献等内容关注不足，造成了对基层人才、应用型人才的评价结果不公。此外，由于科技发展带来的专业技术边界越来越模糊，用传统标准式、注重学术成果的形式来评价从事边缘学科、交叉学科的复合型人才，造成了形式与内容评价的背离，影响了评价机制的公正性。

当前的评价主体过于单一，第三方机构与用人单位在评价机制中发挥的作用有限。评价机制的创新应当关注构建同行评价、第三方专业机构评价、用人单位自主评价等多元主体参与的评价机制；同时应当构建自然学科与社会科学、基础研究人才与应用研究人才分类评价机制，进一步细化行业、产业、岗位、职业的分类标准，推动人才评价机制实现服务社会与引领人才发展。

一　人才发展评价的社会定位

创新涉及政府、第三方组织、用人单位等多主体的重新定位与职能调整，因此人才评价机制的创新需要厘清以下几个关系：

社会评价、市场评价与政府监管的关系：界定政府在社会评价、市场评价中的基本职能与作用，推动"谁评价、谁使用"的评价主体的一致性。

社会化评价与市场化评价的关系：社会化评价与市场化评价的关系，实质是社会影响评价与经济影响评价兼顾的问题。

单位自主评价与第三方评价的关系：用人单位最了解人才在本单位经济贡献与影响，但对其所处的行业水平与行业贡献把握不足，评价主体的内部性与专业性也可能制约公正性与独立性等问题；而第三方虽能保障独立性与专业性，对人才在单位中发挥的价值难以全面把握，该类关系的处理实质是评价的内部性与外部性均衡，以及专业性、独立性与公正性保障问题。

专业技术人才评价与职称评定的关系：社会上存在将专业技术人才的评价等同于职业评定，人才评价包括人才发现评价与人才使用评价两大类，职称评定仅是人才使用评价的一部分，要创新当前的人才评价机制，需要突破传统的认知误区，拓宽人才评价的内涵、职能与边界。

处理好以上四个关系，是人才评价体制创新需要重点关注的问题。

二　提升人才评价统筹管理水平

当前国家、各部委、省级层面的人才选拔培养与评价项目种类繁多，存在评价对象交叉、选评重叠、选拔与培养续接不力、部分领域专项评价缺失、部分高层次人才游离评价机制之外等现象。因此，统筹构建人才评价机制，有利于合理拓宽人才评价对象与范围，界定政府评价与社会评价的边界与职责，提升人才评价资源的使用效率，提升评价机制的公正性，有利于提升评价机制的指挥棒作用，促进各领域优秀人才脱颖而出，进而促进人才评价管理水平大幅提升。其实施的路径如下：

(一) 界定政府评价与社会评价的职责

创新人才评价机制，需要政府转换角色、明确职能、充分授权，推动多主体参与，构建多维度评价机制。

1. 检讨政府评价行为目的

政府通过构建人才评价项目，通过人才社会价值政府权威认可方式，发现或引领相关领域的专业人才聚集与发展，主要目的是弥补市场评价不足或缺失部分。因此政府主导的人才评价项目应当主要定位在以下方面：公共服务领域、基础研究领域、长周期领域、经济效益低而社会效益高的领域、市场关注度不高的冷门领域、效益回报滞后周期长（三年以上）的领域、战略新兴领域、社会发展急缺与急需领域、综合评价领域、需要借助政府权威介入的领域。

2. 审视社会评价范围

社会能够自主引导与评价的领域，则政府无须参与。因此，人才的社会评价定位与边界应当定位于社会能够自动解决的以下方面：市场化程度高的领域、应用研究领域、短周期领域、经济效益高的领域、成熟产业领域、专项评价领域、学会与协会第三方组织发达与成熟的领域等。

3. 人才评价的专业化

参考国外与经济发达地区，政府部门在人才评价与开发的作用为引领、统筹与监督。当前，政府是评价机制的制定、执行、监督与服务者，包揽了所有的评价职能，角色不清，不利于推进社会化评价主体参与，也不利于构建多维度评价标准，因此政府应当转换角色，充分发挥政府统筹、引领与监督的作用，统筹制定人才评价机制，引导第三方组织与用人单位主导或参与监督机制运行状况。

按照中央要求，遵照转变政府职能、加强社会治理、扩大公共服务的原则，紧紧围绕"为什么评""谁来评"的问题，探讨政府主管部门、行业组织、人才使用单位、第三方社会组织在人才评价问题上的作用机制，突出专业化，淡化行政化色彩。政府综合管理部门要转变职能，主要负责加强专业技术人才评价制度建设，确定评价的基础标准框架体系，规范评价程序，监管评价活动，减少对评价具体事务的干预；行业主管部门负责研究制定行业评审标准，指导、监督本行业的专业技术人才评价工作。第三方社会组织和公益性机构发挥专业性社会组织的作用，为科学评价人才提供专业化服务，逐步发挥社会性行业组织的作用。

4. 党委和政府在人才评价中的角色

在党管人才的工作格局下，人力资源与社会保障部门肩负了大部分人才开发的职能，但党委与政府之间的人才开发的统筹实施职能与权责并没有完全厘清，需要分别制定党委和政府的人才开发权利与责任清单，理顺人才开发与评价的体制机制问题。

5. 第三方机构与企业主体在人才评价中的职能

应当充分发挥行业学会、协会等第三方机构的专业作用，突出用人主体在人才评价中的主导作用，合理界定和下放职称评审权限，推动高校、科研院所和国有企业自主评审，加快建立科学化、社会化、市场化的人才评价制度。授权有条件的高校、企业等用人主体承担专业人才评价职能，提升用人单位自主评价权。

（二）构建应用型人才评价机制

应用型人才评价是当前人才评价机制中的短板。中办《关于深化人才发展体制机制改革的意见》指出，应用研究和技术开发人才突出市场评价，注重能力、实绩和贡献评价。落实这一指导意见，建议从以下几方面对评价机制进行创新：

1. 厘清应用研究与技术开发的边界

由于基础研究与应用型人才的工作方式、内容、周期等差异，合理确定基础研究与应用研究两边的边界，才能科学设计专业技术人才评价标准。

2. 突出业绩、能力与品德导向

业绩与能力是应用型人才评价的主要标准，品德是人才评价的红线。通过降低对论文、英语要求，强化市场影响、经济效益与社会效益评价，将横向课题、工作绩效、推动技术成果转化、专利等纳入评价指标，科学构建应用型人才评价体系。

3. 合理构建应用型人才评价主体

应用型人才评价重点为能力、业绩与品德，分别对应的最佳评价主体分别为第三方机构、企业与同行，因此需要合理构建应用型人才评价的主体，推进各主体间分工协作，共同推进应用型人才评价体系建设。

4. 构建科学的评价标准与流程

政府的作用在构建市场认同、社会认可的评价标准与流程，因此政府应当分类、分级授权高校、科研院所、用人单位、第三方机构，多主体参与，小组共同完成的评价标准与流程制定，共同推进人才评价工作。

5. 推动行业与产业专家智库建设

授权并支持行业协会、行业学会、专业研究机构等第三方组织构建行业专家数据库，构建公正、合理的专家评价指引，引导专家参与人才评价标准与流程的制定与动态调整。

6. 突出市场导向与动态调整作用

市场主体与导向是动态的，基于规则、能力、业绩、贡献与品德进行评价，也应相应进行动态调整，评价对象也应接受市场检验，保持动态调整。

7. 构建应用型人才评价的红线机制

应当构建基于家庭道德、商业品德、职业道德与法律底线的人才评价红线机制，对于触碰红线者则不得参评，该机制有利于弘扬社会正气、降低人才的社会风险。

(三) 提升评价机制的引领能力

在评价过程中，公开透明程度、公正公平程度、科学合理程度、准确程度、监督有效性、规范化程度六个方面因素直接影响专业技术人才评价有效性。评价机制的引领作用与服务能力的提升，除构建公正、科学、合理的评价指标与评价流程外，还需从以下几个方面着手创新。

一是构建评价体系的定期评估与动态调整机制。由于专业分工越来越细，学科融合加速，技术边界越来越模糊，评价指标要保持引领作用，就应当要适应社会发展而适时调整。此外，战略新兴领域的动态创新也要求评价机制适时调整。因此，建议每三年对评价指标体系进行评估并动态调整。

二是构建产业人才监测评价体系。通过构建监测体系，动态把握各产业人才发展状况，通过及时调整人才评价导向，引领高端人才与急需紧缺人才向重点领域聚集。

三是开辟绿化评价通道。打破年度评价的模式，为急需引才与高端引才提供及时评价与贴心服务，进而提升评价机制的服务能力。

四是强化评价结果运用。评价结果的运用是评价机制发挥作用的关键因素，如果评价不能触动被评价者，则评价效果则会大打折扣。只有强化评价结果的运用，才能提升评价机制引领能力。

三 创新专业技术人才评价机制

党的十八届三中全会指出，全面深化改革，需要有力的组织保证和人才支撑，要"加快形成具有国际竞争力的人才制度优势，完善人才评价机制，增强人才政策开放度"。专业技术人才是我国人才队伍的中坚力量，在完善和发展中国特色社会主义制度、推进国家治理体系和治理能力现代化的伟大事业中发挥着重要作用。要把人才优势转化为发展优势，必须深化专业技术人才评价改革，推动专业技术人才评价机制创新，充分发挥其在人才培养开发、选拔任用、流动配置、激励保障中的作用，营造充满活力、富有效率、更加开放的人才制度环境。

当前的人才评价机制存在评价机制的条块分割、评价导向注重学术、评价项目各自为政、评价层次偏向高端人才、评价标准引领不足、评价主体过于单一等问题。因此，需要以问题为导向，树立正确的指导思想，提升人才评价管理水平，构建应用型人才评价机制，统筹各类人才评价项目，构建普惠型人才评价机制，提升人才评价职能的引领与服务能力是人才评价机制创新的着力点。

（一）创新人才评价路径

1. 提升对人才评价重要性认识

我国专业技术资格评定制度是专业技术人员管理制度的重要组成部分，是专业技术人员管理制度中一项基础性、战略性的工作。专业技术人才评价是国家对专业技术人才资质和水平的认证，是我国人才发现评价机制的重要手段，专业人才评价质量的优劣，直接涉及各类专业技术人才特别是创新型高层次专业技术人才的评价与开发，关系到他们自身的成长与社会价值实现。因此，深化专业技术人才评价改革，对于在继续发挥我国人力资源优势的同时，加快形成人才竞争的比较优势，实现由人口红利向人才资本红利、由人力资源大国向人才强国的转变，具有十分重要的意义。

进入21世纪以来，中央高度重视人才工作，先后出台了《关于进一步加强人才工作的决定》《国家中长期人才发展规划纲要（2010—2020年)》等一批有关人才建设的纲领性文件。党的十八大进一步强调"要坚持党管人才原则，把各方面优秀人才集聚到党和国家的事业中来"；对党的十八届三中全会更是明确提出要"加快形成具有国际竞争力的人才制度优势，完善人才评价机制"。2015年9月，中共中央办公厅、国务院办公厅联合印发的《深化科技体制改革实施方案》提出，要改革人才培养、评价和激励机制，对从事不同创新活动的科技人员实行分类评价，改进人才评价方式，制定关于分类推进人才评价机制改革的指导意见，提升人才评价的科学性，对深化人才评价机制改革提出了更为迫切的要求。

2016年2月，中共中央印发《关于深化人才发展体制机制改革的意见》（以下简称《意见》），明确了深化改革的指导思想、基本原则和主要目标，从推进人才管理体制改革、改进人才培养支持机制、创新人才评价机制、健全人才顺畅流动机制等方面提出了若干具体改革措施，《意见》在创新人才评价机制上，专门强调要突出品德、能力和业绩评价，改进人才评价考核方式，深化职称制度改革，提高评审科学化水平，对专业技术人才工作提出了新的更高要求。

人才评价的科学性与代表性，是创造良好用人环境、指引人才有效聚集、提升人才使用效能、引领人才队伍科学成长的基石。因此，在分类构建人才评价框架、促进分类分级的量化评价指标体系构建、促进行业自主评价与同行评价、强化应用与社会效益评价、引领基层人才发展等方面，提升专业技术人才科学化评价水平。

2. 统筹人才评价机制

在所有省属职能部门中，只有人力资源与社会保障部门专职于人才引进、培养、评价、激励与服务，几乎囊括了人才管理的全部职能，具有统筹人才评价的天然优势。因此，树立人力资源与社会保障部门在全省人才开发的主体地位,统筹全省各类人才评价机制与评价项目,将人才选拔、培养、使用、激励评价结合,方能产生人才开发与评价机制合力。

3. 兼顾基础研究与应用推广

当前,针对专业技术人才的评价机制以论文、科研作为基本评价条件,偏向于学术研究,缺乏对市场应用与市场效益的关注。因此,构建兼顾基础研究与应用推广、兼顾学术评价与应用评价相结合的专业技术人才评价导向,是完善与创新专业技术人才评价机制的重要举措。

4. 构建分层分类评价体系

当前人才评价机制主要聚焦于高层次人才的评价,存在不分层次、不分类别地将自然科学研究与社会科学研究纳入统一评价体系内,造成了人才评价的不合理。因此,构建分层次、分类别、分目标的人才评价机制,是实现人才评价公平的基础。

5. 构建人才评价的普惠机制

过于关注高端人才评价导向,导致评价机制覆盖不全,评价机制更关注结果忽视过程、关注近期而忽视远期效应、关注人才能力而非潜力,人才评价资源配置不均衡,青年人才难以脱颖而出等问题。因此,应当扩大人才评价对象、兼顾人才业绩实现过程与结果评价、兼顾人才产出的近期与远期效应评价、兼顾人才能力与潜力评价、促进评价资源的公平配置,构建促进青年人才脱颖而出的机制,是人才评价机制创新的另一个重要内容。

(二)构建基础研究与社会应用分类评价体系

目前的职称系列分类标准来源于 20 年前,而当前经济社会已经发生剧烈变化,学科的边界逐渐交融与模糊,科技创新日新月异,新的专业与新的职业也在不断产生,人才评价的方向、内涵、方式、手段也发生了相应变化,目前多年不变的职称系列已经不能完全满足当前社会发展对人才评价的基本需求;此外,由于以前的职称系列的评价倾向于科学理论研究与学术贡献方面,以科研项目与论文作为基础评价内容,忽视了社会应用、工作业绩评价。因此,建议拓展职称系列分类方式、分类构建基础研究与社会应用职称评审系列。

1. 构建基础研究人才职称评价机制

基础研究人才职称评审机制总体沿用当前职称评审机制，只是需要从评价内容、方式与周期上做调整；基础研究人才的职称评价内容应当以当前研究成果的学术影响、研究方向对未来社会的预期影响以及人才培养三个方面；评价方式则应当以学术影响、同行评价与事后评价相结合进行；同时，其评价周期也应适当延长。

2. 构建社会应用型人才评价机制

（1）统筹多主体参与。统筹以政府引导、第三方组织主导、用人单位参与的多主体评价机制，形成以各负其责，分类评价的人才评价职能格局。

专业技术人才评价职能分布

评价主体	政府	行业协会	用人单位	
评价项目	社会贡献	市场贡献	经济贡献	人才培养
评价内容	推动产业发展，推进市场规范，推进税收增长	制定行业产品标准、人才能力评价标准，引领行业创新等	当期与预期市场占有率、销售收入、利润增长	专业人才培养模式、质量与数量贡献

（2）构建多类型人才评价机制。构建应用型人才评价机制。制定行业或产业发展规划、国家级或省部级产品标准、产品品质检验规范、行业专业技术人才能力评价标准、行业专业技术人才培养教材。

构建创新创造类人才评价指标机制。将发明专利、实用新型专利、外观专利、软件著作权、产品工艺创新、技术管理创新等，依次分级列为应用创新型人才评价指标体系的主要内容。

完善技术成果转化类人才评价机制。制定以市场占有率、市场销售业绩、利税贡献为评价内容的技术成果转化型人才评价标准。

建立引导人才培养的评价机制：鼓励人才能力传承，引导高层次人才以培养人才为己任，以创新专业技术人才培养模式、人才培养数量显著、人才培养质量突出为主要内容的人才评价机制。

基于上文几类机制，充分凸显人才服务社会的评价与引领作用，集中评选一批应用成果突出的研究员、工程师与教授。

3. 拓展职称系列分类方式

重新梳理当前职称系列，盘点当前职称对各行业、职业与岗位覆盖情况，界定各职称系列边界，调整原有职称系列，提出新增职称系列，提升职称系列对当前专业技术人才覆盖率。

4. 构建职称认定机制

认定机制指不通过评审流程，达到基本条件后，由人力资源与社会保障相关授权单位，依据相关条件直接认定并授予相关职称资格的工作机制。职称认定机制在广东、四川等省已经推行多年，贵州省尚未推行。参考深圳等地的职称认定机制，建议如下：

一是制定各级职称认定标准。基于量化评价指标体系，构建可以直接判定的认定标准，如学历状况、科研项目（项目来源级别、横向与纵向、经费多少）、发表论文（刊物级别、影响因子）、专利授权状况、获奖状况（奖励级别）、荣誉状况等内容，制定各级职称直接认定（免评审）标准。

二是简化认定流程。根据清单要求或量化积分标准，达到相关标准后，即可免除评审，由人力资源部门直接给予认定，并发放相应职称资格证书。

三是开设职称认定常设通道。在绿色通道窗口，增设职称认定职能，健全一事一议相关制度，及时做好引进的高层次、急需紧缺和外省调入等人才的职称认定工作，实现职称认定常态化。确保急需紧缺人才职称"随到随评"。

5. 构建职称动态调整机制

职称评审是对专业技术人才能力与绩效评价的主要手段。当前职称评审有"能上不能下"的"终身制"倾向。虽然推行了评聘分离制度，但基于省内调研数据表明，用人单位为了减少内部矛盾，往往采取的是"能'聘'才'评'"，而非"先'评'后'聘'，竞争上岗"的模式；此外，在事业单位与国有企业大量存在这种现象：没有评上高级职称前工作勤奋上进、成果突出，在评上高级职称后则立即出现懈怠、不思上进、影响青年人才发展的状况，这种现象折射出用人单位内部管理不够规范、绩效评价走形式等问题，同时也说明了职称评审缺乏"能上能下、动态调整"的机制。因此，建议构建职称能上能下的动态调整机制：

首先，设立职称资格的周期性责任与义务清单。需要制定基于行业或领域细分的基本责任与义务清单，同时要求各用人单位针对本单位基本情况，制定基于职称等级的人才责任与义务清单，作为考评的基本依据。

其次，建立职称定期复审评价机制与流程。建立基于聘期（一般三到六年）评审的职称责任与义务履行状况的评价机制，在每个聘期结束前，对职称资格的责任与义务进行先行评审，以合格、基本合格与不合格三个等级界定评审最终结果。

最后，设立评审结果应用机制。对评审合格者予以任用或晋升，对评审基本合格者保留原有职称并限期整改，对评审不合格者予以调整降级。

（三）分类制定道德评价负面行为清单

道德是人才正确服务社会的基石，非道德的行为则可能因其负面影响力而给行业与用人单位带来毁灭性影响。因此，需要制定公共道德与职业道德负面行为清单，同时制定道德分类分级评价标准，同时还需要根据职业差异进行调整。

制定公共道德负面行为清单。基于法律基准，针对违法犯罪行为、违背社会伦理纲常、严重违反公共道德的行为，制定公共道德负面行为清单。

制定职业道德负面行为清单。基于经济伦理、行业特性、职业行为特点，分行业制定职业道德负面行为清单，例如竞业禁止行为，应当纳入职业道德负面行为清单。

制定道德评价负面行为分类分级标准。并将清单行为分级为否决性、实质性违反、轻微违反三大类。针对违反否决性条款的行为，制定无限期禁入与限期禁入标准；针对实质性违反的行为，制定限期禁入、限期整改标准，针对轻微性违反行为，制定限期整改、警告、诫勉谈话等行为标准。

设立行业伦理委员会。行业伦理委员会的职责为引领行业道德与职业道德发展、制定与动态调整道德负面行为清单、依据负面行为清单裁定道德失范行为、评选行业道德模范或职业道德模范等工作。

(四) 分类制定人才能力评价标准

人才的能力评价分为两大类：一类是解决问题、产生经济价值、创造性服务社会的现实能力评价，另一类是基于人才未来发展潜能、未来经济社会贡献与影响的评价。能力没有统一标准来评价，因此需要编制人才能力分类评价指引、制定高层次人才通用能力模型，分行业编制公共知识与专业知识、公共基础技能与专业技能清单。

编制人才能力分类评价指引。通过编制人才能力评价指引，统筹人才能力评价主体、评价标准与实施流程，进而推进人才能力评价的系统化与规范化。

制定高层次人才通用能力模型。高层次人才的通用能力具有一定的共性特征，如敬业、专注、专业贡献等，通过制定高层次通用能力模型，构建高层次人才通用能力评价标准。

分行业制定公共基础知识与技能清单。根据行业特点与职业需要，分类制定行业人才公共基础知识与技能清单。

分类制定专业基础知识与通用技能清单。针对不同行业的职业需求，提炼出基于职业差异的专业基础知识与通用技能清单，进而构建基于行业特性的专业能力评价模型，分类构建行业人才专业能力评价指引。

分级分类降低对论文、英语与计算机等能力评价标准。根据行业对英语、计算机能力要求的特点，分类降低对英语、计算机能力的评价标准；如取消初级与中级职称评价中对英语、计算机、论文的要求，降低高级职称评价中对英语、计算机、论文的要求。

(五) 分类制定人才业绩评价标准

人才的贡献最终将由业绩来体现，而业绩则分为有形业绩和无形业绩，可量化的业绩与不可量化的业绩等，分类制定基于行业特点的人才实绩评价体系，是人才评价创新的一个主要方向。

1. 统筹编制人才实绩评价指引

通过编制人才业绩评价指引，统筹用人单位主体、行业组织参与人才业绩评价，制定业绩评价标准与实施流程，进而推进人才业绩评价的系统化与规范化。

2. 分类编制业绩评价内容清单

业绩评价指标内容一般包括工作量、经济贡献评价、创新业绩评价、成果转化评价、人才培养评价、行业影响评价等一级指标，在此一级指标下，由行业协会组织与用人单位根据行业特点制定二级指标。

3. 授权行业协会与用人单位主导人才业绩评价

根据具体指标内容，分类设定行业组织与用人单位在各项业绩评价指标主导权与权重，进而明确业绩评价的实施主体。

4. 组建行业专家智库

构建行业专家智库，有利于统筹行业人才发展标准，有利于统筹与管理行业高端人才，有利于充实行业协会的人才引进、培养、评价、激励与服务职能，同时也提升行业高端人才使用的社会效能。

（六）量化人才评价指标

通过构建量化指标，有利于提升人才评价的系统性与科学性，进而充分评价人才在专业技术人才发展过程中的指挥棒作用。但截至2019年年底，贵州省还没有构建专业技术人才量化评价标准，究其原因，主要是行业协会的职能相对较弱、用人单位参与度不高等原因。制定人才评价的量化标准，需要打通学术贡献与科研贡献之间、职业技能与职称之间、不同层级的荣誉评价之间、行业内部业绩比较、不同的道德行为的量化评价通道：

学术贡献量化指标：论文、专著、调研报告等学术成果，可根据论文期刊等级、影响因子、被引情况制定量化积分标准。

科研项目量化指标：可根据科研项目委托级别、横向与纵向差异、项目经费总量、专利状况、科研成果转化等情况，制定量化积分标准。

荣誉评价量化标准：制定国际级、国家级、省部级、厅市级、县级政府部门与行业协会颁发的荣誉证书清单，并对清单进行动态调整，清单的目录同时制定量化积分标准。

工作实绩量化标准：制定基于行业特点的行业影响、经济产出、服务社会、人才培养等指标的量化积分评价标准。

职称评审与技能鉴定融通量化标准：制定基于不同层次的技能鉴定证书、职称证书与职业资格的积分标准，打通职称评审、技能鉴定、职业资格认定与其他人才评价的量化积分与转化通道。

四 创新高层次专业技术人才评价机制

高层次人才是经济社会发展的核心资源。高层次人才总量严重不足、规模偏小是贵州省高层次人才的基本现状。高层次人才评价统筹力度不足、发现与培养评价机制不健全、聚集与使用机制合力不强、培养供给能力偏弱等是当前高层次人才评价的核心问题。

(一) 推进评价统筹

1. 梳理各类高层次人才评选项目

当前,除职称评审外,从国家、省部级、厅局级单位等政府公共服务管理的职能部门、行业与产业主管部门在人才评价过程中自设评价项目,自建评价体系,自建管理系统,形成了部门之间的人才评价职能条块分割,评价项目重复申报,人才开发资源重复配置,评价机制难成合力的情况。因此建议:

一是分类梳理,查重找漏。分类梳理国家级、各部委、省级、厅局级人才评价项目,查找各领域是否存在人才专项评价项目重叠与缺失部分,为人才评价机制提供创新方向;二是遵循普惠原则,健全逐级评价机制。通过调整与取缔重复评价项目与领域,增设遗漏缺失的人才评价领域与层级,从而形成人才领域、层级与范围全覆盖,进而畅通各类各级人才评价通道;三是遵循边界原则,加强引导,逐步授权。遵循政府与社会评价边界原则,加强引导空白领域构建人才评价专项,授权第三方组织逐步承担部分人才评价主体职能。

2. 搭建人才项目管理信息系统

当前,人才评价项目存在重复申报重复享受、评价资源覆盖面小、人才评价联动机制没有建立、评价流程标准化程度低、评价效率低下等现象。造成这些现象的主要原因是缺乏统筹机构,项目信息共享不及时,人才评价的信息化管理程度低等。因此,在人才评价统筹管理的基础上,构建一套基于全省的人才项目信息系统,实现人才选拔评价、引进评价、培养过程评价、使用评价与激励评价一体化与标准化,将带来以下益处:

一是有利于实现人才评价项目的统筹管理。构建信息系统,有利于全面梳理与上线省内各类、各级人才评价项目,有利于统筹全省人才评价项目的统筹管理。二是有利于提升评价资源利用效率。信息系统可以避免重复申请，有利于共享专家资源，有利于扩大评价对象范围，进而提升评价资源效率。三是有利于降低评价成本。上线信息系统将推动评价标准的标准化，节约了评审召集、信息查阅、信息推送与档案管理成本。

（二）健全与创新高层次人才发现评价机制

目前，高层次人才发现机制主要以单位申报、政府评审方式来进行。不可否认的是，政府针对高层次人才的评审项目是一种评价对象少、评价面窄、强调综合影响的导向性高层次人才评价机制。同时，政府的高层次人才发现评价机制，应当依托针对各领域、各行业的高层次人才发现评价机制。

1. 建立健全各领域的行业协会和行业研究会

当前行业协会与研究会相关职能存在以下问题：第一，政府履行行业人才评价职能状况不佳：目前有部分行业还没有建立行业协会，政府主管部门承担了行业协会的部分职能。但政府主要履行的是产业培育、行业监管等职能，受制于人员编制与经费限制，政府部门在人才开发与评价的职能相对较弱。第二，行业协会职能不健全：虽然部分领域已经建立了行业协会，但大部分行业协会职能履行不健全，独立性难以保障，运行经费不足，生存状况不佳，迫切需要政府扶持其发展。

因此，需要赋予行业协会部分监管与服务职能，只有当行业协会获得政府授权，能够履行部分政府监管、项目评审、人才服务等职能时，才可能对所属行业的用人单位产生推动力，用人单位才可能积极缴纳会员经费，积极配合协会推进人才发现评价工作。

2. 授权专业学会与行业协会承担高层次人才评价职能

政府作为综合引导与统筹管理部门，很难面面俱到，履行高层次人才评价职能时具有先天的局限性，而行业协会则在此方面具有先天优势。因为各领域、各行业的高层次人才发现评价机制得以构建的基石，是行业主管部门授权行业协会组建行业专家库、组织行业技能竞赛、推进行业人才职称评审、拔尖人才选拔、青年英才的选拔、创新人才评价等职能，让行业协会行使高层次人才发现评价的常态化机制。

3. 构建行业协会人才发现评价的经费保障机制

目前，很多的行业协会职能与职责不明确，缺乏稳定的经费支持，导致少部分单位通过经费控制协会的话语权，使协会丧失独立性与公平性的情况。为保障人才发现评价的公正、公平性，建议组建由政府、企业、个人三方投入的人才评价机制：

政府投入：政府通过购买服务的方式，负责专家库、职称评审、选拔评价等方面的专项费用固定投入。

企业投入：企业通过缴纳会员年费的方式，负责协会行业技能竞赛、行业选拔人才评价等方面的费用投入。

授权行业协会组织管理分工会：建议由上级工会授权行业协会成立分工会，由工会会费支持，由协会的分工会承担原由工会承担的人才评价与选拔职能。

（三）健全与创新高层次人才培养评价机制

针对人才培养的评价分为过程评价与结果评价两部分，培养过程评价关注的是培养资源配置、培养计划执行，结果评价则关注的是人才供给数量与供给质量；而高层次人才培养无定式，培养过程难以标准化。因此，高层次人才培养机制评价应当以结果为导向，重点关注培养资源配置机制、产出数量、产出质量三大方面。

1. 提升高层次人才供给规模

贵州省当前研究生在校生规模仅为 2.14 万人，每千人的研究生注册数仅为 0.56 人，远低于全国平均规模（1.63 人），与国家西部大开发战略对高层次人才的强烈需求不符，也同贵州省近五年来经济高速发展状况不匹配。因此，建议省政府应当向国务院学位办与教育部申请，扩大贵州省博士、硕士招生规模，从而提升全省高层次人才自我供给能力。

2. 优化高层次人才供给结构

目前，贵州省博士在校生规模为 750 人，硕博比为 28∶1，远低于中国当前 6∶1 的平均水平，硕博层次人才培养严重失衡；博士授权点学科门类不足：截至 2018 年 12 月底，贵州省的博士授权点仅有理学、工学、农学、医学、经济学及管理学博士点，而且作为经济规模过万亿元、人口超过 3600 万人、经济社会快速发展的省份，博士授权点不够全面和丰富，这说明贵州省高层次人才培养供给布局极不合理。因此，建议针对贵州省实际情况，进行多类型、多层次博士、硕士学位点布局，实现贵州省高层次人才培养供给均衡；此外，贵州省的高层次人才培养方面，还存在研究生教育规模小，发展慢，学科门类单一，与区域经济建设、社会发展结合度不够，毕业研究生留在西部的比例逐年减少等问题，同时影响了贵州省高层次人才供给结构优化。因此，需要在加大招生规模的基础上，加快向贵州省经济社会空白领域、社会急需紧缺领域增设硕士研究生、博士研究生学科专业，推动高层次人才供给结构的优化。

3. 强化"科研项目＋高层次人才培养"新机制

除高校的硕博等高层次人才培养机制外，还应当推动政府与用人单位共同构建高层次人才培养机制，尤其是深化"项目＋人才"培养的模式。当前科研项目结项条件主要为科研成果，而对人才培养成效关注不足，科研资源投入效率不高；建议设立"科研项目＋人才培养"的高层次人才培养模式，要求国家配套省、市级财政资金下达的前提是科研项目与人才培养两重考核目标，构建如下要求：①项目申请：建议将人才培养成效定为项目申请的必填项目；②项目组成员构成：可要求项目组必须不低于30%的青年人才与后备人才；③结项考核：将人才培养成效检验成为项目验收的必备条件。

（四）统筹与创新高层次人才评价机制

在经济社会高速发展的现状下，贵州省高层次人才总量不足、自身培养与供给能力不足与高层次人才使用效率不高等相交织；构建以使用为导向的引才评价机制，是统筹与创新引才、育才与用才机制，是统筹当前人才评价机制的基本着力点。

1. 统筹引才与用才评价机制

教育统计数据表明，贵州省高层次人才自给能力较弱，不足以满足经济社会发展需求。引进贵州省经济社会发展急需的高层次人才，引以致用，提升人才服务经济社会发展效能，是引才的基本出发点；应当尽力避免"为引才而引才、引而不用"的现象，这将造成高层次人才浪费。因此，应当统筹引才与用才评价机制，促进高层次人才"引以致用"。

2. 统筹培养与使用评价机制

最新人才发展理念显示：培养是为了使用，使用也是培养过程。而在贵州省高层次人才的培养与使用存在一定的脱节现象。2017年数据显示，贵州省硕士研究生源有70%来源于外省，毕业后在本省就业的人才比重低于50%，培养过程没有服务于贵州省经济社会发展；同时，关于全省专业技术人才的使用过程与效能缺乏有效评价，专业技术人才的使用过程与培养过程没有形成反馈回路，缺乏高校与社会需求之间的响应机制。因此，需要统筹专业技术人才的培养与使用评价机制，促进高层次人才"培以致用"，提升高层次人才培养效率。

3. 构建多主体参与的高层次人才"引用育"融通机制

当前，针对高层次人才引进过程中，存在政府急而用人单位不急，需要构建政府搭台、用人单位与高层次人才唱戏的引才、用才与育才机制。

（五）构建高层次人才常态化认定机制

认定机制则是不通过评审流程，对达到基本条件的高层次人才，由人力资源与社会保障相关授权单位，依据相关条件直接认定并授予相关等级与专业技术职称资格的工作机制。当前，针对高层次人才、急需与紧缺人才的职称评审为每年一次，应当打破年度评审惯例，构建服务战略、服务社会急需、引领人才发展的专项评审机制。

1. 编制并动态更新《贵州省优先引进人才目录》

根据经济社会发展需要，制定高层次人才、产业急需人才、社会紧缺人才的清单，并依此清单编制《贵州省优先引进人才目录》。

2. 构建高层次人才认定评审标准

参考深圳等地的职称认定机制，建议如下：①制定各级职称认定标准：基于量化评价指标体系，构建可以直接判定的认定标准，如学历状况、科研项目（项目来源级别、横向与纵向、经费多少）、发表论文（刊物级别、影响因子）、专利授权状况、获奖状况（奖励级别）、荣誉状况等内容，制审各级职称直接认定（免评审）标准。②简化认定流程：根据清单要求或量化积分标准，达到相关标准后，即可免除评审，由人力资源部门直接给予认定，并发放相应职称资格证书。③开设职称认定常设通道：针对高层次人才与优先引进的人才目录清单人才，在绿色通道窗口通过认定方式直接授予职称，或通过月度评审方式进行常态化评审，促进高层次、急缺人才常态评审。

（六）构建分类评价标准并引导高层次人才向基层流动

积极探索职称制度分类改革，创新评价标准和办法，推动专利管理领域职称专业设置、工程师职称国际互认试点工作。强化应用成果评价指标，改革和完善职业资格制度，在清理规范的基础上，根据社会发展需求，支持各行业领域依托各自行业协会，探索开展现代服务业领域的专业人才资格认证工作，联合国际知名的职业资质项目协会，推动国际化人才评价与认证工作。

当前，专业技术人才超过60%聚集在教育、医疗等地级市以上的党政机关与事业单位，作为贵州省社会财富创造的主体单位——企业人才总量仅为15.05%，大部分人才聚集在党政机关与事业单位，需要通过破除体制流动壁垒、垂直职能整合、畅通人才流通渠道等方式引导专业技术人才。由于存在用同一标准衡量基础研究人才与应用研究人才、注重现实成绩而忽视人才发展绩效、将基层人才与其他人才同等评价等问题。因此，制审基层人才评价的分类与分级评价体系，则为破解当前基层人才评价的现实难题、提升基层人才评价科学性的迫切需要。

1. 分类建立基层的基础研究与哲学社会科学研究人才评价体系

坚持以哲学社会科学研究的内在品质为评价的首要和核心标准，基础研究成果则要在理论观念上有所创新、文明传承上有所贡献、学科建设上有所推动；在研究项目方面，基础研究项目要以原始创新性成果和创新性人才培养为评价重点。

2. 分类构建基层应用型人才市场化评价体系

应用对策研究成果要在提升国民素质上有所作为，应在解决经济社会发展重大问题上有所突破，在为党和政府提供决策服务上有所建树，应用研究项目要以关键问题突破、经济社会效益等为评价重点。

3. 构建基层科学艺术创作的同行评价标准

艺术创作不同于理论研究，其意义在于为社会提供艺术产品，满足艺术需求，提高艺术素养。艺术创作成果的核心品质是艺术价值，而不是理论价值。对于文学艺术创作成果的评价，不能直接套用理论研究成果的评价指标，只有充分尊重行业协会的评价标准，才有可能得出较为科学的评价结论。

4. 分类构建基层人才贡献与社会影响评价体系

贡献难以得到有效评价与认同，是当前基层人才评价体系的薄弱之处。因此，应当以社会服务贡献为导向，单独构建县级以下基层教育、卫生、农技等专业技术人才评价指标体系，将基层工作量、工作绩效、经济贡献与服务社会的贡献作为主要评价指标，对计算机与英语不做要求，除高层次人才外，对论文等学术水平不做要求；对基层高层次人才降低科研项目与学术论文要求。同时，应基于基层人才评价等级，大幅提升基层津贴发放标准，吸引优秀人才到基层干事业。

5. 分类制定基层青年人才评价体系

不同于行业先辈，青年人才评价应主要关注当前的能力与潜能，重点考察其文化修养和学术修养、研究选题与学术论著的智识品位、外语能力、教育背景、学术激情、学术发展惯性规律、行业声誉或口碑、经济贡献、预期的社会影响等。

五 拓展民营经济组织专业技术人才评价对象与范围

中共中央印发的《关于深化人才发展体制机制改革的意见》突出了下放自主评审权、对外语与计算机不做统一要求、探索职称直聘、畅通非公经济人才评审渠道四个改革方向。除此之外，职称体制机制改革创新要突出服务社会、引领各类人才发展的激励与约束作用。贵州省在探索民营经济职称评审、高层次人才绿色通道评审等方面做出了有益尝试，并取得了显著成就，但仍有改革与创新的空间。在民营经济职称评审方面，已经开展了民营工程、农业、工艺美术、经济、统计与会计五个系列评审，探索了大量宝贵经验。同时，民办教育、民营医院的专业技术职称评审试点工作已经启动，民营经济组织专业技术人才评价对象进一步拓展。但是，针对民营经济专业技术人才参与率不足、试点评审系列相对有限等问题，是下一步创新与突破的方向。

首先，提升民营经济专业技术人才队伍职称评价参与率。目前贵州省民营经济占贵州省GDP总值接近50%，而民营经济专业技术人才仅占全省专业技术人才总量的16.2%，参与评价的人才总量不足，有很大的挖掘空间。

其次，制定拓展民营经济职称评审系列的计划表。相对于目前已经开展的26个系列，民营经济组织专业技术人才评价仅在5个系列试点，有进一步拓展的空间。应当制订中长期推进计划，逐步实现全覆盖。

最后，扩大授权大中型民营专业技术人才职称自主评审试点范围。通过总结前期针对交通勘察设计研究院等民营企业的试点经验，结合事业单位与国营企业职称自主评审的经验，逐步在大中型民营企业试点下放中级以下职称自主评审权，逐步扩大自主评审试点范围，加强过程指导与监控。

第三节　提升高校人才引进和供给能力

一　转变引才观念

高校作为人才引进与培养并重的重要基地，应当转变人才的引进思维，发现和发挥自身优势去改变领军人才偏少，学科团队建设不力的窘境。一是重视对引进人才的培养。通过交流学习、参加学术会议研讨、任职和挂职的方式给予其发展的环境，使其能够才尽其用，以此提升内部培养领军人才的能力。二是建立专项引才资金和人才发展专项资金。积极鼓励和扶持人才创新创业，满足其自身发展需要。三是着力遴选和培养本土科研团队。为其提供资金支持和项目指导，柔性引进学科专家指导，加强团队的科研攻关，组建打造出区域有代表性和影响力的团队，形成"科研项目+学科团队"的形式逐步形成规模产业，以此吸引和留住更多高层次人才。

二　完善引才育才评价体系

人才评价机制是服务于产业发展的风向标，是推动专业技术人才能力发展的测度仪。评价标准对产业发展与人才发展都应具有导向性，激励手段需要让用人单位支持并让专业技术人才产生动力。一是在高校引才工作中，应当坚持立足现实、适度超前的引才育才的用人观念。应根据单位实际人才需求去引进相应的专业技术人才，不可片面地为了增加单位高层次人才比例增长去放宽人才引进类别。二是基于地方政府人才评价政策的基础上，创新高校自身人才评价机制，引导培养人才合作的意识，构建业内人才贡献评价晋升机制，加强人才的合作和交流，发挥人才队伍的集聚效能。三是充分利用高校内现有的人才培养基地、院校合作项目、学术交流和学科专业团队等资源，搭建人才管理和流动平台，通过项目合作和集中攻关研究的方式充分调动市场人才的自我优势，强化各类人才和智力融通，进一步释放人才潜能，提高整体人才效益效能，继续做大做强人才队伍规模。

三 打造具有特色的高校人才集聚环境

省内高校应认清在学科平台、集聚能力、科研能力和创新水平方面的短板，结合省情优势加以改进和完善。一是基于贵州省宜人的自然环境，空气质量高，气候宜人，各类旅游景点众多。这对于身处发达地区、已经实现财富自由、追求生活品质或退居二线的高层次人才而言，具有较强的吸引力。二是加强高校引才长期规划的制定和落实，分别从专业技术人才的居住环境、医疗环境、子女教育环境、学习成长环境等方面打造宜居多元的生活文化环境。三是加强高校专业技术人才引进资金的投入力度和构建人才成长的专项资金保障监管机制，避免人才发展的短期效益和盲目性。

四 构建科技转化激励机制

高校科研成果转化为社会效益，对社会的建设、科技的发展、人才的培养均有带动作用，如何健全高校科研的转化机制，发挥校企产业对人才聚集的功能，主要方法如下：一是加强研发机构和高等院校的主管部门以及科技、财政等部门在科技成果转化对人才绩效考核的体系建设，充分发挥高校对人才的培养考核作用。二是大胆借鉴国内外先进经验和成功做法，创新工作机制，完善政策措施，坚决破除制约和束缚专业技术人才的制度障碍，着力营造有利于优秀专业技术人才创业融资、创新资助的良好环境。加大知识产权保护力度，提升对知识产权的奖励力度，为专业技术人才的知识产权登记、成果转化、作价入股、个税减免等提供优质服务。三是持续降低专业技术人才创办企业登记门槛、进一步简化登记手续，加大减免办公场地租金、落实税收优惠扶持政策；推进技术成果作价评估管理，完善技术成果转让平台建设，为技术入股、知识产权入股提供政策支撑与专业咨询服务，持续优化创新创业服务流程，努力营造充满活力的创新创业环境。

五 扩大研究生培养规模

（一）增加5所本科院校

本科教育是研究生教育的基石，目前贵州省仅有27所本科院校，占全国比例 2.18%，与贵州省人口占全国比例 2.57% 相比，有近 20%的差距，要达到全国平均水平，本科院校规模在 32 所左右相对合理，因此需要增加 5 所本科院校，才能达到全国平均水平。

（二）增加 8 所研究生教育培养单位

按全国研究生培养高校占全国本科高校比为 46.56% 核算，以贵州省本科院校 32 所为基数，贵州省应当达到 15 所研究生培养单位，即增加 8 所研究生培养单位。

（三）增加 5 家博士研究生培养单位

按全国博士培养单位（315 所）占全国本科院校（1237 所）比例 25.46% 核计，贵州省如果本科院校为 32 所，则具有博士学位授权单位应当为 8 所，而目前仅为 3 所，应当增加 5 所。

（四）将研究生规模列入省级专项规划

由于本科与研究生学位授权单位的审批由国家教育部严格控制，如果要实现贵州省高等教育（包括本科与研究生教育）的均衡发展，则应将本项工作列入贵州省政府与教育厅的专项规划，请教育部给予倾斜与支持，统筹全省力量推进研究生教育的基础建设。

专业技术人才是引领经济社会发展的基石与动力，在本土专业技术人才供给能力严重不足的情况下，破解专业技术人才引进障碍，提升专业技术人才引进与服务效能成为贵州省人才工作者当务之急。然而，受制于自然环境、人口状况、经济发展水平、政府服务能力、产业规模、科研平台、本土人才供给能力等多因素影响，人才引进工作需要多方联动、多方参与，系统筹划，拓宽引才思路，畅通引才引智渠道，打造特色柔性引才引智样板，加大政府资金投入力度，提升政府服务效能，扶持人才中介机构发展，推动用人单位主导并参与，全面提升人才工作服务效能，方可破解专业技术人才发展困境。

第四节　激发科研院所人才发展活力

一　统筹促进机制合力，保障政策有效落地

一是建议科研机构自身按照"十四五"时期各产业发展规划，根据自身的发展目标与定位，结合当前缺失人才的短板，在为自身专业技

术人才工作发展提供指导方向的同时,也要把握好人才引进的质量。二是建议依照政府专业技术人才发展专项规划,确定今后一段时期科研院所自身专业技术人才发展的方向与重点,落实科研院所在人才发展投入的方向与责任主体,使政策的落实有阶段性、可实施性和有保障性。三是科研院所应当结合自身优势,基于当地政策的基础之上,强化科研院所在引才责任制度的建设、引才资金的有效管理、引才育才的长期规划等方面的落实,充分地发挥科研院所聚集人才的职能和优势所在。

二 完善引才共享平台建设,鼓励科研院所拓宽人才服务功能

一是鼓励科研院所建立面向社会的科研信息发布和资源共享平台,加强与行业协会、专业学会等第三方组织构建知识共享与专业交流平台拓展服务功能。加大与科技园区、高等院校、高新技术企业的科研合作,完善科研机构在专业人才引进、交流上的平台共享机制。二是充分借用科研院所自身平台,加强与院士工作站、博士后科研工作站、留学人员创业园、工程技术研究中心、企业技术中心和企业工程中心等专业技术人才智力平台建设。三是创新科研院所人才使用方式,拓宽人才服务渠道,增加社会服务意识。发挥科研院所人才培养的优势,积极探索学术研究生教育培养模式,构建省级研究人才培养信息平台,鼓励科研院所参与高校研究生培养过程,提升研究生人才创新能力。

三 完善科研院所项目合作渠道,激励人才研究转化意愿

一是建议加大科研院所与全省地质、水利与交通类等用人单位和培养高校交流合作力度,在基础设施领域的重大项目研究中,立足于项目开发,依据科研院所人才发展规划,逐步完善对基础设施领域重大项目高层次人才培养机制,快速提升科研院所在基础设施领域专业人才的自主培养能力。二是科研院所应当积极设立人才项目研究专项资金支持,做好对科研人才研发的服务保障工作。通过技术入股、重大研发项目专项资金奖励、科研机构人才晋升"绿色通道"等激励人才工作热情。三是基于当地政策支持,科研机构通过与省外高校、科研机构合作办学和设置分支机构的方式,推进包括交通、水利、通信等基础设施建设领域专业技术人才学历提升计划,引导用人单位加大对专业技术人才学历提升与专业继续教育的支持力度。

四 提供良好的创业服务环境，打造产业聚才新局面

一是科研院所自身要提高对"产学研"为一体的发展认识。引导人才将研究成果转化为规模效益的意识，并且结合单位的优势，大胆借鉴国内外先进经验和成功做法，创新工作机制，完善政策措施，坚决破除制约和束缚专业技术人才的制度障碍，着力营造有利于优秀专业技术人才创业融资、创新资助的良好环境。二是充分利用自然资源环境，科研院所可采取挂职、灵活就业、柔性引进、咨询顾问等方式，灵活利用外部专业技术人才资源，为技术攻关和产业转化提供动力。三是科研机构充分依托《贵州省高层次人才引进绿色通道实施办法（试行）》（黔人领发〔2013〕5号）、《贵州省引进高层次人才住房保障实施办法（试行）》等一系列保障人才服务政策文件，在政策的允许下，做好科研机构本单位在研发产业发展方面上的保障机制建设，为本单位引进的人才从事业平台、住房、配偶工作及子女的入学等方面进行服务。

第五节 充分发挥企业的主体性作用

一 拓宽人才政策接收渠道，提升人才使用效能

一是用人单位要树立正确的引才、用才意识，尊重高层次人才的劳动能力和劳动成果，用人单位既是人才引进的主体，也是人才流通的主要场所，树立长远的发展目标，需要高层次专业技术人才来带动新兴产业的发展，从而推动企业的科学技术革新速度。二是充分利用网络媒体的多维性为专业技术人才提供更多的人才政策接收渠道，只有当其了解了相关政策，才能给予更多动力为实现企业目标和自身的发展付出努力。三是用人单位需要加强监督反馈机制，企业作为引才聚才的市场主体，创新人才管理模式，以及制定具有针对性的管理政策体制对于引进高层次人才具有更大的吸引力。鼓励企业进行薪酬与激励机制创新，引导用人单位用好用活现有人才，促进用人单位创新用人机制，提升人才使用效能。

二 健全人才培养体系，优化专业技术人才学习成长环境

一是鼓励建立健全内部人才培养体系，推动课程开发，促进知识沉淀与人才成长。鼓励用人单位通过加强内部业务能力分析，培训需求评

估管理，分级分类开发专业知识与能力课程，构建各级人才成长与晋级的标准化课程体系，促进内部导师制度与讲师制度建设，加强培训过程与结果考核，进而建立具有特色的内部人才培养体系。二是引导用人单位为专业技术人才提供岗位培训、行业交流、考察学习、学术研讨、送外培训等多种培养机会，以及加大对专业技术人才学历提升与专业继续教育的支持力度。整合与规范各类教育与培训资源，鼓励各级用人单位依托省属高校与科研院所的学科优势与专业能力共同打造产学研基地。三是引导第三方组织和市场主体共同参与专业技术人才学习与成长平台搭建，引导行业协会积极承担行业人才培训职能，大力推动专业技术人才服务机构快速发展；加快落实继续教育管理办法，建立健全各级专业技术人才学习资源供应体系，加大宣传与政策落实力度，推进教育与培训资源向基层倾斜。

三 培养主体责任意识，加强高层次人才队伍的建设

一是在日趋激烈的人才竞争中，企业要想引进、留住、用好高层次专业技术人才，必须进一步增强做好人才工作的责任感和使命感，完善高层次专业技术人才工作新机制，打造吸引和留住高层次人才新优势，拓展高层次专业技术人才工作新领域，探索人才服务新形式，努力开创全省高层次人才工作和队伍建设的新局面。二是以高层次创新创业人才队伍建设为重点，以加大人才经费投入为保障，积极围绕引进、培养、使用三个环节，不断创新工作思路，健全制度，优化环境，全面推进高层次人才队伍建设，为实现跨越式发展提供强有力的人才保证和智力支撑。三是引导专业技术人才向企业聚集、向基层流动。鼓励企业聘用高层次专业技术人才，发挥市场在人才资源流动中的主体作用，提供优质服务，营造良好发展环境，健全发展人力资源市场体系。

四 鼓励企业创新薪酬机制，推进高层次人才薪酬市场化

鼓励企业创新薪酬制度，一是从单纯的货币报酬思维到整体报酬思维。二是从恩主心态转变为经营心态。三是变成本管理为产出成本。首先，实现全面薪酬战略下的员工工作与生活的平衡。其次，在企业内部，经管人才需要找到合适的方法来提升绩效，而不是采取漠视过程的态度。最后，要充分发挥市场机制在企业薪酬体制中的作用。

第六节　促进专业技术人才创新创业

一　推动专业技术人才创新创业

（一）创新人才服务机制

1. 鼓励发明创造和科技创新

加大知识产权保护力度，维护科技人才的创新成果。完善知识产权资助办法，对获得国家、贵州省专利金奖或优秀奖的发明人，获得贵州省外观设计金奖或优秀奖的设计人，各级政府依据实际财力状况进行配套奖励。深化分配制度改革，允许人才以科技成果、知识产权和专利技术等无形资产按注册资本最多70%的比例作价入股，实现重大、众多科技成果的诞生。

2. 加大创新创业资助力度

强化政府引导，在市、县（市/区）财政人才资源开发资金中安排不低于60%的经费专项用于创新创业人才资源开发。充分发挥企业在技术创新中的主体作用，健全鼓励企业增加科技投入的机制，允许企业将人才开发、培养、引进和奖励费用列入经营成本，形成多元化的科技人才开发投入格局。继续实行特殊的创新创业资助政策，对带项目、带技术、带资金创办科技型企业的人才，给予科研启动经费和创新创业资金资助，提供住房补贴、工作场所住房公寓。根据招商引资相关规定，同时享受相应的税收支持、财政鼓励、土地优惠、金融扶持、重大项目引进等优惠政策。

3. 实施创新创业人才引进计划

坚持"走出去"与"请进来"相结合，总结高层次人才引进计划、"1020"创业人才引进计划等有效做法，完善招商引才、项目聚才机制，定期开展赴外引才或重点高校专场招聘会，适时举办"千人计划"专家贵州行、博士贵州行、科技人才创业行等活动，积极培育在全国有影响、在西部有地位的招才引智品牌，打造贵州引才的新思路。

4. 拓展创新创业人才引进渠道

加强与国内外著名高校、科研院所、知名人才机构和产业园区的对接联系，建立常态化信息沟通和交流机制。发挥省市各级人才交流中心、人力资源市场主体作用,加强与全国大中城市人力资源机构的交流合作,在北京、上海、广州等地建立一批人才引进长效合作单位,挂牌成立"海创智库"(千人计划)科技服务中心工作站,建立海外著名高校和"985""211"工程和"双一流建设"高校贵州籍学子信息库,依托驻外联络处招商引资平台设立人才引进联络点或服务站,为高端人才来黔归黔提供顺畅的通道。

5. 完善创新创业人才引进方式

坚持人才与项目相结合、人才与资本相结合、引进与使用相结合,将招商引资与招才引智"打捆包装",做到招商引资与招才引智同研究、同部署、同实施、同考核,在引进企业、项目的同时同步引进创新创业人才及团队。坚持不求所有、但求所用,建立"星期天工程师""假日专家"等柔性引才机制,吸引领军人才、高端人才开展科技创新、技术服务、项目合作、领办(创办)企业。完善市场化引才机制,实行企业猎头引才补贴政策。建立领军人才引进奖励制度,对直接引进人才入选国家"千人计划"专家的中介机构或用人单位给予相应物质奖励。

6. 大力培养科技创新人才

深入实施"创新型青年人才培养工程",每年遴选 150 名 35 岁左右有创新前景和发展潜力的优秀人才进行重点培养。鼓励和支持企事业单位与高校、科研院所联合培养高层次创新型科技人才,对事业单位攻读硕士以上学位、企业攻读博士学位的一线专业技术人才,取得学位证书后给予 50% 以上的学费资助。推行"人才 + 项目"培养模式,建立高层次人才研修补贴制度,依托国家、省、市重大科研项目、产业项目和工程项目,在实践中培养聚集创新型科技人才,重点在市管专家队伍和创业领军人才中培养有实力竞争国家级、省部级专家的候选人才。

(二)加强科技创新和人才创业载体建设

1. 建设科研创新承载平台

深化产学研合作,积极引进国家级科研院所、重点高校设立独立法人的研发机构,鼓励企业通过集成创新和引进消化吸收再创新。支持区域产业园区申报建设省级或以上人才基地,建立创新创业孵化器和科技成果转化平台。鼓励企业建立或与高校、科研院所合作共建研发平台,承担国家、省科技重大专项和科技计划项目。

2. 搭建创新资源共享载体

大力推进技术创新服务机构、科技公共服务平台建设，畅通科技成果、科研项目资源信息渠道，建立科技成果交易便捷通道和创新资源共享机制。以贵阳为例，充分发挥首都科技条件平台贵阳合作站、北京技术市场贵阳服务平台的作用，整合北京科技创新优势资源和本地企业、科研机构的人才、技术、项目需求，推动两地创新创业资源对接整合、协同创新。完善科技成果转化信息平台、孵化平台、交易平台，构建多元化科技成果转化投入机制、交易促进机制。

3. 构建产学研联盟

以高校及科研院所科技创新联盟为依托，搭建科技创新专题研究、交流协作、转移转化、人才交流等服务平台。建设产学研结合的重点产业科技创新团队或联盟，围绕同一技术领域和研发方向聚集科技人才群体，充分发挥不同领域的人才优势，促进创新要素有效整合和资源共享，推动科技创新和成果转化。

4. 构建融资服务平台

积极与发达地区的银行、信用担保、风险投资等金融机构开展投融资合作，大力引进各类创投资金、产业基金、天使基金等投融资机构。支持银行、小额贷款公司、融资性担保机构等金融机构设立专门为科技型中小企业服务的科技支行、科技小额贷、科技担保等专营机构，探索建立科技担保服务体系和知识产权质押、股份质押、其他权益抵（质）押、金融租赁等多种贷款方式。加快多层次资本市场建设，推动符合条件的企业上市融资，着力推进"新三板"挂牌申请和区域性股权交易市场建设工作，为中小企业提供股权转让和融资服务。

二 支持人才干事创业

（一）促进公共服务职能垂直整合

统筹推进医疗、教育等公共服务职能的省、市、县、乡镇的垂直整合，推进县级以上中心城区的大型医疗机构、优质基础教育学校到县级以下乡镇，设立分支机构，购并医疗卫生机构与从事基础教育的学校，从而推动公共基础资源配置均衡，实现引导专业技术人才服务基层，彻底解决上学难、就医难等问题。

(二) 构建优秀人才事业发展平台

1. 优秀人才更关注个人价值发挥

相较于短期内几十万元、几百万元的引进奖励，真正优秀的人才更在意的是个人的价值能否得到发挥，关注的内容往往是价值平台、差异化政策、人才支持团队。因此，要以更高的站位发现人才，以更宽的视野使用人才，以更科学的选拔任用配置人才。

2. 搭建价值实现的平台是引才的重要砝码

为优秀人才搭建施展才能的平台与载体、配置专业化的人才支撑团队、出台差异化的服务政策，是吸引拔尖人才的重要砝码。无锡市成功引进英国诺贝尔医学生理学奖获得者理查·罗伯茨，与当地的民营企业合作成立生物科技研究院，依托研究院进行科技成果产业化，就是当地政府找准罗伯茨关注的需求点、兴趣点与价值发挥点的成功范例。

3. 事业成功才能留住人才

如果政策没有针对性，优秀人才根本用不着，无论多优秀的政策也难以落地。上海市公共行政与人力资源研究所研究员沈荣华的一项调查结果表明，83%的海外归国人才并不是为薪酬、收入而归国，更主要是基于事业发展。事业留住人才是最主要的手段，拥有事业发展的基础，才能留住高端人才，因此，政策创新发力点应当是人才事业成功的各种要素资源整合。

4. 为专业技术人才提供良好的受教育环境

加大对人力资本的投入，尤其是加大对高教和职教等继续教育的投入力度，完善职业技术教育、高等教育、继续教育统筹协调发展机制，在向社会增加输送发展所需人才供给量的同时，更要提高对人才培育的质量。

(三) 加快健全人才市场体系

充分发挥市场在人才资源配置中的基础性作用，健全人力资源市场服务功能，提高人才公共服务水平，指导企业人才招聘，引导人才择业就业，形成集引才引智、人才培养、人才评价多功能的服务体系，为各类用人单位和广大人才创新创业提供良好条件。推进人才市场、劳动力市场、毕业生就业市场、网上技术市场互为贯通，促进人才、平台、技术、资金、项目等要素资源的优化配置。积极发展民营人才中介机构，鼓励和支持本地人才中介机构开展对外交流合作，支持知名猎头公司和著名咨询公司提供海外高层次人才中介服务和科技咨询服务。

（四）提升人才服务专业化水平

优化人才服务体系，如设立"一站式"服务大厅，在创新创业人才住房、落户、医疗、社保、子女入学、配偶就业、职称评定及创业手续办理等方面提供优质服务。完善人才服务中心运行机制，拓宽人才服务领域，优化人才引进和留用的软、硬件环境，简化行政审批，提高政务服务水平，努力营造有利于企业发展的政务环境。加快推进高级人才公寓建设，加强微小住房建设，建立完善入住和退出机制，满足不同层次人才的住房需求。

（五）营造支持创新创业的良好氛围

大力弘扬"知行合一、协力争先"的城市精神，营造"鼓励创新、尊重创新、敢于创新、宽容失败"的良好社会氛围。加大对高层次创新创业人才宣传力度，发现、支持、培育一批先进典型，帮助人才扩大影响，积极推荐参加"千人计划"等国家级和省级、市级优秀人才评选，着力营造干事创业的良好氛围，激励更多优秀人才为经济建设和社会发展作出贡献。立足于服务高新技术产业、现代制造业发展和传统产业转型升级，以集聚科技创新要素、增强科技创新能力、促进科技成果转化为核心，完善创新创业人才引进、培养和集聚机制。借力科技园发展的政策措施、招商引资管理办法、加快发展高新技术产业和现代制造业的意见等指导性文件，同步谋划人才发展的政策措施，研究出台人才助推科技创新的政策文件，重点在创业资助、工作场所、融资服务、税收优惠、财税奖励、薪酬激励等方面大胆突破、创新创优，进一步提升人才政策的含金量和吸引力。

（六）支持存量人才创新创业

探索建立事业单位科技人员离岗创业、到企业任职的制度措施，对自主创业的专业技术人才，在科研启动经费、创新创业资金资助、工作场所、税收支持、财政鼓励、土地优惠、金融扶持等方面与引进人才享受同等待遇。允许参照公务员法管理的事业单位和义务教育及高中阶段学校的科技人员，到企业从事技术研发、成果转化、信息咨询、技术服务等兼职工作，获取相应报酬。

（七）强化职能部门的人才服务工作

进一步健全对人才继续教育体系的分层分类，完善人才引进"绿色通道""绿卡服务制度"，营造专业技术人才的合理自由流动氛围。协调简化人才引进审批手续，通过政府购买服务的方式巩固和深化海外高层次人才专员制服务模式。对于以试验区企业为载体、转化前沿技术成果带动产业集群为实现核心，关键技术突破的国内外高层次人才及团队，凭试验区创新平台出具的证明与函件，经国家和贵州省有关部门审核，可享受外国专家有关政策，并在居留与出入境等方面获得便利。建议依托试验园，建立国内外人才引进、落地与跟踪支持的联动机制和服务体系，研究制定国内外人才医疗保险接续措施，逐步建立与国际国内接轨、国际间互认的养老社保体系。

（八）促进高校和科研机构技术成果转移转化

可鼓励和支持省内高校、科研机构的科技成果在试验园区公开进场交易，统一披露交易信息，集成相关领域的科技政策、产业政策、金融政策等资源，进一步完善产业与人才的对接机制，支持高校、科研院所科研人员及其团队在职创业、离岗创业，建设科技金融创新中心，不断加大对创新创业的支持力度，加快形成试验区科技、产业、人才协同发展的新格局。

（九）完善科技人才金融服务体系

针对高层次人才创业初期的实际需求，逐步建立符合社会主义市场经济规律的金融管理机制，完善以市场需求为导向、市场化运作为主要方式的科技金融服务体系。充分发挥以"五公司、一中心"为引领、"五平台、一通道"为支撑、"五补助、一补充"为保障的科技投融资服务体系的作用，培育和支持高新区企业进入多层次资本市场，创新和完善科技担保服务体系，着力解决人才从科技研发到科技创业，再到市场化成长过程中资金困难的问题。

第七节　实现重点领域人才突破发展

一　立足规划，统筹重点产人才发展

立足于系统规划、短期引进与长期培养，鼓励与支持重点产业主管部门依据产业特点编制专业技术人才发展规划，制定重点产业专业技术人才开发目录，实施重点领域（产业）专业技术人才开发专项工程，降低重点产业人才引进门槛，加大重点产业高层次专业技术人才引进力度，鼓励各级政府人才服务部门在重点产业区域内设立派驻机构，提升人才公共服务质量。

为了打造具有贵州特色的产业布局，引领重点产业走向经济社会发展的前沿，政府需要合理规划以大数据为引领的电子信息制造产业、新材料产业和新能源等产业布局结构，统筹政府、行业协会、用人单位等多主体参与，发起设立重点产业人才发展专项基金，以及制定专门针对重点产业的税收优惠和产业基金等优惠政策，加大对重点产业资金的投入力度，以及提供和优化科研成果转化平台和借用外脑拓宽转化途径与渠道。

此外，根据产业预期带来的社会经济效应状况来合理分配研发资金，对于创新创业型项目和新兴产业的发展，做到资金不缺位、不错位、不迟到，从而满足重点产业资金、技术、设备需求，提升产业聚才能力。

二 推动乡村振兴人才创新发展

（一）加强统筹，优化乡村振兴人才发展环境

1. 加强产业规划，壮大人才载体

结合地区实情与发展环境，加强产业行业人才发展统筹规划和分类指导，大力引进农林种植、畜牧与渔业养殖类龙头企业，积极培育本土企业。围绕区域主导产业发展，做强拉长产业链，壮大企业数量与规模，合理调整产业结构，打造一批特色产业。鼓励各类企事业单位、科研机构在经济落后地区设立产学研基地，引导高新技术产业与技术创新成果优先向经济落后地区转移，大幅提升该地区人才吸纳能力。

2. 丰富引才渠道，完善引才环境

统筹推进各类专家参与服务"三农"行动，推动政府部门与企事业单位形成人才供给合力，进一步整合帮扶资源。出台更加有力的支持措施，鼓励政府部门、企事业单位人员支持并参与乡村振兴，鼓励与资助各类市场化人才服务机构，参与引进各类急缺人才。推进经济落后地区明确用人需求，建立人才信息发布机制，畅通省内外各类人才参与乡

村振兴渠道。完善柔性引才、平台引才、项目引才机制，丰富引才手段；完善事业引才、情感引才与待遇引才机制，优化引才环境。建立企业利润分享机制，提升市场参与的积极性。

3. 推进教育改革，优化成才环境

加大乡村教师表彰奖励力度，吸引优秀教师到乡村长期从教，构建一支稳定的乡村教师队伍。大力推进学校校长、教师定期轮岗交流，畅通跨校聘用、学校联盟、对口支援等渠道，鼓励支持优秀校长和骨干教师向乡村学校流动，完善对口支援方式。开展研究生支教团活动，积极引导广大教师和高校学生到乡村学校支教。推进城乡教育人才结对辅导机制，推进乡村教师快速成长，促进人才资源优先向经济落后地区配置，推进乡村教师专业知识更新与教学技能提升，全面优化乡村教育成才环境。

4. 健全考评机制，优化使用环境

树立"以用为本"的用才理念，分类推进人才评价机制改革，推进以业绩为导向的职称评价机制，健全乡镇干部与村干部考核考评机制。完善乡村振兴人才业绩评价机制，引导人才所在单位、用人单位等多主体参与，构建多维度评价指标体系，注重巩固脱贫成果与乡村振兴相结合的原则。建立人才公平评价制度，营造广大农村地区人人尽展其才的良好局面，促使优秀人才脱颖而出。

5. 推进体制机制改革，改善流动环境

全面深化人才发展体制机制改革，推进编制数量区域内的调剂机制，形成经济落后地区的主要区域、重点领域的人才优先配置，汇聚各类人才支持乡村振兴。完善政府、事业单位与市场之间的社会保险融通互转机制，畅通行政部门、企事业单位与市场之间的人才流动渠道。支持行政人员与事业单位人才离岗创业，落实人才保障待遇，改善人才流动环境。

6. 加强社会治理，改善留人环境

推进乡村科学规划，强化经济落后地区人才成长预期。大力引进环保人才队伍，推进生态环境治理。推进科普人才队伍建设，提升文明饮食与健康饮食，保障人口健康生活。建设乡村文化人才队伍，引进公共文化策划（宣传）人才，深入开展移风易俗工作。积极引进普法人才，加强法制宣传，增加经济落后地区人们的法律意识，促进社会治理规范有序，改善乡村留人环境。

7. 完善基础设施，优化生活环境

加强各类通信基础设施建设，推进农村电视户户通，网络信号全覆盖，实现所有农村区域同步信息化；加强乡村公路建设，落实组组通路政策，为资源进山、黔货出山提供便利。加强经济落后地区饮水蓄水基础设施建设，保障饮水安全。加强美丽乡村建设，美化生产生活环境，保障各类人才能够"引得进，留得住，有发展"。

（二）精准发力、提升增量

1. 创新引才用才机制，畅通引才留才渠道

推进以"用人为本"的引才与用才机制，推行"一人一策""一事一议"的急缺人才与高层次人才引才用才机制。完善信息管理系统，推进事业单位专业技术人才与经济落后地区人才需求精准对接，提升专业技术人才助力乡村振兴效能。加大招商引资力度，坚持项目引才、产业聚才、平台留才，推进机制与政策创新，实现精准用才，营造产业与事业共同留才的氛围。

2. 创新人才帮扶机制，柔性引进人才

立足本土人才，着眼长远发展，处理"外引"和"内生"关系，实现引进与培养并举。树立"乡村振兴，关键在人"的理念，充分利用中央和对口支援省市的支持政策，加大人才相互交流挂职力度。聚焦本土人才成长与产业协同的发展需求，创建"乡土人才+"模式，通过组织引领、人才集聚、产业振兴和服务推广等，逐步建立一对一成长与辅导机制，创新人才帮扶形式，构建人才帮扶与柔性引进融通路径，吸纳和培育一批"土专家""田秀才"带动乡村产业发展。

3. 统筹专支特支计划，壮大治理人才队伍

以"国家特支计划"为牵引，因地制宜制定专项人才计划和政策措施，形成治理人才合力。推进教师、医师、科技和社会工作特支人才计划，推进经济落后地区幼儿教育、公共卫生、乡村规划、普法、科普、农技推广、生态环保等专项人才培育计划，推进经济落后地区社会治理人才队伍专项知识、技能更新工程，壮大乡村社会治理人才队伍。

4. 统筹事业单位专业技术人才队伍，精准助力乡村振兴

遵循人才成长规律，把握事业单位职业发展特点，着力破除制约人才成长发展和作用发挥的体制机制障碍。突出以用为本、服务发展，多措并举，精准对接人才需求，引导事业单位专业技术人员到原贫困地区扶智与创业服务，为巩固脱贫成果，实现乡村振兴提供智力支持。

5. 活用产业培育资金，促进产业项目引才

推进产业、项目培育资金设置人才专项，用于高层次人才引进、培训。规范使用产业项目资金，积极推进产业"项目＋人才"的引才方式。创新用人机制等方式，推动人才向重点项目一线聚集，实现项目建设与人才队伍建设有机结合，以产业项目引才聚才育才，形成项目与人才良性互动和高效融合的良好局面。

6. 加强精准宣传力度，推进"雁归兴贵"计划

构建本土外流人才信息库，及时精准推送本地人才需求信息。大力实施"雁归兴贵，促进农民工返乡创业行动计划"，积极引导脱贫地区外出务工人员返乡创业。大力推进经济落后乡镇创业培训、创业担保贷款、信贷、税收等政策，建立原深度贫困县和原极贫乡镇农村劳动力转移就业机制，扶持外出务工人员返乡务工创业；推进脱贫地区农民工返乡创业园建设，发展新型农业经营主体、发展"互联网＋农村电子商务"，引导和带动农民工返乡创业就业，壮大新型职业农民队伍。

7. 统筹人才需求信息，大力引导八方来才

统筹脱贫地区政府、事业单位与产业企业发展人才需求信息，打造乡村振兴人才信息对接机制，统筹各个行业、各类产业人才需求。分类编制人才需求信息，广泛发布、精准推送各类人才需求信息。分类对待，精准对接各类人才需求，大力吸引各方人才，营造"不为所有，但为所用"的用人氛围。

8. 实施定向招聘计划，推进乡镇补编补岗

结合本地需求，实施定向招聘计划，开展乡村医疗卫生、基础教育、新村文化事业等领域专业技术人才定向招聘活动，增加招聘名额，壮大乡镇乡村振兴人才队伍。推进面向本地本土人才的定向回流招聘计划，积极吸引本土人才返乡就业，推进乡镇岗位精准补编补岗，服务本地经济社会发展。

（三）赋能增能，盘活存量

1. 引导内部调整，促进人尽其才

区分培养对象、分类培养人才，提高乡村振兴才培育针对性，改善人才整体质量。引导内部结构调整，提升各类人才层次，优化人才队伍结构，增强业务能力与水平，充分发挥既有乡村人才队伍的效能。优化人才激励政策，促进人尽其才、才尽其用，不断加大本地、本土人才的培养使用力度。

2. 落实轮训制度，促进知识更新

落实脱贫地区乡镇党政人才知识更新工程，推进乡镇教育人才、医疗卫生人才专业技能培训与知识更新，盘活医疗卫生人才存量。强化乡镇卫生院院长、卫生技术人员轮训力度，依托县级医疗卫生服务资源，促进有条件的中心乡镇卫生院，每年对在岗村医免费培训1次；每年遴选一批优秀教师到省内师范院校进修学习，遴选一批优秀医生到省属三级综合医院实习实践。

3. 普及电脑技能，提升办公效率

推进脱贫地区党政机关、教育事业、农技推广、文化事业等站所人才的电脑技能培训，逐步提高乡镇治理与服务的信息化水平，提升行政服务效能。优化老中青配置比例，盘活现有中老年干部人才队伍，加强推进经济落后地区社会治理体系和治理能力现代化。

4. 推进订单培养，壮大专业人才队伍

推动原深度贫困县与省市医学院校结对开展订单培养，定向、稳定有序补充乡镇执业医生、护士等医疗卫生人才队伍；推进经济落后地区与省（市）属高校开展乡镇教师队伍人才订单培养，有序补充英语、体育、美术等紧缺教师人才。结合高校优势，推进乡村规划人才专项培训培养计划，确保每个脱贫乡镇配置一名以上接受过系统培训的乡村规划人才。采取"点单式""订单式"等方式，有序推进经济社会与产业发展所需的各类人才培养。

5. 打造导师队伍，完善辅导体系

充分利用省内外帮扶组织，构建乡镇人才成长辅导机制。围绕提升乡村文化事业、乡村产业发展、乡村社会治理、乡村医疗卫生、乡村基础教育五大类基层人才和新型职业农民的综合素质、专业技能和经营管理能力提升，分类打造外部导师与内部导师队伍。明确导师与学员职责，科学确定培训内容，及时解答工作困惑与专业难题，推进本土人才快速成长。

6. 推进市场参与，丰富成才体系

汇聚脱贫地区人才成长的共性需求，引入市场主体参与并承担人才市场化培养培训任务，提升人才培养效率。充分利用科研院所与市场化智力，推进科研转化项目、产业政策项目聚才育才。拓展乡镇干部人才培养渠道，引导各地党校、普通高校，积极参与脱贫地区党政人才的学历提升、专业能力培养。

7. 制定相关政策，引导自我成长

鼓励并资助经济落后地区人才在职提升学历，外出进修培训，保障学习与培训期间的绩效与工资收入。鼓励设置科学合理的人才评价体系，引导各类人才主动成长，服务本地经济社会发展需求。完善学历提升与专业培训培养报销机制，拓宽培养院校渠道，引导各类人才根据自身特点与岗位需求自学成长成才。

（四）突破边界，借力借智

1. 创新工作机制，形成资源合力

创新乡村振兴工作机制，积极动员和组织社会各方面力量参与乡村振兴事业，进一步凝聚脱贫工作合力。坚持"政府引导、多元主体参与"的基本原则，广泛动员、主动配合各级党政机关、企事业单位开展定点帮扶，积极引导重视县内外社会团体、基金会、民间个体的帮扶作用，鼓励民营企业积极承担社会责任，广泛动员社会力量参与，借助各种公益平台，线上线下同步推进，全面构建"党政主抓、部门联动、社会参与、各方支持、全民上阵"的大格局。

2. 促进理性用才，力推为我所用

促进理性用才，推动乡村振兴战略，巩固脱贫成果，创新用才模式。加大资源整合力度，探索建立人才共建共享机制，促进优秀人才脱颖而出。丰富人才合作交流方式，完善外域人才使用机制，达到"不求所有，但求所用"的理性用才效果。

3. 推进专业培训，培育人才队伍

充实优化乡村振兴人才队伍，充分考虑人才队伍参与乡村振兴的工作意愿。提升并落实乡村振兴人才薪酬晋升与职称评定待遇，保障乡村振兴人才安心工作；规范任职前的专业培训，提升乡村振兴人才专业化水平；分类编制乡村振兴人才工作手册，规范各类人才工作行为。加强乡村振兴过程的专业辅导，促进乡村振兴人才效能充分发挥。

4. 完善考评机制，促进乡村振兴

建立巩固脱贫实效为导向的人才绩效考核机制，建立"双考核"机制，明确政府和农户的职责和奖惩，调动双方积极性，促进人才全心参与乡村振兴工作。推进派出单位解决乡村振兴人才的生活待遇、居住保障、子女上学等后顾之忧，保障各项政策待遇落实落地，推进乡村振兴人才用心、聚心。

三 推动数字经济人才创新发展

（一）建立健全数字经济人才培养体系

1. 加大相关学科、专业的建设的支持力度

目前，贵州省有145所大中专院校已开设了数字经济相关专业，应支持与引领相关大中专院校加强资源投入、提升师资队伍教学水平、提升招生规模、提升办学质量。重点引领有关院校加强相关学科、专业的建设力度，发挥特色优势，借鉴国内外数字经济人才培养的先进经验，通过探索本科院校、高职院校间师资共享，全面提升数字经济人才培养规模和质量。

2. 依托高校、各类培训平台，强化数字经济人才培训力度

深化数字经济跨界人才联合培养制度，鼓励高校与企业联合探索多元化的产教培养模式，重点培养网络技术、大数据、人工智能、虚拟现实等数字经济领域紧缺技能人才。创新实训基地课程设置、应用技能、对接签约等联合培养核心环节，增强跨界联合培养成效，缓解贵州省数字经济应用型人才缺口。建立企业技术中心和院校对接机制，鼓励企业与国内外知名高校、科研院所开展合作，支持在贵州省设立分院（所），探索推进跨省区数字经济人才联合培养。

（二）加强数字经济人才引进力度

1. 优化人才引进政策

将数字经济高层次人才纳入贵州省急需紧缺高层次人才引进目录，健全人才服务工作机制，采取公开选拔、引进挂职、引进任职、市场招

聘、柔性引才等多种方式,引进一批专业化人才。强化数字经济招商引资与引才引智融合,将数字经济领域中高端人才列入优先引进目录,纳入绿色通道管理;加强发达地区和境外招才引智工作站的人才引进、服务与宣传职能,提升"智力收割"效率。通过建设数博会、人博会等平台提升贵阳市乃至全省对发达地区和境外高层次人才的吸引力;充分发挥高层次人才蓄水池作用,为数字经济类企业引进的高层次人才提供事业编制待遇。

2. 促进中高端人才聚集

围绕数字经济重点行业领域发展需求,以行业数字化共性关键技术研发为重点,打造一批实验室、研究院、研发中心、技术中心、工程中心等技术研发创新平台,集聚一批高水平科研人才,促进技术创新,提升贵州省数字经济产业发展的核心竞争力。吸引知名高校院所、大型企业、国家级及省级重点企业实验室、行业研究机构等,在黔建设企业研发中心、数据中心或分支机构,构建省级、国家级共性技术研发平台,促进重点领域中高端人才流入。支持多个企业共建协同创新平台,开展联合攻关,用活用足外部智力,促进中高端数字经济人才集聚。

3. 充分借力全球智力资源

充分发挥政府、产业联盟、行业协会及相关中介机构作用,形成数字经济企业走出去的合力。鼓励中介机构为走出去企业提供咨询、法律、税务等综合服务。开展与国际院校的交流合作,推进数字经济人才培养国际化。鼓励数字经济领域海外高端人才来黔就业创业,进一步加强人才配套服务建设,优化产业发展环境与生活居住环境,积极引进一批国际一流高层次人才和领军人才。选择具有国际影响力的国内外科研院所和研究机构,建立多层次的交流合作机制,建立国内外数字经济领域专家库,形成多种形式的交流合作和智力引入机制。

(三)完善数字经济人才评价激励机制

构建数字经济人才分类标准,创建各领域数字经济人才评价体系,推进数字经济人才职称评审体系建设,引进的高层次人才和急需紧缺人才,申报并受聘为高一级职称,可不受工作年限、单位职数限制;将数字经济类高层次人才纳入省级人才项目平台、人才计划等优先支持范围。完善数字经济人才技术入股和分红激励办法,探索通过技术股权收益、期权确定等方式增加合法收入。

探索建立数字经济人才政治激励机制,对于引进的高层次或领军人才,按照属地管理原则,优先推荐为相应级别的人大代表、政协委员,可列席各级党委政府常务会议,吸引与聘请在国内外有较大影响的数字经济类企业家、知名学者、专业人才担任各级政府、数字经济产业领域的引才顾问。

(四) 加强重点领域人才建设

1. 加强数字设施人才队伍建设

加强提升网络骨干传输和交换人才队伍建设,提升对骨干网络建设支撑能力。大力汇聚培养宽带、融合、安全的数字经济信息基础设施队伍,引进5G产业人才,服务"满格贵州"。加强数据中心、内容分发网络(CDN)等新型应用基础设施人才队伍服务工作,提升对数据中心人才服务效率,吸引电信运营商、大型互联网企业、专业数据中心运营企业和行业龙头企业等来黔建设数据中心,吸引全球数据处理和管理人才服务于贵州数字经济产业发展。加强智能电网、智能水网、智能交通网领域人才队伍建设,提高贵州省物联网技术应用水平。

2. 加强数据资源管理人才建设

加强党政数字经济人才队伍专业能力建设,推进政府数据采集规范化、专业化和常态化,加快推动政府数据共享,有序推进政府数据开放,提升"云上贵州"数据集聚能力。通过举办应用大赛等活动,吸引各方智力资源,合力用多、用好政府开放数据。吸引国家部委、大型企业、国际机构数据汇聚贵州,支持数据中心运营商承接国家各部委、中央企业的南方数据中心、分中心和灾备中心业务,争取建设国家信息资源库、国家统一信用信息共享交换平台等重大系统平台的数据灾备中心,积极吸引各类数据资源入驻,打造全国战略数据人才集聚中心。

3. 加强数字治理人才队伍建设

推进财政税收、行政审批、电子监察、综合执法、数字城管、公共事件应急管理、社会信用信息管理以及智慧城市建设等领域人才队伍建设,全面支撑政府机关、企事业单位信息共享和业务协同需求。大力引进培养产业发展、城镇建设、经济运行、生态保护、项目推进等数据分析挖掘和监测预警人才队伍建设,提升经济社会发展态势洞察能力;加快便捷电子政务服务体系建设、优化电子政务服务流程，全面提升政府服务效率和透明度。

4. 加强数字安全人才队伍建设

加快安全综合应用平台、互联网基础信息库人才队伍以及网络安全监测人才队伍建设，加强信息安全风险评估和网络与信息安全保障能力，保障网络用户数据和政务信息安全。建设国家级大数据安全技术实验室，促进中高端数据安全技术人才聚集；重点培育一批云数字安全企业，引进或孵化一批大数据安全产品研发与应用企业，汇聚一批数据安全产业人才。加强风险报告、情报共享、研判处置技术领域，以及公共场所无线上网（Wi-Fi）安全管理、互联网站安全检测、公安信息网安全技术、视频监控安全技术、电信诈骗智能分析拦截等专业技术人才队伍建设，提升网络安全态势动态感知能力，打造数字经济安全保障体系。

5. 加强产业数字化人才队伍建设

加强生产加工、制造领域的数字化研发设计、数字技术应用人才队伍建设，支撑贵州省智能制造产业集群建设。推动山地特色高效农业等的数字化、智慧化人才队伍集聚，提升农业生产管理精准化水平。推进特色农产品种植、精深加工、冷链物流、农业观光、乡村旅游等数字化人才队伍建设，支撑数字农业产业服务体系建设。加快传统能源和新型能源生产的数字化改造人才队伍建设，重点引进能源资源大数据的分析及应用专业技术人才，促进循环经济发展；积极发展智慧绿色能源人才队伍，重点引进培养能源生产的实时监测、精准调度、故障判断和预测性维护等领域数字化人才，提升能源生产效能。加强物联网、云计算、大数据等技术在传统产业与特色产业流程制造中的融合创新应用人才队伍建设，推动区域特色产业数字化，促进产业资源优化配置，形成数字融合型经济新增长极。

6. 加强数字民生人才队伍建设

加强医疗健康数字化应用人才队伍建设，支撑"互联网医院"建设，形成"医院+网络平台+药店+家庭"的线上线下医疗健康服务无缝对接；提升教育管理、教育教学和教育科研的数字化开发与应用人才规模，推进教育数字化应用人才队伍建设；推进文化艺术类数字化人才队伍建设，推进文化创意数字化应用，提高数字文化服务设施利用率，提升数字文化资源共享能力与传播服务效率；推进便捷交通数字化、社会保障服务数字化、劳动力就业培训数字化应用、社区服务数字化应用等领域人才队伍建设，建设贵州省数字化培训就业信息服务平台，支持数字经济人才职业培训、就业服务和就业管理工作全程信息化。

(五) 优化数字经济人才发展环境

1. 加大基础设施投入，优化人才生活环境

加大住房保障力度，鼓励各地大力推进人才公寓建设，对于省、市重点扶持的数字经济产业人才，优先安排人才公寓或提供住房补贴。加大医疗资源投入，支持有条件的地区对持有"高层次人才服务绿卡"的数字经济人才就医，可享受定点医疗机构免预约、免收挂号费、优先安排住院等服务。支持各地区对引进高层次人才配偶就业，给予优先安置；加大教育投入，支持各地对数字经济人才子女申请转入贵州义务教育阶段学校或普通高中就读的，优先安排就近入学。

2. 优化人才共享使用环境，提升人才使用效能

引导省级专业性公共服务平台、国家中小企业公共服务示范平台和龙头骨干企业公共技术平台开放发展，构筑贵州省数字经济创新网络，为企业、创业团体和个人提供跨学科、跨区域的创新研发人才共享服务。支持企业在硅谷、北上广深等地建设研发中心，作为创新网络重要节点，汇聚当地创新资源，汇聚全球优秀人才、团队和企业。建立国内外数字经济创新资源集聚机制和创新成果整合利用机制，打造全球数字经济创新网络，汇聚全球智力资源，提升贵州省数字经济创新能力。鼓励构建以企业为主导，产学研用合作的数字经济产业创新联盟，探索形成新型政产学研用联合、激发研发创新潜力的体制机制，壮大专业技术人才队伍，全面提升专业数字经济专业技术人才创新能力。

3. 完善数字经济人才公共服务平台，提升人才服务效率

依托大数据人才云，完善贵州省数字经济人才网上办事、创新创业公共服务、中小企业服务、人才引进培养、人才资源共享、数字资源交易子系统等公共服务平台，发展一批服务于数字经济企业人才服务的中介机构，依托公共服务平台提供技术投融资、创新创业信息咨询、人才

管理咨询、知识产权交易、人才培训、人才评价认证等服务，集成数字经济的人才交流服务平台、资本融通平台、科技金融服务平台、技术转移公共服务平台、培训服务平台等公共服务平台，促进数字经济生产要素与人才资源的流通与对接，提升人才服务质量与效率。

4. 突出重点领域与重点区域，统筹各类人才协调发展

加强组织领导，探索建立贵州省数字经济人才发展协调机制，统筹协调解决数字经济人才发展过程中的重大问题；建立数字经济人才统计调查和监测分析制度，构建贵州省数字经济人才发展指标体系，密切关注数字经济人才发展动态；制定数字经济人才发展规划，加强重点领域、重点园区、特色区域的数字经济人才建设，促进数字经济领域领军人才、高中低层次人才总量持续增大，结构持续优化，形成数字经济人才的行业分布、地域分布、层次结构、规模发展持续优化，数字经济党政人才、数字经济事业人才和产业经营管理人才、专业技术人才、专业技能人才协同发展的新局面。

四 推动卫生健康人才创新发展

（一）完善人才开发环境

1. 加强卫生健康人才引进力度

统筹制定贵州省卫生健康高层次人才引进政策，加强高层次、高水平专业技术人才队伍建设，壮大学科人才队伍。引导用人单位建立完善高层次人才引进管理考核评价体系，构建完善的卫生健康服务体系，加强引进优秀医疗实用人才。充分发挥引进高层次人才技术优势，建设特色学科，培养学科专业人才，加强引进与培育结合，全面提升医疗卫生人才素质。依托中国贵州人才博览会、"校省合作"知名高校专场招聘会等平台，拓展西北、东北等地区人才招聘专场，注重亲情、乡情等引才优势，加强全职引进人才力度。通过国内外知名人力资源服务机构和贵州人才交流合作网发布需求，加强宣传联系，大力引进各类医疗卫生人才。深入实施退休医师返聘"银龄计划"，抓好中医药传承人才、创新人才、急需紧缺人才培养工作。

2. 提升卫生健康人才培养供给能力

开展农村订单定向免费医学生培养，贵州省内医学院校每年定向培养一批临床医学、儿科、医学影像、医学检验、药学、中医学大学本科

（专科）学生。鼓励有条件的医学院校开设康复护理类专业。加强全科医生培养，二级以上综合医院开设全科医学科，在贵州省内医学院校设立全科医学系或教学研究机构，在省内重点医药科研机构或企业设立产学研基地。加强县级疾病预防控制机构专业技术人员培养，做好基层卫生人才综合培养试点。纵深推进"博士工作室""博士后流动站""院士工作站"建设，摸索一套运行完善的机制，推动有关站室做大做强做实，在发挥博士服务团队、高端人才服务效用的同时，为卫生健康人才团队提供良好的工作环境和发展空间。

3. 优化卫生健康人才评价环境

建立以医疗服务数量和质量为导向的基层医疗卫生技术人员职称评价机制；制定执行城市医疗机构卫生技术人员晋升中高级职称前到县级及以下医疗机构驻点服务政策。增加县、乡医疗卫生专业技术人员中高级岗位结构比例，使乡镇和社区医疗卫生机构从业的医疗卫生高级专业技术人员不受岗位职数限制，实行即评即聘；引导医药类行业协会探索设立贵州省医药研发设计创新突破奖，引导医药产业专业技术人才潜心研发，致力于医药产业创新发展。

4. 创新卫生健康人才使用方式

切实推进和规范多点执业，促进医疗资源共享；引导高层次、高水平卫生技术人才到县、乡等基层单位兼职兼薪；推进县管乡用、乡管村用的基层医疗卫生人才管理机制；县乡两级配备从事计划生育服务管理的行政人员，村级配备计划生育专职人员，并落实相关待遇；探索落实基层医疗卫生机构用人自主权，按需用编，自主招聘；对到艰苦偏远地区工作的高层次人才、急需紧缺人才和取得相应执业资格医务人员，按照国家和贵州省人事管理制度规定，可简化考试程序或考核聘用。

5. 创新卫生健康人才激励环境

完善绩效考核与评价机制，建立以创新能力、服务数量、服务水平、服务质量为导向的激励机制，促进卫生健康人才激励与绩效分配、职称评价、职务晋升、职称晋级制度挂钩，允许医疗卫生机构突破现行事业单位工资调控水平，允许医疗卫生服务收入扣除成本并按规定提取各项基金后主要用于人员奖励，实行同岗同酬同待遇；逐步推行公立医院院长聘任制和年薪制；乡镇卫生院从事基本公共卫生服务经费可纳入单位收支统一管理，收支结余部分可按规定用于绩效分配；保障基层人才待遇，落实乡村医生参加基本养老保险政策，符合条件的乡村医生按规定参加城镇企业职工基本养老保险或城乡居民基本养老保险。

6. 提升卫生健康人才服务品质

强化培训教育，全面提升素质。一是组织开展多层次、多形式的专业知识及技术培训、专业技术研修活动，巩固和壮大卫生健康人才队伍规模、提高业务素质和创新能力，增强卫生健康人才服务供给能力；重视和加快技术专家的培养，制定相应的政策措施，以适应卫生健康发展需要。二是抓好继续教育，加强初级职称中医药人员继续教育工作，强化医药人才继续教育项目的监管力度，加强服务意识、服务技巧培养，提升服务对象满意度。三是拓展师承教育，加大服务宣传力度，挖掘、继承服务典型的宝贵经验，促进优秀青年卫生健康人才提升服务水平。四是开展服务质量评价专项工作，促进健康卫生机构将人才服务品质贯穿于服务全过程，全面提升居民对卫生健康服务的满意度。

（二）加快重点领域的人才开发力度

1. 加快全科医师人才开发

一是着眼长远，加大全科专业住院医师规范化培训力度。扩大全科专业住院医师招收规模，每年全科专业招收数量达到当年总招收计划的20%以上。2018年起，新增临床医学和中医硕士专业学位研究生，招生计划重点向全科等紧缺专业倾斜。二是立足当前，继续做好全科专业住院医师规范化培训、助理全科医生培训、全科医生转岗培训和农村订单定向全科医生培养，加快壮大全科医生队伍。三是加强在岗全科医生、乡村医生进修培训，不断提高医疗卫生服务水平。

2. 加快执业（助理）医师人才开发

继续实施执业（助理）医师培训，加大从县级医院、乡镇卫生院和社区服务中心选派优秀执业医师到上级医疗机构进修的力度，确保每个乡镇卫生院与社区卫生服务中心有2名以上执业（助理）医师；对引进到艰苦、偏远地区的高层次人才、急需紧缺人才和取得执业医师资格的人才，可简化考试程序或考核聘用；建立健全贵州省统筹的基层卫生引才奖励办法，壮大基层执业（助理）医师人才队伍；依托医疗卫生援黔专家团、对口帮扶地区执业（助理）医师人才派驻及交流互挂、国家执业（助理）医师培训等手段，全面提升贵州省执业（助理）医师专业技术水平。

3. 加快护理人才开发

加快对护理学科的建设和发展，引导贵州省内高校制定护理学科建设与专业建设规划，加大护理人才队伍培养投入；引导医院制定护理学科的发展目标，建立公开、平等、择优的选人用人制度，制定医德医风、履行职责学历、职称、专业技术力能、教学水平、科研能力等各级护理人员岗位说明书，引导经验丰富的年轻护士补充到护理队伍的关键岗位，为建设一支结构合理、富有活力的高素质护理人才队伍奠定基础；通过报告、录像、讲座等形式，加强护理人员专业思想教育和礼仪知识等综合培训，提高护士职业素质；积极创造良好的工作、学习、生活条件，通过职称评定体系，引导护理人员从事科研工作，培养造就一批较高层次护理科研队伍，提升贵州省医护服务资源供给能力。

4. 加快中医药人才开发

结合《中医药法》，深入推进贵州省中医药教育综合改革，健全中医药人才继续教育体系，提升中医药人才继续教育质量，强化中医师承教育；推进培养专项工程，推进规范化培训，加强高层次与基层中医药人才队伍建设，分类推进中医药人才、民族医药人才、中西医结合人才协调发展；加强中医预防、养老、保健护理、康复、健康服务、中医特色技术、技师等紧缺人才队伍建设，提升中医服务能力；创建中医药人才协同发展机制，促进中医药人才供给平衡。

5. 加快公共卫生人才开发

以服务需求、创新机制、优化结构、提升质量为导向，加强公共卫生人才队伍建设，实现重点资源、重大项目向基层、经济落后地区倾斜；加强生物安全、传染病、遗传咨询人才培养开发力度，探索设立公共卫生人才知识更新工程，促进公共卫生人才知识技能提升；逐步提升公共卫生人才待遇，落实基层公共卫生人才补贴政策，逐步提升补贴标准；加大高层次、高学历、年轻化人才引进力度，配齐公共卫生机构人员编制，提升公共卫生机构服务能力；加强公共卫生医师培养力度，探索公共卫生人才与医疗卫生人才共享机制，积极引导医疗卫生人才参与公共卫生服务。

6. 加快医药产业人才开发

扎实推进医药产业发展三年行动计划，制订贵州省医药产业人才发展规划，编制贵州省医药产业人才开发目录，确定人才开发目录的重点类别、能力需求；设立医药产业人才队伍发展专项统计计划，实时监测人才队伍发展动态；建立医药人才队伍发展专项资金，用于引导市场、用人单位、科研机构与高校共同搭建人才培养平台，引进与培养产业发展所急需紧缺的人才；梳理医药产业人才发展体制机制"瓶颈"，集成创新各类人才发展政策，重点推进中医药、民族医药产业技术人才队伍、电商人才、急需紧缺人才的引进培养，大力引进高端人才与团队，培养优秀科技创新团队负责人，强化产学研联合培养机制，着力打造新兴生物医药产业人才，促进医药产业迅速发展壮大。

（三）开创各类卫生健康人才队伍统筹建设的新局面

1. 坚持体制机制深化改革，充分释放改革红利

坚持统筹协调，突破体制机制障碍，创新突破体制机制痛点，强化人才队伍的统筹协调工作，打破专业限制和地区差异的约束，用好用活卫生健康人才队伍。一是促进医疗卫生人才、公共卫生人才和医药产业人才之间的协同发展，构建不同类型人才的协作机制，积极调动各类专业技术人才的创新动能，引导团队协作。二是做好新形势下卫生健康经营管理人才、专业技术人才和技能人才的协同发展工作，分级分类做好各类人才的职称评聘和效能激励工作，构建各类人才的交流协作、融合发展机制，确保各类人才效能充分发挥。三是推进医疗卫生、公共卫生与医药产业人才协同发展，打造卫生健康预防、救治、康养等前端、中端与后端人才体系，降低人才流失风险。四是扎实推进落实各类医疗卫生人才的基础保障和薪资待遇工作，确保各类人才享受体制机制创新释放的改革红利。

2. 健全人才培养制度，着力推进基层人才培养

通过深化医学教育改革，形成有利于卫生人才成才的育人环境。遵循医学教育的规律，以培养岗位胜任力为导向，构建终身教育培养体系，从外部吸引高素质人才的同时，加强对内部人员的培养，减少引进人才与原有人才之间的工作冲突。加强医教协同，优化完善院校教育、继续教育有机衔接的人才培养体系，在全面推进住院医师规范化培训的

基础上，逐渐形成"5+3+X"的人才培养模式。着力建立健全基层卫生人才培养制度，加强以全科医生为重点的基层卫生人才培养，依托一系列人才培养项目，统筹规划各类卫生人才的培养培训。

3. 以人民健康促进全面小康，助力乡村振兴

加强脱贫地区卫生健康人才引进与培养力度，促进医疗卫生人才资源供给；充分利用贵州省丰富的中药材资源和民族医药文化底蕴，建设具备仓储、物流、配送、交易大厅、检验、线上交易等功能的西南中药材产业园及商贸城，打造成西南地区重要的中药材种植、物流、交易和加工基地，做大做强贵州大健康配套产业，不断丰富和壮大贵州中医药产业链，积极引导贫困劳动力就业创业。通过贵州中医药、民族医药产业发展，不断吸引高层次医疗人才创新创业，壮大产业发展规模，提高中药、民族医药产业的经济效益规模，集聚各类卫生健康人才助力贵州省乡村振兴。

4. 推动卫生健康人才结构分布持续优化

引导高层次人才向脱贫地区、基层乡镇卫生机构流动，优秀人才资源下沉；加大公共卫生领域人才队伍建设力度，壮大人才规模，提升公共卫生资源供给能力；加大全科医生、执业（助理）医师、注册护士引进培养力度，促进卫生人才区域均衡发展；加大高水平、高级职称专业技术人才引进力度，形成专业技术人才发展梯队；大力推进基层医疗卫生服务能力提升计划，逐步提升基层医疗卫生人员的学历水平；深入实施新一轮医疗卫生服务能力提升"八大工程"，扎实推进黔医人才计划，充分利用国家卫生健康委委属委管医院、医疗资源集中地区有关知名医院技术管理优势，帮助贵州省培育一批学科带头人和管理人才；加大高层次人才引进力度，引进培养一批博士研究生和急需紧缺人才；大力实施"银龄计划"，引进东部省份退休高级医疗卫生人才到贵州省医疗卫生机构工作，推动贵州省内退休医疗专家到基层工作，不断提升贵州省卫生健康人才水平，从而促进贵州省卫生健康人才在行业、地区、层次方面的分布逐步均衡，卫生健康人才规模结构持续优化。

五 推动文化和旅游人才创新发展

（一）完善人才政策

制订文化和旅游人才发展战略规划和人才奖励政策，切实加大人才

工作经费投入，构建完善的文化和旅游人才成长平台，统筹文化和旅游各类人才融合、协调发展；完善文化和旅游人才引进政策，将引进的高层次人才优先纳入省级人才工程与人才计划；完善文化和旅游人才培养政策，加强对文化事业、文化和旅游产业发展过程中的重点领域、重点发展的人才系统培养，支撑贵州省文化和旅游产业快速稳健发展；构建科学的文化和旅游人才激励与评价政策，坚持德才兼备原则，把知识、能力、业绩和品德作为衡量评价人才的重要指标，健全完善人才评价机制，提升人才创新能力；健全完善人才服务政策，简化人才服务流程，优化人才服务事项，营造良好引人、留人、育人环境；建立文化和旅游人才持续投入政策，优化人才成长环境，加强文化和旅游人才平台建设，组织实施贵州省文化和旅游人才专项引育工程；全面推进文化和旅游人才发展政策持续创新，人才发展环境持续完善。

（二）优化创新创业环境

1. 完善文化和旅游人才服务平台，提升人才服务效率

依托贵州省大数据人才云的建设，完善省文化和旅游人才网上办事、创新创业、中小企业服务、人才引进培养、人才资源共享等公共服务平台，发展一批服务于文化和旅游人才服务的中介机构。借助公共服务平台提供创新创业信息咨询、人才管理咨询、知识产权交易、人才培训、人才评价认证等服务，集成文化和旅游的人才交流服务平台、资本融通平台、培训服务平台等公共服务平台，促进文化和旅游生产要素与人才资源的流通与对接，提升人才服务质量与效率。加速促进大数据和智慧旅游平台载体建设，壮大旅游人才队伍。通过加快大数据人才引进，建设智慧旅游平台，建立人才信息库，进一步增加文化和旅游技术人员，壮大文化和旅游人才队伍，提升人才服务效率。

2. 加强研发平台建设力度，促进中高端人才聚集

围绕文化和旅游重点行业领域发展需求，以文化和旅游共性关键技术研发为重点，打造一批特色工作室、实验室、研发中心、技术中心、工程中心等技术研发创新平台，集聚一批高水平旅游科研人才，促进旅游技术创新，提升贵州省文化产业和旅游产业发展的核心竞争力。吸引知名高校院所、大型企业、国家级及省级重点企业实验室、行业研究机构等，在黔建设企业研发中心、数据中心或分支机构，构建省级、国家

级共性技术研发平台，促进重点领域中高端人才持续流入。支持多个企业共建协同创新平台，开展联合攻关，用活用足外部智力，促进中高端文化和旅游人才集聚。

3. 加强培训平台建设，培育大批文化和旅游人才

充分发挥省、市和各区县党校、行政学院、高等院校、职业学校和劳动技能人才培训基地在文化领域人才培训中的载体作用，将旅游业务培训纳入市和区县党校、行政学院和劳动技能人才培训的内容。组织编写旅游业务培训教材和培训手册，积极推介贵州文化和旅游特色与前景，力争吸引更多优秀人才为贵州文化和旅游做贡献；充分发挥旅游行业协会和旅游企业的主体作用，落实主体责任，加强分级分类培训，提升文化和旅游人才素质。

(三) 促进重点领域人才发展

1. 加快高层次人才队伍开发

依托国家重点人才工程、重点学科、专业、实验室、重点文化和旅游项目等，构建文化和旅游人才开发新平台、新载体。支持有条件的区域建立文化和旅游人才改革试验区和特色人才集聚区。探索建立文化和旅游相关领域首席专家、学科或专业带头人、首席技师、首席服务师制度，组建一批由一流专家领衔的技术技能工作室。打造一支高层次、高水平人才队伍，引领文化产业和旅游产业创新发展。

2. 加快导游人员开发

以重点文化和旅游景区的导游人员为重点，大力提升导旅人才的专业水平和综合素质；分级分类开展导游、讲解员培训，大力培养外语特别是小语种导游；提升旅游安全、文明旅游引导，强化出境旅游领队培训；实施"金牌导游"培养计划，进一步规范导游从业秩序。建立导游人才库，推进导游人才区域共享。

3. 加快旅游专业技术人才开发

为适应旅游业创新发展、智慧发展、绿色发展的需要，极力打造一支高层次旅游专业技术人才队伍，提高专业技术水平和研发创新能力。重点加强旅游基础理论应用研究、教育教学、规划设计、数据管理、业务拓展、市场营销等旅游专业技术人才的培养开发，确保贵州旅游产业向高质量方向稳步推进。

4. 加快文化和旅游技能人才开发

为适应文化和旅游消费大众化、需求品质化、个性化的需要，大力推进文化和旅游技能人才、特别是高技能人才队伍建设，提升民族工艺品制作、文艺匠人的职业素养，促进旅游饭店、旅行社、旅游景区、旅游休闲度假区、旅游互联网、旅游公共服务机构等旅游企事业单位技能人员的职业技能和服务水平提升，为文化和旅游人才营造良好的创业发展环境。

5. 加快文化和旅游产品设计人才开发

重点加强和引进培养一批文旅融合高端人才，加快培育一批与时俱进、大胆创新、市场敏锐度高、学习能力强、具有国际意识的高层次文化和旅游产品融合设计人才，促进贵州文化产业和旅游产业可持续发展。

6. 加快"互联网＋文化和旅游"融合人才开发

适应"互联网＋""文化＋""旅游＋"融合发展需要，规范建立数字融合、文化和旅游融合人才评价标准，制订文化产业和旅游产业人才培养计划，有针对性地培训和引进专业技术人才，特别是在规划设计、景区管理、规划设计审核、VR体验、AI文化创意互动、市场营销、文化和旅游产品融合开发等方面的人才，为文化产业和旅游产业不断提质增效注入活力，加强文化产业和旅游产业部门合作，加快文化和旅游融合进程，推进贵州省"互联网＋""旅游＋"复合型人才开发。

7. 加快文化艺术人才开发

积极适应文化体制改革的要求和广大人民群众对于文化生活日益增长的需求，持续加强各类文化硬件设施的建设和文化艺术人才队伍的开发。科学制定文化艺术人才队伍建设的政策和制度措施，促进文化艺术人才的统一、规范化发展。加大对青年文化艺术人才的培养与中年文化艺术人才的引进力度，建立贵州省文化艺术人才的梯队化开发体系。建立规范完善的文化艺术人才培养机制，提升贵州省文化艺术人才的整体职业素养和专业技能水平。

8. 加快文物博物人才开发

加大对省外中青年文物博物人才的柔性、刚性引进力度，积极推进构建文物领域贵州智库。科学制定文物博物馆事业单位人事管理指导意见，健全人才培养、使用、评价和激励机制，着力实施新时代文物人才建设工程，加大对文物领域领军人才、中青年骨干创新人才的培养力度，制定出台文物保护工程从业资格管理制度，提升贵州省文物博物人才整体职业技能水平。

（四）健全人才开发体制机制

1. 创新文化和旅游人才引进路径

支持地方建立文化旅游专家智库，柔性引进高端人才服务文化事业、文化和旅游产业发展。研究制定旅游兼职引导政策，构建文化和旅游领域高层次人才共享机制。依托国家和省内驻外机构，拓展海外引才通道，服务高等院校、科研机构和用人单位引进使用海内外高端人才；鼓励有条件的用人单位建立海外人才基地，吸引本土高层次人才异地服务贵州发展。整合政府部门、企业、院校、行业组织、社会机构资源，形成文化和旅游人才开发合力，支持省内院校、科研机构设立流动岗位，鼓励各地方、各单位开展差异化引才路径探索，形成可复制、可推广、可持续的引才经验。

2. 提升省内高校人才培养供给能力

设立"贵州文化和旅游产业人才培养计划"，联合教育部门、行业主管部门、专业协会、主要用人单位，联合制定文化和旅游人才分类标准，探索建立文化和旅游行业人才评价体系，梳理文化旅游专业知识与技能清单，组织开发专业课程清单；划拨专门经费，重点资助相关院校聘请具有实务经验的师资到省内高校授课或指导。搭建产学研人才培养平台，制订符合文化事业、文化产业和旅游产业人才培养计划，开展定向式、订单式人才培养，提升高校人才培养自主供给能力。

3. 提升基层人才队伍职业水平

研究制订贵州省文化和旅游基层人才教育培训行动计划，推动文化和旅游行政管理机关的基层职工和基层从业人员职业素质提升，努力建设一支政治素质、业务能力、职业道德水平过硬的职工队伍。建立健全职前教育和在职培训对接机制，大力实施文化和旅游行业人才培训，推动将文化和旅游人才培训纳入人力资源社会保障部门就业培训和职业教育计划。引导企业、院校、行业组织和社会机构广泛参与文化和旅游人才在职培训，构建多元文化在职培训体系。建设具有地方特色的文化和旅游人才培训基地，依托当地培训资源和师资力量，围绕文化产业和旅游产业发展特色，打造支持基层领域和县级以下区域的文化和旅游职业培训的人才队伍。

4. 优化文化和旅游人才评价环境

建立以职业和市场为导向的文化和旅游人才分级分类评定标准，顺畅人才发展通道。完善专业化人才评价机制，建立以职业能力和工作业绩为导向，注重职业道德和职业知识水平的文化和旅游人才评价新体系。改进文化和旅游人才评价方式，积极开发适应不同类型人才的测评技术。引进国际行业认证体系，促进文化和旅游人才开发与国际接轨。创新评价管理模式，建立基于"互联网＋"集信息制作、发布、评价于一体的人才管理平台，完善人才监督管理机制，鼓励与支持行业协会、服务对象参与人才评价，形成良好秩序。

5. 创新文化和旅游人才使用方式

稳定和用好现有文化和旅游人才，大胆培养选拔一批能干事、有潜力的后备人才，进行重点培养使用。加强文化和旅游人才流动配置信息引导，推动发布文化和旅游企业人才需求清单和相关院校人才供给清单。支持开辟区域文化和旅游人才市场，推动线上线下融合发展。健全文化和旅游人才资源调查统计制度，完善人才统计指标体系。资助省内文化、旅游优秀创意设计和经营人才到国外强化学习，培养具有国际视野的创意与经营管理人才。通过政府部门、行业组织、社会机构、大型门户网站、人力资源服务企业等多种渠道收集行业人才信息，建立文化和旅游人才数据库，开展人才需求预测、信息监测、发布等工作。推动完善文化和旅游人才到发展相对落后地区就业创业的支持政策，鼓励相关院校毕业生到发展相对落后地区就业创业。

6. 创新文化和旅游人才激励环境

大力开展各级各类文化和旅游人才技能竞赛活动；完善人才荣誉奖励与人才评价、使用、薪酬待遇相结合的激励制度；拓展文化和旅游市场业务，健全人才社会保障体系和职业保险体系；鼓励创新文化和旅游产业业态，推动地方加大对文化和旅游创新创业项目给予扶持奖励的力度。

（五）开创各类人才队伍协同发展的新局面

重点加强急需紧缺人才引进培养，促进各区域文化和旅游特色领域人才聚集。联合行业骨干企业、专业创新促进机构、高校院所、投资机构等，建设一批面向文化产业和旅游产业创新发展的孵化器和创新空间，为各区域文化和旅游人才搭建创新创业事业平台。促进文化和旅游领域领军人才、高中低层次人才规模持续增大，结构持续优化，文化和旅游人才的行业分布、地域分布、层次结构分布持续优化，文化和旅游党政人才、文化和旅游事业和产业经营管理人才、专业技术人才、技能人才协同发展新局面。

结语与展望

人才发展战略是实现人才强国战略的总体要求，是推动区域均衡发展、实现全面建成小康社会的基本保证。"十三五"时期，贵州既面临推动科学发展、实现后发赶超、同步小康的重大战略机遇，又面临发展变革带来的严峻挑战。全面做好人才的聚集工作是提升全省核心竞争力的重要保障。本书基于对政府、高校、科研机构及企业在人才集聚能力现实状况的研究，并深入从体制机制、聚才平台建设、人才引进项目构建、人才产业服务发展进行了相应的原因分析，并给出了相应的建议和对策。总而言之，政府部门应当加强对人才政策的完善，设立资金充裕的人才发展专项资金，因地制宜地制定相应的激励和人才发展、事业保障的政策和平台，充分发挥高校、科研院所及企业在人才引进、人才培养、人才发展和研究成果转化的积极作用，构建畅通的人才流动和发展渠道。

"十三五"时期，既是贵州省与全国同步全面建成小康社会的决胜阶段，也是人才发展的关键时期和人才体制机制深化改革的攻坚时期，全省人才工作势必面临新的发展机遇和挑战。随着国家"十三五"总体发展规划和"一带一路"倡议总布局的循序实施，贵州省依靠国家政策辐射得到了聚集各类发展资源的红利，在"十四五"时期贵州省产业结构的转型升级将带来机遇与挑战，5G技术、大数据、人工智能和区块链等信息技术为产业转型升级带来了前所未有的发展机遇，但产业结构的转型升级也面临着传统产业工艺已经成熟且思维容易固化、产业发展环境亟待完善、高素质专业技术人才短缺等问题的巨大挑战，特别是对长远发展过程中，亟须专业技术人才资源的聚集。尽管如此，本书实证分析结果仍显示出贵州省专业技术人才在发展环境方面亟待改善的地方，鉴于人才工作面临的新形式，本书也对于相应的不足之处提出了一些建议，以便营造一个更适宜专业技术人才发展的环境，更好地为贵州省走出有别于东部、区别于西部其他省份的发展新思路提供强有力的人才保障。

参考文献

王传毅等：《中国研究生教育研究三十年回顾（1984—2014）——基于〈学位与研究生教育〉的论文分析》，《学位与研究生教育》2015年第12期。

张燕：《论我国人才管理改革试验区的经验及启示》，中国企业运筹学第十届学术年会论文集，2015年。

时宏明：《广西北部湾人才管理改革试验区建设的难点与对策研究》，《中共南宁市委党校学报》2011年第4期。

王顺：《我国城市人才环境综合评价指标体系研究》，《中国软科学》2004年第3期。

石金楼：《基于因子分析的江苏省人才环境评价研究》，《南京社会科学》2007年第5期。

刘亦晴、于晶：《中西部地区人才环境评价指标体系研究》，《企业活力》2011年第2期。

司江伟、陈晶晶：《"五位一体"人才发展环境评价指标体系研究》，《科技管理研究》2015年第2期。

梁文群等：《我国区域高层次科技人才发展环境评价与比较》，《科技进步与对策》2014年第9期。

陈杰等：《人才环境感知对海外高层次人才流动意愿的影响实证——以广东省为例》，《科技管理研究》2018年第1期。

王亮、马金山：《基于熵值法的科技创新人才发展环境评价研究》，《科技创新与生产力》2015年第3期。

焦清亮等：《基于模糊层次综合评价法的新疆高层次科技人才环境

评价研究》，《农业科技管理》2012年第3期。

李欣等：《基于结构方程模型的科技人才发展环境影响因素》，《中国科技论坛》2018年第8期。

牛胜强：《乡村振兴背景下深度贫困地区产业扶贫困境及发展思路》，《理论月刊》2019年第10期。

蒋和平等：《乡村振兴背景下我国农业产业的发展思路与政策建议》，《农业经济与管理》2020年第1期。

袁树卓等：《乡村产业振兴及其对产业扶贫的发展启示》，《当代经济》2019年第1期。

姜长云：《关于实施乡村振兴战略的若干重大战略问题探讨》，《经济纵横》2019年第1期。

李冬慧、乔陆印：《从产业扶贫到产业兴旺：贫困地区产业发展困境与创新趋向》，《求实》2019年第6期。

张峰、宋晓娜：《乡村产业振兴中生产要素双向流动机制解析》，《世界农业》2019年第10期。

钱再见、汪家焰：《"人才下乡"：新乡贤助力乡村振兴的人才流入机制研究——基于江苏省L市G区的调研分析》，《中国行政管理》2019年第2期。

刘艳婷：《农村实用人才教育培训探究——评〈人才振兴：构建满足乡村振兴需要的人才体系〉》，《中国教育学刊》2020年第11期。

程华东、惠志丹：《农业高校助力解决乡村人力资本"短板"的新进路》，《华中农业大学学报》（社会科学版）2020年第6期。

郭丽君、陈春平：《乡村振兴战略下高校农业人才培养改革探析》，《湖南农业大学学报》（社会科学版）2020年第2期。

李博：《乡村振兴中的人才振兴及其推进路径——基于不同人才与乡村振兴之间的内在逻辑》，《云南社会科学》2020年第4期。

林克松、袁德梽：《人才振兴：职业教育"1＋N"融合行动模式探索》，《民族教育研究》2020年第3期。

唐丽桂：《"城归""新村民"与乡村人才回流机制构建》，《现代经济探讨》2020年第3期。

蔡磊：《数字经济背景下跨境电商税收应对策略探讨》，《国际税收》2018 年第 2 期。

王建冬、童楠楠：《数字经济背景下数据与其他生产要素的协同联动机制研究》，《电子政务》2020 年第 3 期。

任保平、何苗：《我国新经济高质量发展的困境及其路径选择》，《西北大学学报》（哲学社会科学版）2020 年第 1 期。

龚晓莺、王海飞：《当代数字经济的发展及其效应研究》，《电子政务》2019 年第 8 期。

杨桔永：《数字经济人才建设新思路》，《软件和集成电路》2020 年第 5 期。

吴画斌等：《数字经济背景下创新人才培养模式及对策研究》，《科技管理研究》2019 年第 8 期。

张地珂、杜海坤：《欧盟数字技能人才培养举措及启示》，《世界教育信息》2017 年第 22 期。

夏鲁惠、何冬昕：《我国数字经济产业从业人员分类研究——基于 T–I 框架的分析》，《河北经贸大学学报》2020 年第 6 期。

翁钢民、李凌雁：《中国旅游与文化产业融合发展的耦合协调度及空间相关分析》，《经济地理》2016 年第 1 期。

黄蕊、徐倩：《产业发展的效率锁定与效率变革——基于"文化+旅游"产业融合视域》，《江汉论坛》2020 年第 8 期。

张明之、陈鑫：《"全域文化+全域旅游"：基于产业融合的旅游产业发展模式创新》，《经济问题》2021 年第 1 期。

潘海岚：《西南民族地区文化产业与旅游产业融合发展研究》，《云南民族大学学报》（哲学社会科学版）2020 年第 4 期。

刘佳等：《旅游人才结构演化及其对区域旅游经济增长的作用研究——以中国东部沿海地区为例》，《青岛科技大学学报》（社会科学版）2017 年第 1 期。

肖华茵、占佳：《基于大学生职业态度的旅游业人才流失分析》，《江西财经大学学报》2008 年第 2 期。

严艳、王樱：《加强文化旅游人才队伍建设》，《中国人才》2015 年第 15 期。

胡建华、喻峰：《民间文化与旅游人才培养的研究》，《企业经济》

2005 年第 12 期。

姜蓝等：《"旅游+"时代旅游人才培养模式探讨》，《合作经济与科技》2016 年第 2 期。

魏垚：《"智慧旅游"背景下高职旅游专业人才培养模式分析》，《人才资源开发》2016 年第 18 期。

张海燕：《在高职旅游人才培养中全面渗透区域旅游文化的思考》，《科教文汇（中刊）》2020 年第 8 期。

刘雅婧、杜辉：《"旅游+文化"背景下旅游人才培养及教育对策研究——以导游专业人才培养为例》，《旅游纵览（下半月）》2020 年第 2 期。

徐瑞洋：《基于国际旅游岛战略的旅游人才开发战略》，《中国商贸》2011 年第 6 期。

周江林：《西部旅游开发与旅游人才队伍建设的几点思考》，《旅游学刊》2003 年第 7 期。

杨佳等：《我国乡镇卫生院卫生人才继续教育现状及需求分析》，《中国全科医学》2014 年第 25 期。

吴琳等：《应用灰色模型预测浙江省基层卫生专业技术人员配置》，《预防医学》2019 年第 5 期。

杜建等：《我国医药卫生人才培养战略研究》，《中国工程科学》2019 年第 2 期。

刘恒旸等：《分级诊疗视域下城乡卫生人才竞争力协同提升的现状与思考》，《中国全科医学》2016 年第 28 期。

李连君等：《新医改背景下公立医院卫生人才的流动现状与对策，《海南医学》2020 年第 16 期。

李丹等：《潍坊市公立医院卫生人才流失的现状分析及对策研究》，《中国医院管理》2010 年第 6 期。

黄振中、范水平：《利用医院信息系统实现临床医师的绩效评价》，《医院管理论坛》2003 年第 6 期。

戚珊珊等：《天津市公立医院卫生人才流动问题研究》，《中国医院》2019 年第 12 期。

郝志强等：《我国贫困地区卫生人才队伍建设现状及对策研究——

以 G 省为例》,《中国卫生政策研究》2020 年第 7 期。

胡叶:《基层卫生人才现状分析与发展研究》,《人力资源管理》2013 年第 5 期。

唐柳:《浅析加强湖南省卫生人才能力建设》,《中国卫生人才》2012 年第 10 期。

杜金等:《我国医疗卫生服务城乡分割和上下分割的现状分析及解决思路探究》,《中国农村卫生事业管理》2014 年第 7 期。

程蕾等:《基于托达罗模型的基层医疗机构卫生人才短缺问题分析》,《中国医院管理》2013 年第 7 期。

张静等:《城乡卫生一体化下人才流动配置的现状研究》,《中国医院》2017 年第 8 期。

吴春英、周良荣:《湘西贫困地区乡村卫生人才队伍建设的现状分析及对策》,《中国医药导报》2014 年第 33 期。

周徐红等:《卫生人才激励机制改革背景下医务人员满意度研究》,《中国全科医学》2017 年第 19 期。

后　记

本书受贵州省人力资源和社会保障厅、贵州省文化和旅游厅、贵州省卫生健康委员会、贵州省大数据发展管理局、贵州财经大学国家级专业技术人员继续教育基地等单位资助，历时两年时间终于成型面世。本书按照贵州省专业技术人才集聚与发展为主体内容进行逻辑主线梳理，对贵州省专业技术人才发展的总体现状、障碍与困境进行了分析，对专业技术人才发展发展环境进行评价研判，并对乡村振兴领域、数字经济领域、文化和旅游领域、卫生健康领域四个重点领域的专业技术人才的发展现状、需求分析及面临困境进行了系统分析，最后基于对贵州省专业技术人才未来发展进行预测，并提出了发展路径建议。由于部分数据难以收集，可能存在部分问题挖掘深度不足现象，也可能存在部分观点出现偏颇等现象，还敬请各位读者多批评指正。

在本书撰写及修稿过程中，笔者衷心感谢贵州省人力资源和社会保障局施长冬常务副厅长、贵州省卫生计生监督局周亮局长、贵州省人才服务局鲁谋局长与阳旭凯副局长、贵州省大数据发展管理局人事处龚宁飞处长、中国经济信息社梁军副总经理、贵州省卫生健康委人事处张涪培等领导的关心与支持，正是因为他们的高屋建瓴提升了本书的写作格局，为本书的撰写开拓了思路；感谢本书编辑刘晓红老师对本书进行精心修订和细致校改；同时，感谢贵州省人力资源和社会保障厅、贵州省文化和旅游厅、贵州省卫生健康委员会、贵州省大数据发展管理局等部门对在本书数据收集、调研安排、内容校对方面的专业支持。

同时，感谢何永松、姜玉勇、刘忠艳、谢建亮等老师的全程参与，为本书提供了许多专业的建议，在框架讨论中提出宝贵的意见；最后，衷心的感谢人才发展研究所办公室的硕士研究生康峻辉、汪玉莲、冯碧楠、赵飞、先国鹏、钟鑫、罗靖之、李玉琴、吴俊佳、王大权、樊纯、李明泰、杨欢等同学的付出，他们对本书的数据收集与分析、图表制作与修改、文字校稿等许多方面的贡献，他们始终保持着严谨、认真、细致的态度面对各项工作。

准确地说，本书是团队合作的成果，是群体智慧贡献的结晶！参与一群优秀的领导、同事与同学们共同完成这本著作，是笔者的荣幸。再次由衷地感谢各位领导、老师与团队的支持！但本书文责自负！

王见敏

2021 年 2 月